计算机应用基础
（Windows 7 + Office 2010）
——基于云平台微课视频案例教程

主　编　刘祖萍　雷　波　许友文
副主编　陈　艳　贺　颖　程　昊

北京理工大学出版社
BEIJING INSTITUTE OF TECHNOLOGY PRESS

内 容 简 介

为顺应互联网＋的发展趋势，助推信息化教学改革的进程，本书突破了传统教材的理念，引入了互联网思维，开发了在移动互联网环境下基于云平台的微课视频，基于云平台的微课视频是本书最为突出的特色与亮点。

全书共分为六个项目，主要内容包括：互联网＋计算机文化、互联网＋Internet 应用、互联网＋Windows 7 操作系统、互联网＋文字处理 Word 2010、互联网＋电子表格 Excel 2010、互联网＋演示文稿 PowerPoint 2010。本书在每个项目之前进行了项目任务概述并提出了项目知识要求与能力要求，同时在每个模块后都设置了 1 ~ 3 个实战练习上机题，在每个项目后都配有 3 ~ 5 个综合训练上机题，为教师开展翻转课堂教学提供了丰富的素材，也满足了学生线上、线下、课前、课中及课后开展自主学习之需要。微课视频是由长期从事"计算机应用基础"课程教学的一线教师亲自录制的，讲解生动，操作演示通俗易懂。学习者只需要扫描二维码即可从云平台上观看对应的操作视频及效果图，实现随时随地、课前、课后与课中的自主学习。

本书主要定位为高职高专院校教学用书，也可作为普通高等学校、中等学校及其他各类计算机基础及 MS Office 培训班的教学用书，也是计算机爱好者比较实用的自学参考书。

版权专有　侵权必究

图书在版编目（CIP）数据

计算机应用基础：Windows 7 + Office 2010：基于云平台微课视频案例教程/刘祖萍，雷波，许友文主编 . —北京：北京理工大学出版社，2017.9（2020.7重印）

ISBN 978 - 7 - 5682 - 4887 - 7

Ⅰ.①计…　　Ⅱ.①刘…②雷…③许…　　Ⅲ.①Windows 操作系统 - 高等学校 - 教材②办公自动化 - 应用软件 - 高等学校 - 教材　　Ⅳ.①TP316.7②TP317.1

中国版本图书馆 CIP 数据核字（2017）第 239252 号

出版发行 / 北京理工大学出版社有限责任公司

社　　址 / 北京市海淀区中关村南大街 5 号

邮　　编 / 100081

电　　话 / （010）68914775（总编室）

　　　　　（010）82562903（教材售后服务热线）

　　　　　（010）68948351（其他图书服务热线）

网　　址 / http：//www. bitpress. com. cn

经　　销 / 全国各地新华书店

印　　刷 / 三河市天利华印刷装订有限公司

开　　本 / 787 毫米 × 1092 毫米　1/16

印　　张 / 22　　　　　　　　　　　　　　　　　责任编辑 / 陈莉华

字　　数 / 513 千字　　　　　　　　　　　　　　文案编辑 / 陈莉华

版　　次 / 2017 年 9 月第 1 版　2020 年 7 月第 11 次印刷　　责任校对 / 周瑞红

定　　价 / 54.00 元　　　　　　　　　　　　　　责任印制 / 李志强

图书出现印装质量问题，请拨打售后服务热线，本社负责调换

前言 *Preface*

❀为什么编写这本书

在互联网时代，为促进信息技术与教育教学的深度融合，要依托信息技术营造信息化教学环境，推进教学理念、教学模式和教学内容改革，强化信息技术在日常教学中的深入、广泛应用，适应信息时代对培养高素质人才的需求。以"构建网络化、数字化、个性化、终身化的教育体系，建设'人人皆学、处处能学、时时可学'的学习型社会，培养大批创新人才"为发展方向。此乃编写这本书的现实出发点。

在我国高等教育体系中，高职高专院校在数量上占有较大的比例。据教育部的数据统计，截至 2017 年 5 月 31 日，全国高等学校共计 2 914 所，其中高职高专就占了 1 388 所，占比为 47.6%。高职教育以培养应用型技术人才为目标，其专业设置和人才培养方案均以就业为导向。高职高专的计算机基础课程是培养学生在互联网环境下的计算机素养和强调学生实际操作能力的课程，要求学生能够自主地操作计算机、熟练地使用办公室软件和其他一些常用软件、学会使用计算机进行学习和工作。虽然计算机在如今已是从"娃娃抓起"的年代，而且很多中学已经开设了计算机课程，但进入高职高专层次学习的学生的计算机水平非常有限，且参差不齐。例如，有的学生家中有计算机，某些计算机知识早已掌握，在某些操作层面上有较强的认知能力和经验（例如游戏、QQ 等），而有的学生却刚刚接触计算机，了解甚少。笔者在长期从事计算机基础课程的理论和实践教学过程中在本课程教与学的各个环节积累了丰富的教学经验。

2013 年，教育部考试中心对全国计算机等级考试（NCRE）的考试体系、考试内容、考试形式等方面做了较大调整，制定了《全国计算机等级考试一级 MS Office 考试大纲（2013年版）》。为了能够适应现今高职高专学生在计算机方面的基础教育、今后就业的需求和达到学生参加全国计算机等级考试的要求，笔者在分析、总结与研究原有教材的经验基础上组织一线教师编写了本书。

❀本书有哪些特色

本书在内容选择、框架设计、教学案例设计等方面体现了如下几个特点：

（1）在互联网＋的思维模式下，开发了基于云平台的微课视频。学习者只需要扫描二维码即可从云平台上观看对应的操作视频及效果图，教师可以结合"蓝墨云班课"或"我素我行"等教学云平台开展教学活动，以学生为主体，引导学生实现随时随地、线上线下、课前、课中及课后的自主学习并进行科学的过程性评价。

（2）充分分析和研究了教学对象的特点以及高职教育以应用能力培养为核心的特点，尽量降低对理论知识的要求，必备的理论知识采用比较直观、简洁的语言予以描述。

（3）在教学内容的框架设计上采用了以项目为主线、模块为框架、任务为基础的方式，紧紧围绕高等职业教育理念，以学生为主体，以技能型、应用型人才能力培养为核心，层次清晰、逻辑性强。这样既便于教师对重点和难点的把握，又便于指导学生进行自主学习。

（4）实战练习和综合训练微课视频是以实际工作中典型案例为模板，既具有较强的现实性与亲切性，又能强化学生综合能力及运用能力的培养，还能激发学生的求知欲和探索精神。

（5）知识要点在完全涵盖《全国计算机等级考试一级 MS Office 考试大纲（2013 年版)》外，还依据专升本及工作经验适当拓展，以提高教材的针对性、指导性和实用性。

❀**本书的创作团队**

本书是由四川职业技术学院网电教学部长期从事"计算机应用基础"课程教学的一线教师组成的创作团队编写的。

参加本书编写的有刘祖萍（项目一、附录）、雷波（项目四）、许友文（项目五）、陈艳（项目三）、贺颖（项目六）、程昊（项目二）。此外，刘向东、郑帅、刘亭利、唐海军、王云、丁高虎、刘赛东等参加了教材的资料收集与整理工作。

本书的策划和统稿由刘祖萍、雷波完成。

由于编者经验与水平所限，加之时间仓促，书中难免会有疏漏和不足之处，恳请专家和读者不吝赐教，提出宝贵意见，以便修订时更正。

编　者
2017 年 7 月

目录
Contents

互联网 + 计算机文化

📦 项目任务概述

中国的互联网已成为全球互联网的重要组成部分，互联网已经渗透到社会经济活动和人们生活的各个层面，成为经济发展、贸易往来、科技创新、公共服务、文化推广、生活娱乐等方方面面的新型平台，推动着我国向信息社会不断迈进。互联网改变了人类的生产、工作、生活方式。互联网 + 是创新 2.0 下的互联网发展新形态、新业态，是知识社会创新 2.0 推动下的经济社会发展新形态演进。

计算机是一门科学，也是一种自动、高速、精确地对信息进行存储、传送与加工处理的电子工具。掌握以计算机为核心的信息技术的基础知识和应用能力，是信息社会中必备的基本素质。本项目从计算机的基础知识讲起，为提高计算机修养与进一步学习和使用计算机打下必要的基础。

通过本项目的学习，应掌握互联网 + 、计算机常识、信息的表示与存储、计算机病毒及其防治、计算机系统等内容。

📖 项目知识要求与能力要求

知识重点	能力要求	相关知识	考核要点
互联网 +	培养互联网 + 创新思维	互联网 + 的概念、内涵与实际应用、互联网思维特性	互联网 + 的应用与发展
计算机的发展简史	提高计算机修养	计算工具的历史、计算机发展概况	计算机的应用与发展趋势
计数制	掌握计数制的特点及相互转换	计数制的三个要素及相互转换的规律	计数制之间的相互转换及二进制数的特点
计算机中的字符	掌握计算机中字符的表达形式	ASCII 码、汉字编码	计算机中常用的汉字编码及相互关系
计算机安全与维护	掌握计算机安全常识与常见病毒的处理	计算机病毒及处理方法、计算机的安全使用与保护	计算机病毒防范与计算机操作规范
计算机系统	掌握计算机系统的组成	计算机硬件系统与软件系统	计算机系统的组成、功能、性能和技术指标

模块一　互联网＋

任务1　互联网＋概念的提出

2016 年 5 月 31 日，教育部、国家语委发布的《中国语言生活状况报告（2016）》中，互联网＋以及众创空间、获得感、网约车、红通、小短假、阅兵蓝、人民币入篮、一照一码等入围十大新词语，互联网＋居榜首。

国内互联网＋理念的提出，最早可以追溯到 2012 年 11 月易观国际董事长兼首席执行官于扬在易观第五届移动互联网博览会的发言中。他认为："在未来，互联网＋公式应该是我们所在的行业的产品和服务，在与我们未来看到的多屏全网跨平台用户场景结合之后产生的这样一种化学公式。我们可以按照这样一个思路找到若干这样的想法。而怎么找到你所在行业的互联网＋，则是企业需要思考的问题。"

2014 年 11 月，李克强总理出席首届世界互联网大会时指出，互联网是大众创业、万众创新的新工具。2015 年 3 月 5 日上午十二届全国人大三次会议上，李克强总理在政府工作报告中首次提出互联网＋行动计划。李克强在政府工作报告中提出，"制定互联网＋行动计划，推动移动互联网、云计算、大数据、物联网等与现代制造业结合，促进电子商务、工业互联网和互联网金融（ITFIN）健康发展，引导互联网企业拓展国际市场。"

2015 年 7 月 4 日，经李克强总理签批，国务院印发《国务院关于积极推进互联网＋行动的指导意见》，这是推动互联网由消费领域向生产领域拓展，加速提升产业发展水平，增强各行业创新能力，构筑经济社会发展新优势和新动能的重要举措。

2015 年 12 月 16 日，第二届世界互联网大会在浙江乌镇开幕。在举行互联网＋的论坛上，中国互联网发展基金会联合百度、阿里巴巴、腾讯共同发起倡议，成立"中国互联网＋联盟"。

任务2　互联网＋的基本内涵与主要特征

1. 互联网＋的基本内涵

互联网＋是中国工业和信息化深度融合的成果与标志，是将互联网作为当前信息化发展的核心特征，提取出来与工业、商业、金融业等服务业的全面融合，这其中关键就是创新，只有创新才能让这个"＋"真正有价值、有意义。

通俗地说，互联网＋就是"互联网＋各个传统行业"，但这并不是简单的两者相加，而是利用信息通信技术以及互联网平台，让互联网与传统行业进行深度融合，创造新的发展生态。

互联网＋概念的中心词是互联网，它是互联网＋计划的出发点。互联网＋计划具体可分为两个层次的内容来表述。一方面，可以将互联网＋概念中的文字"互联网"与符号"＋"分开理解。符号"＋"意为加号，即代表着添加与联合。这表明了互联网＋计划的应用范围为互联网与其他传统产业，它是针对不同产业间发展的一项新计划，应用手段则是通过互联网与传统产业进行联合和深入融合的方式进行。另一方面，互联网＋作为一个整体概念，其深层意义是通过传统产业的互联网化完成产业升级。

2. 互联网＋的主要特征

互联网＋有以下六大特征：

（1）跨界融合。

"+"就是跨界，就是变革，就是开放，就是重塑融合。敢于跨界了，创新的基础就更坚实；融合协同了，群体智能才会实现，从研发到产业化的路径才会更垂直。融合本身也指代身份的融合，客户消费转化为投资、伙伴参与创新等。

（2）创新驱动。

中国粗放的资源驱动型增长方式早就难以为继，必须转变到创新驱动发展这条正确的道路上来。这正是互联网的特质，用所谓的互联网思维来求变、自我革命，也更能发挥创新的力量。

（3）重塑结构。

信息革命、全球化、互联网业已打破了原有的社会结构、经济结构、地缘结构、文化结构。权力、议事规则、话语权不断在发生变化。互联网+社会治理、虚拟社会治理会有很大的不同。

（4）尊重人性。

人性的光辉是推动科技进步、经济增长、社会进步、文化繁荣的最根本的力量，互联网的力量之强大最根本地也来源于对人性的最大限度的尊重、对人体验的敬畏、对人的创造性发挥的重视。例如UGC（User Generated Content，用户原创内容）、卷入式营销、分享经济等。

（5）开放生态。

关于互联网+，生态是非常重要的特征，而生态的本身就是开放的。推进互联网+，其中一个重要的方向就是要把过去制约创新的环节化解掉，把孤岛式创新连接起来，让研发由人性决定的市场驱动，让创业并努力者有机会实现价值。

（6）连接一切。

连接是有层次的，可连接性是有差异的，连接的价值是相差很大的，但是连接一切是互联网+的目标。

任务3 互联网+的实际应用

与传统企业相反的是，当前"大众创业、万众创新"时代下，互联网+正是要促进更多的互联网创业项目的诞生，从而无须再耗费人力、物力及财力去研究与实施行业转型升级。

千万企业需要转型升级的大背景，后面的发展趋势则是大量互联网+模式的爆发以及传统企业的"破与立"。

1. 互联网+工业

互联网+工业即传统制造业企业采用移动互联网、云计算、大数据、物联网等信息通信技术，改造原有产品及研发生产方式，与工业互联网、工业4.0的内涵一致。工业的各发展阶段说明如表1-1所示，工业4.0的特征如图1-1所示。

表1-1 工业的各发展阶段说明

发展阶段	大体进程	主要标志	社会成果
工业1.0	1760—1860年	水力和蒸汽机	实现机械化作业生产
工业2.0	1861—1950年	电力和电动机	实现电气化作业生产
工业3.0	1951—2010年	电子和计算机	实现自动化作业生产
工业4.0	2011年至今	网络与智能化	实现智能化和个性化

图 1 - 1 工业 4.0：自动化到智能化的核心是数据

借助移动互联网技术，传统制造厂商可以在汽车、家电、配饰等工业产品上增加网络软硬件模块，实现用户远程操控、数据自动采集分析等功能，极大地改善了工业产品的使用体验。

基于云计算技术，一些互联网企业打造了统一的智能产品软件服务平台，为不同厂商生产的智能硬件设备提供统一的软件服务和技术支持，优化用户的使用体验，并实现各产品的互联互通，产生协同价值。

运用物联网技术，工业企业可以将机器等生产设施接入互联网，构建网络化物理设备系统（CPS），进而使各生产设备能够自动交换信息、触发动作和实施控制。物联网技术有助于加快生产制造实时数据信息的感知、传送和分析，加快生产资源的优化配置。

互联网 + 与物联网、云计算、大数据、工业 4.0 的关系如图 1 - 2 所示。

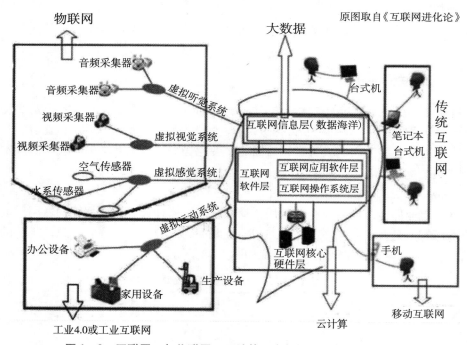

图 1 - 2 互联网 + 与物联网、云计算、大数据、工业 4.0 的关系

2. 互联网 + 金融

互联网 + 金融模式激活并提升了传统金融，创造出包括移动支付、第三方支付、众筹、P2P、网贷等模式的互联网金融，使用户可以在足不出户的情况下满足金融需求。

在金融领域，余额宝横空出世的时候，银行觉得不可控，也有人怀疑二维码支付存在安全隐患，但随着国家对互联网金融（ITFIN）的研究越来越透彻，银联对二维码支付也出了标准，互联网金融得到了较为有序的发展，也得到了国家相关政策的支持和鼓励。

2014 年，互联网银行落地，标志着互联网 + 金融融合进入了新阶段。2015 年 4 月 18 日，腾讯公司控股的深圳前海微众银行正式对外营业，其成为国内首家互联网民营银行。阿里巴巴旗下的浙江网商银行于 2015 年 6 月 25 日上线，并取名为 MYbank。微众银行的互联网模式还大大提高了金融交易的效率：客户任何地点、任何时间都可以办理银行业务，不受时间、地点、空间等约束，效率大大提高；通过网络化、程序化交易和计算机快速、自动化等处理，大大提高了银行业务处理的效率。

3. 互联网 + 商贸

在零售、电子商务等领域，过去这几年都可以看到和互联网的结合，正如马化腾所言，"它是对传统行业的升级换代，不是颠覆掉传统行业。"2014 年，中国网民数量达 6.49 亿，网站 400 多万家，电子商务交易额超过 13 万亿元人民币。在全球网络企业前 10 强排名中，有 4 家企业在中国，互联网经济成为中国经济的最大增长点。

2015 年 5 月 18 日，2015 中国化妆品零售大会在上海召开，600 位化妆品连锁店主，百余位化妆品代理商，数十位国内外主流品牌代表与会。面对实体零售渠道变革，会议提出了零售业 + 互联网的概念，建议以产业链最终环节零售为切入点，结合国家战略发展思维，发扬 " + " 时代精神，回归渠道本质，以变革来推进整个产业提升。

阿里巴巴、慧聪网、华强电子网等多家 B2B 平台开展了针对企业的"团购""促销"等活动，培育企业的在线交易和支付习惯。

4. 互联网 + 智慧城市

智慧城市是新一代信息技术支撑、知识社会下一代创新（创新 2.0）环境下的城市形态。互联网 + 也被认为是创新 2.0 时代智慧城市的基本特征，有利于形成创新涌现的智慧城市生态，从而进一步完善城市的管理与运行功能，实现更好的公共服务，让人们生活更方便、出行更便利、环境更宜居。

LivingLab（生活实验室、体验实验区）、FabLab（个人制造实验室、创客）、AIP（"三验"应用创新园区）、Wiki（维基模式）、Prosumer（产消者）、Crowdsourcing（众包）等典型创新 2.0 模式不断涌现，推动了创新 2.0 时代智慧城市新形态。

互联网 + 智慧城市，其逻辑枢纽是"政务云 +"，突破急需"云调度 +"，这也是创新 2.0 语境下智慧城市的生态演替趋势。

智慧城市的建设注重以人为本、市民参与、社会协同的开放创新空间的塑造以及公共价值与独特价值的创造。而"开放、透明、互动、参与、融合"的互联网思维为公众提供了维基、微博、FabLab、LivingLab 等多种工具和方法实现用户的参与，实现公众智慧的汇聚，互联网浪潮推动的资源平台化所带来的便利以及智慧城市的智慧家居、智慧生活、智慧交通等领域所带来的创新空间进一步激发了有志人士创业创新的热情。

5. 互联网 + 通信

在通信领域，互联网 + 通信有了即时通信，几乎人人都在用即时通信 APP 进行语音、文字甚至视频交流。中国各大运营商不断加大资金投入建设宽带互联网基础枢纽设施，构建"云端计划"互联网基础，实施互联网 + 协同制造、普惠金融、现代农业、绿色生态、政务服务、益民服务、商贸流通等 7 大系列的行动。

6. 互联网 + 交通

互联网 + 交通已经在交通运输领域产生了"化学效应"，如现在大家经常使用的打车拼车专车软件、共享单车、网上购买火车和飞机票、出行导航系统等。

从国外的 Uber、Lyft 到国内的滴滴打车、快的打车、共享单车，虽然它们在全世界不同的地方仍存在不同的争议，但它们通过把移动互联网和传统的交通出行相结合，改善了人们出行的方式，增加了车辆的使用率，推动了互联网共享经济的发展，提高了效率、减少了排放，对环境保护也作出了贡献。

7. 互联网 + 民生

在民生领域，你可以在各级政府的公众账号享受服务，如某地交警可以 60 秒内完成罚款收取等，移动电子政务会成为推进国家治理体系的工具。

2014 年 12 月，广州率先实现微信城市入口接入，随后深圳、佛山、武汉陆续上线，随着这几个城市的接入，三个月来，已有 700 万人次享受了微信城市服务。

2016 年年底以来，国内共享单车突然火爆起来，共享单车是一种新型共享经济，是指企业在校园、地铁站点、公交站点、居民区、商业区、公共服务区等提供自行车单车共享服务，是一种分时租赁模式，为解决"最后一公里"问题、实现随时随地有车骑的互联网 +模式下的便民惠民目标，如图 1 - 3 所示。目前，中国共享单车市场中 OFO 和摩拜两家企业优势比较明显。

图 1 - 3　共享单车

2017 年 7 月 8 日，在杭州的街头，马云的第一家无人超市开业，24 小时营业，没有一个收银员，只需使用手机淘宝或者支付宝扫码过闸门直接进入超市购物（见图 1 - 4），出门时无须扫码支付，系统自动会在大门处识别你的商品，自动从支付宝扣款。

图 1 - 4　马云的无人超市

2017年7月12日，在北京中关村的街头，中国第一家无人酒店"享睡空间"正式迎客，如图1-5所示。24小时营业，没有一个服务员。扫码睡觉，无须押金、没有额外计费、无须登记身份证，计费标准为0.2元/分钟（高峰期为0.33元/分钟）。

图1-5 无人酒店"享睡空间"

8. 互联网+旅游

微信可以实现微信购票、景区导览、规划路线等功能。腾讯云可以帮助建设旅游服务云平台和运行监测调度平台。市民在景区门口，不用排队，只要在景区扫一扫微信二维码，即可实现微信支付。购票后，微信将根据市民的购票信息，进行智能线路推送。而且，微信电子二维码门票自助扫码过闸机，无须人工检票入园。

9. 互联网+医疗

现实中存在看病难、看病贵等难题，业内人士认为，移动医疗+互联网有望从根本上改善这一医疗生态。具体来讲，互联网将优化传统的诊疗模式，为患者提供一条龙的健康管理服务。在传统的医患模式中，患者普遍存在事前缺乏预防，事中体验差，事后无服务的现象。而通过互联网医疗，患者有望从移动医疗数据端监测自身健康数据，做好事前防范；在诊疗服务中，依靠移动医疗实现网上挂号、询诊、购买、支付，节约时间和经济成本，提升事中体验；并依靠互联网在事后与医生沟通。

百度利用其自身搜索霸主身份，推出"健康云"概念，基于百度擅长的云计算和大数据技术，形成"监测、分析、建议"的三层构架，对用户实行数据的存储、分析和计算，为用户提供专业的健康服务。

阿里在移动医疗的布局主要是"未来医院"和"医药O2O"，前者以支付宝为核心优化诊疗服务，后者以药品销售为主，已有多家上市公司与其"联姻"。

腾讯以QQ和微信两大社交软件为把手，投入巨资收购丁香园和挂号网，并在第一时间从QQ上推出"健康板块"，为微信平台打造互联网医疗服务整合入口，其互联网+医疗的发展战略已经一目了然。2014年4月，九州通携手腾讯开发微信医药O2O"药急送"功能，随后陆续开通了微信订阅号"好药师健康资讯"和微信服务号"好药师"，好药师微信小店开张后10天突破5 000张订单。

10. 互联网+教育

一所学校、一位老师、一间教室，这是传统教育。一个教育专用网、一部移动终端，几百万学生，学校任你挑、老师由你选，这就是互联网+教育。第一代教育以书本为核心，第二代教育以教材为核心，第三代教育以辅导和案例方式出现，如今的第四代教育，才是真正以学生为核心。互联网＋不会取代传统教育，而是会让传统教育焕发出新的活力。

在教育领域，面向中小学、大学、职业教育、IT培训等多层次人群提供学籍注册入学开放课程，而且网络学习一样可以参加国家组织的统一考试，可以足不出户在家上课学习取得相应的文凭和技能证书。互联网＋教育的结果，将会使未来的一切教与学活动都围绕互联网进行，老师在互联网上教，学生在互联网上学，信息在互联网上流动，知识在互联网上成型，线下的活动成为线上活动的补充与拓展。

互联网＋教育的影响不只是创业者们，还有一些平台能够实现就业的机会，在线教育平台能提供的职业培训就能够让一批人实现职能的培训，而自身创业就能够解决就业。李克强总理提出的"大众创业，万众创新"对于教育而言有深远的影响。教育不只是商业，类似极客学院上线一年多，就用近千门职业技术课程和4 000多课时帮助80多万IT从业者用户提高职业技能。

11. 互联网＋政务

2014年6月末，国内政务微信公众号为6 000个左右。而截至2014年11月27日，有数据统计的全国政务微信公众号为16 446个。其中，中央部委及其直属机构政务微信公众号213个，省（自治区、直辖市）、地市、区县三级地方类政务微信公众号为16 233个。到2015年2月6日，国家网信办在石家庄举办的政务新媒体建设发展经验交流会上传出消息，政务微博账号达24万个，政务微信账号已逾10万个，政务新媒体实现了突飞猛进的发展，"两微一端"（微博、微信和移动客户端）在很多政务民生领域已成为常态。政务微信公众号从数量到影响力，已是一支不容忽视的传播力量。

腾讯先后宣布与河南省、重庆市和上海市政府合作打造"智慧城市"，其中一项重要内容就是将交通、医疗、社保等一系列政府服务接入微信，把原来需要东奔西走排大队办理的业务通过手机完成，节省时间，提高效率。

阿里巴巴和其新近成立的蚂蚁金服也已开始同地方政府接洽，计划将上述政务服务接入支付宝和新浪微博移动客户端。接入阿里巴巴支付宝移动客户端的政务服务体系已在上海、杭州、广州、厦门等东部沿海城市以及山西全省上线。

包括阿里巴巴和腾讯在内的中国互联网公司通过自有的云计算服务正在为地方政府搭建政务数据的后台，将原本留存在政府各个部门互不连通的数据归集在一张网络上，形成了统一的数据池，实现了对政务数据的统一管理。

12. 互联网＋农业

农业看起来离互联网最远，但互联网＋农业的潜力却是巨大的。农业是中国最传统的基础产业，亟需用数字技术提升农业生产效率，通过信息技术对地块的土壤、肥力、气候等进行大数据分析，然后据此提供种植、施肥相关的解决方案，大大提升农业生产效率。此外，农业信息的互联网化将有助于需求市场的对接，互联网时代的新农民不仅可以利用互联网获取先进的技术信息，也可以通过大数据掌握最新的农产品价格走势，从而决定农业生产重点。

13. 互联网＋文化传承

互联网传承中国传统文化，既是使命也是机遇。一方面，全球化带来了全球不同文化的渗入；另一方面，互联网普及率的不断攀升以及我国巨大的网民群体，也决定了日后传统文化的传承离不开互联网。

《中国汉字听写大会》《中国成语大会》《中国谜语大会》《中国诗词大会》《见字如面》等一系列涉及传统文化的文化益智节目取得了极大的成功，充分说明低头玩手机也可以是"低头读诗、读信、读书"，这也是文化传承在互联网中的新机遇。

14. 互联网＋地震

2009 年中国地震台网中心开发了能实时提供最新地震消息的手机应用"地震速报"，近年来实现了自动地震速报通过手机 APP、微博、微信、网站等对外同步发布。地震台网一旦监测到地震，自动触发和实时处理系统会自动分析，生成地震速报参数，由今日头条的精准推送引擎在第一时间推送给受地震影响地区的民众，从接到地震台网的速报数据到用户接收到信息推送时间是 60 秒左右，未来这个时间有望缩短到接近 0 秒。

任务4 互联网＋的发展趋势

新一代信息技术发展推动了知识社会以人为本、用户参与的下一代创新（创新 2.0）演进。创新 2.0 以用户创新、开放创新、大众创新、协同创新为特征。随着新一代信息技术和创新 2.0 的交互与发展，人们的生活方式、工作方式、组织方式、社会形态正在发生深刻变革，产业、政府、社会、民主治理、城市等领域的建设应该把握这种趋势，推动企业 2.0、政府 2.0、社会 2.0、合作民主、智慧城市等新形态的演进和发展。

人工智能技术的发展，包括深度学习神经网络，以及无人机、无人车、智能穿戴设备和人工智能群体系统集群及延伸终端，将进一步推动人们现有生活方式、社会经济、产业模式、合作形态的颠覆性发展。

互联网＋的兴起会衍生一大批在政府与企业之间的第三方服务企业，即互联网＋服务商。他们本身不会从事互联网＋传统企业的生产、制造及运营工作，但是会帮助线上及线下双方的协作，从事的是双方的对接工作，盈利方式则是双方对接成功后的服务费用及各种增值服务费用。这些增值服务包括培训、招聘、资源寻找、方案设计、设备引进、车间改造等。第三方服务涉及的领域有大数据、云系统、电商平台、O2O 服务商、CRM 等软件服务商、智能设备商、机器人、3D 打印等。

到 2018 年，国家将重点促进以云计算、物联网、大数据为代表的新一代信息技术与现代制造业、生产性服务业等的融合创新；制造业数字化、网络化、智能化水平显著提高；高性能计算、海量存储系统、网络通信设备、安全防护产品、智能终端、集成电路、平板显示、软件和信息技术服务等领域将取得重大突破。

任务5 互联网思维

1. 互联网思维的概念

互联网思维，就是在（移动）互联网＋、大数据、云计算等科技不断发展的背景下，对市场、用户、产品、企业价值链乃至对整个商业生态进行重新审视的思考方式。

最早提出互联网思维的是百度公司的 CEO 李彦宏。在百度的一个大型活动上，李彦宏与传统产业的老板、企业家探讨发展问题时，李彦宏首次提到"互联网思维"这个词。他提出，"我们这些企业家们今后要有互联网思维，可能你做的事情不是互联网，但你的思维方式要逐渐从互联网的角度去想问题。现在几年过去了，这种观念已经逐步被越来越多的企业家，甚至企业以外的各行各业、各个领域的人所认可了"。

互联网时代的思考方式，网络形态不再局限于互联网产品、互联网企业，也不单指桌面互联网或者移动互联网，而是泛互联网，是跨越台式机、笔记本、平板、手机、手表、眼镜等各种终端设备的。互联网思维是降低维度，让互联网产业低姿态主动去融合实体产业。

2. 互联网思维的特性

互联网＋离不开互联网思维，互联网思维是随互联网应运而生的。互联网思维的核心是开放、平等、互动、合作，互联网已经不再单单是一种工具，而更是作为一种精神、一种思维而存在，并且不断融合到政治、经济、文化、生活等各个方面。互联网思维主要有九种模式，如图 1 - 6 所示。

图 1 - 6　互联网思维模式

任务 6　互联网 + 与 Web 发展

互联网＋是建立在 Web 基础之上的，Web 的本义是蜘蛛网的意思，在网页设计中称为网页，现广泛译作网络、互联网等，主要表现为超文本（Hypertext）、超媒体（Hypermedia）、超文本传输协议（HTTP）等。

到目前为止，Web 的发展经历了六个阶段，如表 1 - 2 所示。

表 1 - 2　Web 的发展阶段

Web 的发展阶段	显著特点	说明
Web1.0	门户时代 信息共享	Web1.0 基本采用的是技术创新主导模式，广泛应用于动态网站，以点击流量为盈利点，信息基本上是一个单向的互动。综合门户网站是其主要特点，从 1997 年至 2002 年间典型的互联网公司有 Netscape、Yahoo 和 Google，典型的门户网站有新浪、搜狐、网易、腾讯等
Web2.0	搜索/社交时代 信息共建	Web2.0 是对 Web1.0 的信息源进行扩展，具有多样化和个性化的特点，实现了人与人之间双向的互动。出现了网络社区、博客、P2P 下载、电子报刊、人人及电子商务平台等

续表

Web 的发展阶段	显著特点	说明
Web3.0	大互联时代 知识传承	Web3.0 的典型特点是多对多交互，不仅包括人与人，还包括人机交互以及多个终端的交互，实现了"以人为本"的互联网思维指引下的新商业文明时代。从智能手机为代表的移动互联网开始实现了虚拟货币、在线游戏、从 PC 互联网到 WAP 手机、PDA、机顶盒、专用终端等服务
Web4.0	知识分配	Web4.0 的预期是解决知识分配系统的问题。利用社会化教学平台，通过智能化搜索引擎、Wiki 以及其他社会性软件，建立起属于自己的学习网络，包括资源网络和伙伴网络，并不断地增进和优化
Web5.0	个性化网络时代 语用网	Web5.0 也被称为语用网，语用网的系统技术基础就是 Web1.0、SOA、P2P、Web2.0，以及用 native – XML 数据库实现的语用单元典。致力于建立"盲点"来管理运行语用单元典，将根据兴趣、语言、主题、职业、专业进行聚集和管理
Web6.0	大数据物联网	Web6.0 努力使每个人都有调动自己感官的无限权力，用自己的五官去重新发现世界，从而改变世界，是物联网与互联网的初步结合，是与互联网等价的物理媒介，也是人工智能的飞速发展阶段

模块二　计算机文化

计算机是电子数字计算机的简称，也称为电脑，诞生于 1946 年，是 20 世纪最重大的发明之一，是人类科学技术发展史中的一个重要里程碑。计算机在诞生的初期主要被用来进行科学计算，因此被称为"计算机"。本模块介绍计算机的发展历程、特点、应用、分类和发展趋势。

任务1　计算机的发展简史

在人类文明发展的历史长河中，计算工具经历了从简单到复杂、从低级到高级的发展过程。如手指、石子、算盘、计算尺、手摇机械计算机、电动机械计算机、电子计算机等，它们在不同的历史时期发挥了各自的作用，而且也孕育了电子计算机的雏形和设计思想。

社会生产力的不断发展使得计算越来越复杂，从而使计算工具不断得到相应的发展。1642 年，法国人帕斯卡制造出了机械式加法机，首次确立了计算机器的概念。从 1674 年德国著名数学家和哲学家莱布尼茨设计的乘法机、1822 年英国人查尔斯·巴贝奇设计的差分机到 1944 年美国人霍华德·艾肯研制成功的 Mark I 计算机，计算工具已经初步发展为具有输入、处理、存储、输出和控制五个基本组成部分。

20 世纪 40 年代中期，由于导弹、火箭、原子弹等现代科学技术发展的需要，出现了大量极其复杂的数学问题，原有的计算工具已无法胜任。第一台电子计算机 ENIAC（Electronic Numerical Integrator And Calculator，电子数字积分计算机）在 1946 年诞生于美国的宾夕法尼亚大学。ENIAC 是第二次世界大战爆发后强大的计算需求下的产物，主要是帮助军方计算弹道轨迹的。

ENIAC 的主要元件是电子管，每秒钟能完成 5 000 次加法、300 多次乘法运算，比当时最快的计算工具快 300 倍。ENIAC 有几间房间那么大，占地 170 平方米，使用了 1 500 个继电器，18 800 个电子管，重达 30 多吨，耗电 150 千瓦/时，耗资 40 万美元，真可谓"庞然大物"，如图 1-7 所示。用 ENIAC 计算题目时，人们首先要根据题目的计算步骤预先编好一条条指令，再按指令连接好外部线路，然后启动它让其自动运行并输出结果。当要计算另一个题目时，必须重复进行上述工作，所以只有少数专家才能使用它。尽管这是 ENIAC 的明显弱点，但它使过去借助机械分析机需费时 7～20 小时才能计算出一条弹道的工作时间缩短到 30 秒，使科学家们从奴隶般的计算中解放出来。ENIAC 的问世标志了计算机时代的到来，它的出现具有划时代的伟大意义。

图 1-7　世界上第一台电子计算机 ENIAC

ENIAC 本身存在两大缺点：一是没有存储器；二是用布线接板进行控制，电路连线烦琐耗时，要花几小时甚至几天时间，为此，计算机之父美籍匈牙利数学家、宾夕法尼亚大学数学教授冯·诺依曼（John Von Neumann，ENIAC 项目组的一个研究人员，见图 1-8）于 1946 年 6 月为美国军方设计了第一台"存储程序式"计算机，取名为 EDVAC（埃德瓦克），全称为"The Electronic Discrete Variable Computer（电子离散变量计算机）"。与 ENIAC 相比，EDVAC 有两个重要的改进：一是采用了二进制，用"0"和"1"两种状态来模拟电路的两种状态，提高运行效率；二是把程序和数据存入计算机内部，免除了在机外编排程序的麻烦。直到 1952 年，EDVAC 才正式投入运行。从此，存储程序和程序控制成为区别电子计算机与其他计算工具的本质标志。

根据冯·诺依曼的原理和思想，决定了计算机必须有输入设备（输入数据和程序）、存储器（记忆程序和数据）、运算器（完成数据加工处理）、控制器（控制程序执行）和输出设备（输出处理结果）五个组成部分。

我们现在用的计算机、手机的基本结构仍采用冯·诺依曼提出的原理和思想，所以人们称符合这设计的计算机为冯·诺依曼机，冯·诺依曼也被誉为"现代电子计算机之父"。

从第一台电子计算机诞生至今的 70 年中，计算机技术以前所未有的速度迅猛发展。主要经历了大型机、微型机及网络三个阶段。

图 1-8　冯·诺依曼

1. 大型计算机的发展历程

对于传统的大型机，通常根据计算机所采用的电子元件不同而划分为电子管、晶体管、集成电路和大规模、超大规模集成电路等四代，如表 1-3 所示。

表 1 – 3   计算机发展的四个阶段

阶段	第一代计算机 （1946—1959）	第二代计算机 （1959—1964）	第三代计算机 （1964—1972）	第四代计算机 （1972 至今）
物理器件	电子管	晶体管	中、小规模集成电路	大规模、超大规模集成电路
内存储器	汞延迟线	磁芯存储器	半导体存储器	半导体存储器
外存储器	穿孔卡片、纸带	磁带	磁带、磁盘	磁盘、磁带、光盘等大容量存储器
运算速度 （每秒指令数）	几千条	几万至几十万条	几十万至几百万条	上千万条至万亿条
应用领域	军事、科学研究	科学计算、数据处理、事务处理	科学计算、数据处理、事务管理、工业控制	操作系统、各种应用软件大大扩展了计算机的应用领域
代表产品	UNIVAC – I	IBM – 7000 系列机	IBM 360 系列机	IBM 4300 系列、3080 系列、090 系列和 9000 系列

2. 微型计算机的发展历程

随着集成度更高的超大规模集成电路技术的出现，使计算机朝着微型化和巨型化两个方向发展。尤其是微型计算机，自 1971 年第一片微处理器 Intel 4004 诞生之后，异军突起，以迅猛的气势渗透到工业、教育、生活等许多领域之中。以 1981 年出现的 IBM – PC 机为代表，标志了微型计算机时代的来临。微型计算机体积轻巧，使用方便，能满足社会大众的普遍要求，性能价格比恰当。使计算机从实验室和大型计算中心进入人们的日常工作和生活中，为计算机的普及作出了巨大贡献。

由于微处理器决定了微型机的性能，根据微处理器的位数和功能，可将微型机的发展划分为四个阶段。

（1）4 位微处理器。

4 位微处理器的代表产品是 Intel 4004 及由它构成的 MCS – 4 微型计算机。其时钟频率为 0.5 ~ 0.8 MHz，数据线和地址线均为 4 ~ 8 位，使用机器语言和简单汇编语言编程，主要应用于家用电器、计算器和简单的控制等。

（2）8 位微处理器。

8 位微处理器的代表产品是 Intel 8080、Intel 8085，Motorola 公司的 MC6800，Zilog 公司的 Z80，MOS Technology 公司的 6502 微处理器。较著名的微型计算机有以 6502 为中央处理器的 APPLEⅡ微型机，以 Z80 为中央处理器的 System – 3。这一代微型机的时钟频率为 1 ~ 2.5 MHz，数据总线为 8 位，地址总线为 16 位。配有操作系统，可使用 FORTRAN、BASIC 等多种高级语言编程，主要应用于教学和实验、工业控制和智能仪表中。

（3）16 位微处理器。

16 位微处理器的代表产品为 Intel 8086 及其派生产品 Intel 8088 等，以 Intel 8086 或

Intel 8088 为中央处理器的 IBM PC 系列微机最为著名。国内在 20 世纪 90 年代初开始引入。这一代微型机的时钟频率为 5～10 MHz，数据总线为 8 位或 16 位，地址总线为 20～24 位。微型机软件日益成熟，操作系统方便灵活，汉字处理技术开始使用，为计算机在我国的广泛应用开辟了道路。其应用扩展到实时控制、实时数据处理和企业信息管理等方面。

（4）32 位及以上微处理器。

32 位微处理器的代表产品是 Intel 80386、Intel 80486、Intel 80586、初期的 Pentium 系列。由它们组成的 32 位微型计算机，时钟频率达到 16～100 MHz，数据总线为 32 位，地址总线为 24～32 位。这类微机亦称超级微型计算机，其应用扩展到计算机辅助设计、工程设计、排版印刷等方面。

3. 我国计算机的发展历程

华罗庚教授是我国计算技术的奠基人和最主要的开拓者之一。当冯·诺依曼开创性地提出并着手设计存储程序通用电子计算机 EDVAC 时，正在美国 Princeton 大学工作的华罗庚教授参观过他的实验室，并经常与他讨论有关学术问题，华罗庚教授 1950 年回国，1952 年在全国大学院系调整时，他从清华大学电机系物色了闵乃大、夏培肃和王传英三位科研人员在他任所长的中国科学院数学所内建立了中国第一个电子计算机科研小组。

1956 年，由周恩来总理亲自提议、主持、制定我国《十二年科学技术发展规划》，选定了"计算机、电子学、半导体、自动化"作为"发展规划"的四项内容，并制订了计算机科研、生产、教育发展计划。1956 年筹建中国科学院计算机技术研究所时，华罗庚教授担任筹备委员会主任，我国由此开始了计算机研制的起步。

（1）1958 年研制出第一台电子计算机。

（2）1964 年研制出第二代晶体管计算机。

（3）1971 年研制出第三代集成电路计算机。

（4）1977 年研制出第一台微机 DJSO50。

（5）1983 年研制成功"深腾 1800"计算机，运算速度超过 1 万次/秒。

（6）2003 年 12 月，我国自主研发出 10 万亿次曙光 4000A 高性能计算机。

（7）2010 年 11 月 17 日，国防科技大学研制的"天河一号"以每秒 4 700 万亿次的峰值速度和每秒 2 566 万亿次的持续速度，在世界超级计算机 500 强中位居第一，中国人首次站到了超级计算机世界冠军的领奖台上。

（8）2013 年 6 月 17 日，国际 TOP500 组织公布最新全球超级计算机 500 强排行榜榜单，中国国防科学技术大学研制的"天河二号"（见图 1-9）以每秒 33.86 千万亿次的浮点运算速度，成为全球最快的超级计算机。而相比之下，排名第二的美国超级计算机"泰坦"的运算速度只有 17.59 千万亿次。

（9）2017 年 6 月 19 日，在德国法兰克福举行的第 32 届国际超级计算大会（ISC）上公布了最新的全球超级计算机 TOP500 榜单，我国自主研发的"神威·太湖之光"（见图 1-10）以峰值运算速度为 12.5 亿亿次/秒、持续性能为 9.3 亿亿次/秒，双双位列全球第一，运算速度超第二名近三倍。

表面看来，超级计算机只和科学研究联系在一起，事实上，在和大众生活息息相关的各个领域，我们都能看到超级计算机的身影。如"天河二号"可以帮助科学家进行水稻、玉米、生猪的基因分析研究，帮助建筑物的抗震防风设计，可以做天气预报等。

图 1 - 9 　超级计算机"天河二号"

图 1 - 10 　超级计算机"神威·太湖之光"

超级计算机的应用可以简单概括为三个词：算天、算地、算人。不论是在石油勘探、生物信息、新药创新、材料化工，还是环境科学、船舶工程、航空航天设计、传统制造业改造等方面，超级计算机都可以发挥作用。同时，基于人工智能技术的发展，大数据、金融计算等将成为超级计算机应用的新领域。

任务2　计算机的主要技术指标

计算机的性能涉及体系结构，软、硬件配置，指令系统等多种因素，一般说来主要有以下几种技术指标。

1. 字长

字长是指计算机运算部件一次能同时处理的二进制数据的位数。字长越长，计算机的运算精度就越高，数据处理能力就越强。通常，字长总是 8 的整倍数。目前的主流机即 Intel 的 Pentium D 和 AMD 公司的 Athlon 64 等其字长是 64 位。

2. 计算速度

计算机的速度可用时钟频率和运算速度两个指标评价。时钟频率也称为主频，它的高低在一定程度上决定了计算机速度的高低。主频以兆赫兹（MHz）为单位，一般说，主频越高，速度越快。现在，Intel Pentium D 已达 3.0 GHz 以上。AMD Athlon 64 4600 + 可达 2.4 GHz。计算机的运算速度通常是指每秒钟所能执行加法指令的数目，常用百万次/秒（MIPS—Million Instructions Per Second）来表示。这个指标能直观地反映机器的速度，但不常用。

3. 存储容量

存储容量包括主存容量和辅存容量，主要指内存储器的容量。显然，内存容量越大，机器所能运行的程序就越大，处理能力就越强。

此外，指令系统、性能价格比也都是计算机的技术指标。具体内容将在模块三计算机系统部分详细讲解。

任务3 计算机的特点、应用和分类

计算机能够按照程序确定的步骤，对输入的数据进行加工处理、存储或传送，以获得期望的输出信息，从而利用这些信息来提高工作效率和社会生产率以及改善人们的生活质量。计算机之所以具有如此强大的功能，能够应用于各个领域，这是由它的特点所决定的。

1. 计算机的特点

（1）高速、精确的运算能力。

如我国自主研发的"神威·太湖之光"超级计算机系统的峰值运算速度为12.5亿亿次/秒、持续性能为9.3亿亿次/秒。它1分钟的计算能力，相当于全球72亿人同时用计算器不间断计算32年。如果用2016年生产的主流笔记本电脑或个人台式机作参照，它相当于200多万台普通电脑。

由于计算机内部采用浮点数表示法，而且计算机的字长从8位、16位、32位增加到64位甚至更长，从而使处理的结果具有更高的精确度。

（2）准确的逻辑判断能力。

计算机能够进行逻辑判断，并根据判断的结果自动决定下一步应该执行的指令。

（3）强大的存储能力。

计算机能存储大量数字、文字、图像、视频、声音等各种信息，"记忆力"大得惊人，它可以轻而易举地"记住"一个大型图书馆的所有资料。如我国自主研发的"天河一号"的存储量相当于4个国家图书馆藏书量之和。

（4）存储程序、程序控制功能。

计算机可以将预先编好的一组指令（称为程序）先"记"下来，然后自动地逐条取出这些指令并执行，工作过程完全自动化，不需要人的干预，而且可以反复进行。

（5）网络与通信功能。

计算机技术发展到今天，不仅可将一个个城市的计算机连成一个网络，而且能将一个个国家的计算机连在一个计算机网上。目前最大、应用范围最广的"国际互联网"Internet连接了全世界200多个国家和地区数亿台的各种计算机。在网上的所有计算机用户可共享网上资料、交流信息、互相学习，将世界变成了"地球村"。计算机的网络功能改变了人类交流的方式和信息获取的途径。

2. 计算机的应用领域

1946年计算机问世之初，主要用于数值计算，"计算机"也因此得名。现如今的计算机几乎和所有学科相结合，在经济社会各方面起着越来越重要的作用。计算机网络在交通、金融、企业管理、教育、邮电、商业等各个领域得到了广泛应用。

（1）科学计算（或称为数值计算）。

早期的计算机主要用于科学计算。科学计算仍然是计算机应用的一个重要领域。如高能

物理、工程设计、地震预测、气象预报、航天技术等。由于计算机具有高运算速度和精度以及逻辑判断能力，因此出现了计算力学、计算物理、计算化学、生物控制论等新的学科。

在网络运用越来越深入的今天，"云计算"也将发挥越来越重要的作用。所有这些在没有使用计算机之前是根本不可能实现的。

（2）信息管理（或称数据处理）。

信息管理是目前计算机应用最广泛的一个领域。利用计算机来加工、管理与操作任何形式的数据资料，如企业管理、物资管理、报表统计、账目计算、信息情报检索等。国内许多机构纷纷建设自己的管理信息系统（MIS）；生产企业也开始采用制造资源规划软件（MRP），商业流通领域则逐步使用电子信息交换系统（EDI），即所谓无纸贸易。

当今社会已从工业进入信息社会，信息已经成为赢得竞争的重要资源。计算机也广泛应用于政府机关、企业、商业、服务业等行业中，利用计算机进行数据/信息处理不仅能使人们从繁重的事务性工作中解脱出来，去做更多创造性的工作，而且能够满足信息利用与分析的高频度、及时性、复杂性要求，从而使人们能够通过已获取的信息去生产更多更有价值的信息。

（3）过程检控（或称过程控制）。

利用计算机对工业生产过程中的某些信号自动进行检测，并把检测到的数据存入计算机，再根据需要对这些数据进行处理，这样的系统称为计算机检测系统。特别是仪器仪表引进计算机技术后所构成的智能化仪器仪表，将工业自动化推向了一个更高的水平。

过程控制广泛应用于各种工业环境中，这不只是控制手段的改变，而且拥有众多优点。第一，能够替代人在危险、有害的环境中作业。第二，能在保证同样质量的前提下连续作业，不受疲劳、情感等因素的影响。第三，能够完成人所不能完成的有高精度、高速度、时间性、空间性等要求的操作。

（4）计算机辅助。

计算机辅助是计算机应用的一个非常广泛的领域。几乎所有过去由人进行的具有设计性质的过程都可以让计算机帮助实现部分或全部工作。计算机辅助（或称为计算机辅助工程）主要有：计算机辅助设计（Computer Aided Design，CAD）、计算机辅助制造（Computer Aided Manufacturing，CAM）、计算机辅助教育［Computer – Assisted（Aided）Instruction，CAI］、计算机辅助技术（Computer Aided Technology/Test/Translation/Typesetting，CAT）、计算机仿真模拟（Simulation）等。

计算机模拟和仿真是计算机辅助的重要方面。在计算机中起着重要作用的集成电路，如今它的设计、测试之复杂是人工难以完成的，只有计算机才能够做到。再如，核爆炸和地震灾害的模拟，都可以通过计算机实现，它能够帮助科学家进一步认识被模拟对象的特性。对一般应用，如设计一个电路，使用计算机模拟就不需要使用电源、示波器、万用表等工具进行传统的预实验，只需要把电路图和使用的元器件通过软件输入到计算机中，就可以得到所需的结果，并可以根据这个结果修改设计。

（5）网络通信。

计算机技术和数字通信技术的发展并相互融合产生了计算机网络。通过计算机网络，把多个独立的计算机系统联系在一起，把不同地域、不同国家、不同行业、不同组织的人们联系在一起，缩短了人们之间的距离，改变了人们的生活和工作方式。通过网络，人们坐在家里便可以预订机票、车票，可以购物，从而改变了传统服务业、商业单一的经营方式。通过网络，人们还可以与远在异国他乡的亲人、朋友实时地传递信息。

（6）人工智能。

人工智能（Artificial Intelligence，AI）是用计算机模拟人类的某些智力活动，开发一些具有人类某些智能的应用系统，用计算机来模拟人的思维判断、推理等智能活动，使计算机具有自学习适应和逻辑推理的功能，如计算机推理、智能学习系统、专家系统、机器人等，帮助人们学习和完成某些推理工作。

利用计算机可以进行图像和物体的识别，模拟人类的学习过程和探索过程。人工智能研究期望赋予计算机以更多人的智能，如机器翻译、智能机器人等，都是利用计算机模拟人类的智力活动。人工智能是计算机科学发展以来一直处于前沿的研究领域，其主要研究内容包括自然语言理解、专家系统、机器人以及定理自动证明等。目前，人工智能已应用于机器人、医疗诊断、故障诊断、计算机辅助教育、案件侦破、经营管理等诸多方面。

（7）语言翻译。

1947 年，美国数学家、工程师沃伦·韦弗与英国物理学家、工程师安德鲁·布思提出了以计算机进行翻译（简称"机译"）的设想，机译从此步入历史舞台，并走过了一条曲折而漫长的发展道路。机译分为文字机译和语音机译。机译消除了不同文字和语言间的隔阂，堪称高科技造福人类之举。但机译的质量长期以来一直是个问题，尤其是译文质量，离理想目标仍相差甚远。中国数学家、语言学家周海中教授认为，在人类尚未明了大脑是如何进行语言的模糊识别和逻辑判断的情况下，机译要想达到"信、达、雅"的程度是不可能的，这一观点恐怕道出了制约译文质量的瓶颈所在。

（8）多媒体应用。

多媒体是包括文本（Text）、图形（Graphics）、图像（Image）、音频（Audio）、视频（Video）、动画（Animation）等多种信息类型的综合。多媒体技术是指人和计算机交互地进行上述多种媒介信息的捕捉、传输、转换、编辑、存储、管理，并由计算机综合处理为表格、文字、图形、动画、音频、视频等视听信息有机结合的表现形式。多媒体技术拓宽了计算机的应用领域，使计算机广泛应用于商业、服务业、教育、广告宣传、文化娱乐、家庭等方面。同时，多媒体技术与人工智能技术的有机结合还促进了虚拟现实（Virtual Reality）、虚拟制造（Virtual Manufacturing）技术的发展，使人们可以在计算机迷你的环境中，感受真实的场景，通过计算机仿真制造零件和产品，感受产品各方面的功能与性能。

（9）嵌入式系统。

并不是所有计算机都是通用的。有许多特殊的计算机用于不同的设备中，包括大量的消费电子产品和工业制造系统，都是把处理器芯片嵌入其中，完成特定的处理任务。这些系统称为嵌入式系统。如数码相机、数码摄像机以及高档电动玩具等都使用了不同功能的处理器。

3. 计算机的分类

随着计算机技术和应用的发展，计算机的家族庞大，种类繁多，可以按照不同的方法对其进行分类。

1）按计算机处理的数据分类

按处理数据的类型可以分为模拟计算机、数字计算机、数字和模拟计算机（混合计算机）。

（1）模拟计算机。

模拟计算机的主要特点是：参与运算的数值由不间断的连续量（称为模拟量）表示，其运算过程是连续的。模拟量以电信号的幅值来模拟数值或某物理量的大小，如电压、电流、温度等都是模拟量。模拟计算机常以绘图或量表的形式输出。模拟计算机由于受元器件质量影响，其计算精度较低，应用范围较窄，目前已很少生产。

（2）数字计算机。

数字计算机的主要特点是：参与运算的数值用离散的数字量表示，其运算过程按数字位进行计算、处理之后，仍以数字形式输出到打印纸上或显示在屏幕上。数字计算机由于具有逻辑判断等功能，是以近似人类大脑的"思维"方式进行工作的，所以又被称为"电脑"。

（3）数字和模拟计算机（混合计算机）。

它集数字计算机与模拟计算机的优点于一身。它可以接受模拟量或数字量的运算，最后以连续的模拟量或离散的数字量输出结果。

2）按计算机的用途分类

按计算机的用途可以分为通用计算机和专用计算机。

（1）通用计算机。

通用计算机能适用于一般科学运算、学术研究、工程设计和数据处理等广泛用途的计算，通用性强，如 PC（Personal Computer，个人计算机）。通常所说的计算机均指通用计算机。

（2）专用计算机。

专用计算机则配备有解决特定问题的软件和硬件，能够高速、可靠地解决特定问题。如飞机的自动驾驶仪、坦克上火控系统中用的计算机，都属专用计算机。

3）按计算机的性能、规模和处理能力分类

这是最常见的分类方法，所依据的性能主要包括体积、字长、运算速度（处理数据的快慢）、存储容量（能记忆数据的多少）、外部设备和软件配置等。根据这些性能可以将计算机分为巨型机、大型通用机、微型计算机、工作站和服务器五类。

（1）巨型机（Supercomputer）。

巨型机也称之为超级计算机，是目前功能最强、速度最快，价格最贵的计算机，现在称其为高性能计算机。一般用于解决诸如气象、航天、能源、医药等尖端科学研究和战略武器（如核武器和反导弹武器）研制中的复杂计算。巨型机的研制水平、生产能力及其应用程度，已成为衡量一个国家经济实力与科技水平的重要标志。

（2）大型通用机（Mainframe）。

这种计算机也有很高的运算速度和很大的存储量，并允许相当多的用户同时使用，通用性强。当然在量级上不及巨型计算机，价格也比巨型机便宜。大型通用机通常像一个家族一样形成系列，如 IBM 4300 系列、IBM 9000 系列等。这类机器通常用于大型企业、商业管理或大型数据库管理系统中，也可作为大型计算机网络中的主机。

（3）微型计算机（Microcomputer）。

自 IBM 公司于 1981 年采用 Intel 的微处理器推出 IBM PC 以来，微型机因其小巧、轻、使用方便、价格便宜等优点，成为计算机的主流。目前，微型计算机的芯片集成度平均每两年可提高一倍，性能提高一倍，价格降低一半。微型计算机也称为个人计算机（Personal Computer）。近几年又出现了体积更小的微机，如笔记本电脑、掌上电脑等。

（4）工作站（Workstation）。

工作站是一种高档的微型计算机。它比微型机有更大的存储容量和更快的运算速度，通常配有高分辨率的大屏幕显示器及容量很大的内部存储器和外部存储器，并且具有较强的信息处理功能和高性能的图形、图像处理功能以及联网功能。工作站主要用于图像处理和计算机辅助设计等领域，具有很强的图形交互与处理能力，因此在工程领域，特别是在计算机辅助设计领域得到了广泛应用，无怪乎人们称工作站是专为工程师设计的计算机。

（5）服务器。

"服务器"一词很恰当地描述了计算机在应用中的角色，而不是刻画机器的档次。服务器作为网络的结点，存储、处理网络上80%的数据、信息，因此也被称为网络的灵魂。

服务器可以是大型机、小型机、工作站或高档微机。服务器可以提供信息浏览、电子邮件、文件传送、数据库等多种业务服务。

服务器主要有以下特点：

①只有在客户机的请求下才为其提供服务。

②服务器对客户透明。一个与服务器通信的用户面对的是具体的服务，完全不必知道服务器采用的是什么机型及运行的是什么操作系统。

③服务器严格地说是一种软件的概念。一台作为服务器使用的计算机通过安装不同的服务器软件，可以同时扮演几种服务器的角色。

任务4　未来计算机的发展趋势

在计算机诞生之初，很少有人能深刻地预见计算机技术对人类巨大的潜在影响，甚至没有人能预见计算机的发展速度是如此迅猛，如此地超出人们的想象。未来计算机技术的发展又将是如何呢？

1. 电子计算机的发展方向

从类型上看，电子计算机技术正在向巨型化、微型化、网络化和智能化方向发展。

（1）巨型化。

巨型化是指计算机的计算速度更快、存储容量更大、功能更完善、可靠性更高，其运算速度可达每秒万万亿次，存储容量超过几百 T 字节。巨型机的应用范围如今已日趋广泛，在航空航天、军事工业、气象、电子、人工智能等几十个学科领域发挥着巨大作用，特别是在尖端科学技术和军事国防系统的研究开发中，体现了计算机科学技术的发展水平。

（2）微型化。

微型计算机从过去的台式机迅速向便携机、掌上机、膝上机发展，其低廉的价格、方便的使用、丰富的软件，使其受到人们的青睐。同时也作为工业控制过程的心脏，使仪器设备实现"智能化"。

（3）网络化。

网络化指利用现代通信技术和计算机技术，把分布在不同地点的计算机互联起来，按照网络协议互相通信，以共享软件、硬件和数据资源。目前，计算机网络在交通、金融、企业管理、教育、电信、商业、娱乐等各行各业中得到了使用。

（4）智能化。

智能化指计算机模拟人的感觉和思维过程的能力。智能化是计算机发展的一个重要方向。智能计算机具有解决问题和逻辑推理的功能以及知识处理和知识库管理的功能等。未来的计算机将能接受自然语言的命令，有视觉、听觉和触觉，但可能不再有现在计算机的外形，体系结构也会不同。

目前已研制出的机器人有的可以代替人从事危险环境中的劳动，有的能与人下棋等，这都从本质上扩充了计算机的能力，使计算机成为可以越来越多地替代人的思维活动和脑力劳动的电脑。

2. 未来新一代的计算机

基于集成电路的计算机短期内还不会退出历史舞台，但一些新的计算机正在跃跃欲试地加紧研究，如超导计算机、纳米计算机、光计算机、DNA 计算机和量子计算机等。当历史的车轮驶入二十一世纪时，我们会面对各种各样的未来计算机。

1）第五代计算机。

第五代计算机指具有人工智能的新一代计算机，它具有推理、联想、判断、决策、学习等功能。

（1）能识别自然语言的计算机。

未来的计算机将在模式识别、语言处理、句式分析和语义分析的综合处理能力上获得重大突破。它可以识别孤立单词、连续单词、连续语言和特定或非特定对象的自然语言（包括口语）。今后，人类将越来越多地同机器对话。他们将向个人计算机"口授"信件，同洗衣机"讨论"保护衣物的程序，或者用语言"制服"不听话的录音机。键盘和鼠标的时代将渐渐结束。

（2）高速超导计算机。

高速超导计算机的耗电仅为半导体器件计算机的几千分之一，它执行一条指令只需十亿分之一秒，比半导体元件快几十倍。超导计算机的集成电路芯片只有 3 ~ 5 平方毫米大小。

（3）激光计算机。

激光计算机是利用激光作为载体进行信息处理的计算机，又叫光脑，其运算速度将比普通的电子计算机至少快 1 000 倍。它依靠激光束进入由反射镜和透镜组成的阵列中来对信息进行处理。

激光计算机也是靠一系列逻辑操作来处理和解决问题。光束在一般条件下互不干扰的特性，使得激光计算机能够在极小的空间内开辟很多平行的信息通道，密度大得惊人。一块截面等于 5 分硬币大小的棱镜，其通过能力超过全球现有全部电缆的许多倍。

（4）分子计算机。

分子计算机正在酝酿。美国惠普公司和加州大学，1999 年 7 月 16 日宣布，已成功地研制出分子计算机中的逻辑门电路，其线宽只有几个原子直径之和，分子计算机的运算速度是目前计算机的 1 000 亿倍，最终将取代硅芯片计算机。

（5）量子计算机。

量子力学证明，个体光子通常不相互作用，但是当它们与光学谐腔内的原子聚在一起时，它们相互之间会产生强烈影响。光子的这种特性可用来发展量子力学效应的信息处理器件——光学量子逻辑门，进而制造量子计算机。量子计算机利用原子的多重自旋进行。在量子计算机中，用"量子位"来代替传统电子计算机的二进制位。二进制位只能用"0"和"1"两个状态表示信息，而量子位则用粒子的量子力学状态来表示信息，两个状态可以在一个"量子位"中并存。量子位既可以用于表示二进制位的"0"和"1"，也可以用这两个状态的组合来表示信息。

在理论方面，量子计算机的性能能够超过任何可以想象的标准计算机。

（6）DNA 计算机。

科学家研究发现，脱氧核糖核酸（DNA）有一种特性，能够携带生物体的大量基因物质。数学家、生物学家、化学家以及计算机专家从中得到启迪，正在合作研究制造未来的液体 DNA 电脑。这种 DNA 电脑的工作原理是以瞬间发生的化学反应为基础，通过和酶的相互作用，将发生过程进行分子编码，把二进制数翻译成遗传密码的片段，每一个片段就是著名的双螺旋的一个链，然后对问题以新的 DNA 编码形式加以解答。

和普通的电脑相比，DNA 电脑的优点首先是体积小，但存储的信息量却超过现在世界上所有的计算机。

2）第六代计算机

（1）神经元计算机。

人类的神经网络是非常强大与神奇的。将来，人们将制造能够完成类似人脑功能的计算机系统，即人造神经元网络。神经元计算机最有前途的应用领域是国防，它可以识别物体和目标，处理复杂的雷达信号，决定要击毁的目标。神经元计算机的联想式信息存储、对学习的自然适应性、数据处理中的平行重复现象等性能都将异常有效。

（2）生物计算机。

生物计算机主要是以生物电子元件构建的计算机。它利用蛋白质的开关特性，用蛋白质分子作元件从而制成的生物芯片。其性能是由元件与元件之间电流启闭的开关速度来决定的。用蛋白质制成的计算机芯片，它的一个存储点只有一个分子大小，所以它的存储容量可以达到普通计算机的 10 亿倍。由蛋白质构成的集成电路，其大小只相当于硅片集成电路的十万分之一。而且运行速度更快，只有 10^{-11} 秒，大大超过人脑的思维速度。

3）计算机未来的发展趋势

（1）芯片级节能技术。

芯片级节能技术主要包括 CPU 功耗控制、CPU 频率调整和专用低功耗部件。在专用低功耗部件研究方面，包括上海澜起公司研发的高级内存缓存 AMB 芯片、SSD 固态电子硬盘等技术与产品。

（2）基础架构级节能技术。

基础架构级节能技术主要包括液冷、存储制冷、高效能电源、高效能散热冷却技术等诸多技术。液冷技术包括水冷及液态金属制冷，由于其导热能力强并且热容更大，能够更快地缓解负载突变造成的散热压力并吸收更多的热量，在当前大型计算机中使用越来越普遍，如 IBMCoolBlue 机柜系统。存储制冷指预先基于制冷设备存储部分制冷能力，在需要时再有效释放，类似电池的储电功能，如 IBM 基于存储冷却技术的机房冷却方案。高效能散热冷却技术包括研究效率更高的散热方式和性能更好的冷却设备，如 IBM 的机房冷却系统等。

（3）系统级节能技术。

在解决功耗方面，除采用上述 CPU 功耗控制、CPU 工作频率调整、液体冷却、低功耗专用芯片、芯片级冷却等技术以外，学术界和企业界也在研究系统级节能技术和产品，包括基于负载情况动态调整系统状态、实施部分节点或部件的休眠；根据各进程能耗的不同对CPU任务队列进行调整，如将一些产生较多热量的任务从温度较高的CPU上迁移到温度较低的CPU上从而实现能耗的均衡。

目前推出的一种新的超级计算机采用世界上速度最快的微处理器之一，并通过一种创新的水冷系统进行冷却。新的 Power 575 超级计算机配置 IBM 最新的 POWER 6 微处理器，使用安装在每个微处理器上方的水冷铜板将电子器件产生的热量带走。采用水冷技术的超级计算机所需空调的数量能够减少80%，可将一般数据中心的散热能耗降低40%。科学家估计用水来冷却计算机系统的效率最多可比用空气进行冷却高出 4 000 倍。

模块三　计算机系统

计算机是能按照人的要求接收和存储信息，自动进行数据处理和计算，并输出结果的机器系统。一台完整的计算机是由硬件（Hardware）系统和软件（Software）系统两部分组成，它们共同协作运行应用程序，处理和解决实际问题。其中，硬件是计算机赖以工作的实体，是各种物理部件的有机结合；软件是控制计算机运行的灵魂，是由各种程序以及程序所处理的数据组成。

任务1　计算机系统概述

计算机系统由硬件（Hardware）系统和软件（Software）系统两大部分组成。计算机在没有装入任何软件之前，被称为"裸机"，裸机是无法实现任何处理任务的。实际上，用户所面对的是经过若干层软件"包装"的计算机，计算机的功能不仅仅取决于硬件系统，在更大程度上是由所安装的软件系统决定的。

硬件系统和软件系统互相依赖，不可分割。图 1-11 表示了计算机硬件、软件与用户之间的关系，是一种层次结构，其中硬件处于内层，用户在最外层，而软件则是在硬件与用户之间，用户通过软件使用计算机的硬件。计算机系统的基本组成示意图如图 1-12 所示。

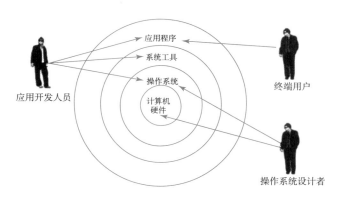

图 1-11　计算机系统层次结构

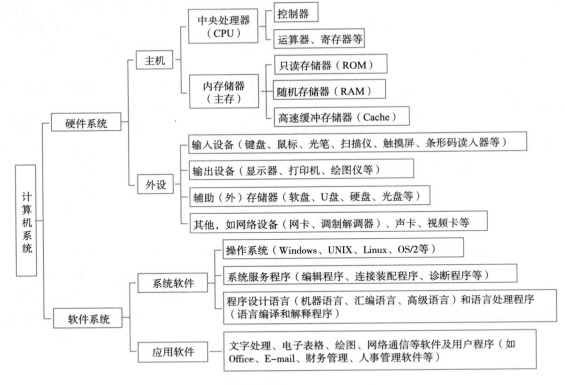

图 1 – 12　计算机系统的基本组成

任务 2　计算机的基本组成和工作原理

1. 计算机的基本组成

1946 年，著名美籍匈牙利数学家冯·诺依曼（Von Neumann）提出了存储程序计算机的设计思想，奠定了现代计算机的体系结构。半个多世纪以来，尽管计算机技术有了很大发展，性能不断改进提高，但从本质上讲，存储程序控制仍是现代计算机的结构基础。冯·诺依曼的设计思想可归结为如下三条。

（1）计算机的基本结构。

冯·诺依曼型计算机由输入、存储、运算、控制和输出五个部分组成，因此计算机的硬件应具有输入设备、存储器、运算器、控制器和输出设备这五个基本功能部件，如图 1 – 13 所示。

存储器不仅能存放数据，而且能存放指令，计算机能区分出所存放的是数据还是指令。控制器能自动执行指令。运算器不但能进行加、减、乘、除等基本的算术运算，还能进行基本的逻辑运算。操作人员可以通过输入、输出设备与主机交换信息。

（2）采用二进制。

在计算机中，程序和数据都用二进制代码表示。二进制只有"0"和"1"两个元素，它既便于硬件的物理实现又具有运算规则简单的特点，因此可简化计算机结构，提高可靠性和运算速度。

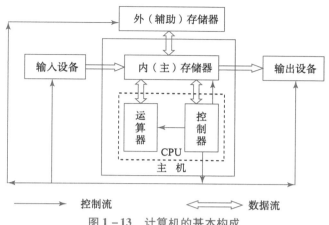

图 1 - 13　计算机的基本构成

（3）存储程序。

所谓存储程序，就是把程序（处理问题的算法）和处理问题所需的数据均以二进制编码的形式预先按一定顺序存放到计算机的存储器里。计算机运行时，依次从存储器里逐条取出指令，执行一系列的基本操作，最后完成一个复杂的运算。这一切工作都是由控制器和运算器共同完成的，这就是存储程序、程序控制的工作原理。存储程序思想为实现计算机的自动化奠定了基础，也是计算机与计算器及其他计算工具的本质区别。

2. 计算机的基本工作原理

计算机的工作过程就是按照控制器的控制信号自动、有序地执行指令的过程。指令是计算机正常工作的前提，所有程序都是由一条条指令序列组成的。根据冯·诺依曼的思想，计算机应该能自动执行程序，而程序的执行是靠逐条执行指令来完成的。一条机器指令的执行需要获得指令、分析指令、执行指令，大致过程如下：

（1）取指令：从存储单元地址等于当前程序计数器 PC 的内容的那个存储单元中读取当前要执行的指令，并把它存放到指令寄存器 IR 中。

（2）分析指令：指令译码器 ID 分析该指令（称为译码）。

（3）生成控制信号：操作控制器根据指令译码器 ID 的输出（译码结果），按一定的顺序产生执行该指令所需的所有控制信号。

（4）执行指令：在控制信号的作用下，计算机各部分完成相应的操作，实现数据的处理和结果的保存。

（5）重复执行：计算机根据 PC 中新的指令地址，重复执行上述 4 个过程，直至执行到指令结束。

任务 3　计算机的硬件系统及其功能

1. 中央处理器

中央处理器（CPU）主要包括运算器（ALU）和控制器（CU）两大部件，如图 1 - 14 所示。它是计算机的核心部件。CPU 是一个体积不大而元件集成度非常高、功能强大的芯片，也称为微处理器（Micro Processor

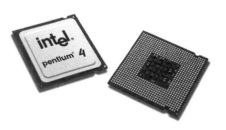

图 1 - 14　中央处理器 CPU

Unit，MPU）。

1）CPU 的性能指标

CPU 的性能指标主要有字长和时钟主频。

（1）字长：表示 CPU 一次处理二进制数据的位数，它既决定了 CPU 内部寄存器、加法器的位数，又决定了系统数据总线的位数，因而决定了计算机一次处理数据的能力。例如，80286 型号的 CPU 每次能处理 16 位二进制数据，而 80386 型号的 CPU 和 80486 型号的 CPU 每次能处理 32 位二进制数据。

（2）时钟主频：即 CPU 内核工作的时钟频率，以 Hz（赫兹）为单位来度量。主频越高其处理数据的速度相对也就越快。CPU 的时钟主频已由 33 MHz、66 MHz 发展到现在的 333 MHz、500 MHz、677 MHz 甚至到 3.0 GHz，并呈高速发展趋势。

2）CPU 的组成

（1）运算器（Arithmetical and Logical Unit，ALU）。

运算器是计算机处理数据的主要部件，它的主要功能是对二进制数据进行算术运算或逻辑运算。所以也称它为算术逻辑单元（ALU）。所谓算术运算，就是数的加、减、乘、除以及乘方、开方等数学运算。而逻辑运算则是指逻辑变量之间的运算，即通过与、或、非等基本操作对二进制数进行逻辑判断。

由于在计算机内，各种运算均可归结为相加和移位这两个基本操作，所以，运算器的核心是加法器（Adder）。为了能将操作数暂时存放，能将每次运算的中间结果暂时保留，运算器还需要若干个寄存数据的寄存器（Register）。若一个寄存器既保存本次运算的结果而又参与下次的运算，它的内容就是多次累加的和，这样的寄存器又叫作累加器（Accumulator，AL）。

（2）控制器。

控制器（Control Unit，CU）是计算机的心脏和神经指挥中枢。由它指挥全机各个部件自动、协调地工作。

控制器的主要部件及其功能：

①指令寄存器：从内存中取指令，并计算下一条指令在内存中的地址。存放当前正在执行的指令，并为指令译码器提供指令信息。

②指令译码器：将指令中的操作码翻译成相应的控制信号。

③时序节拍发生器：产生一定的时序脉冲和节拍电位，使得计算机有节奏、有次序地工作。

④操作控制部件：将脉冲、电位和指令译码器的控制信号组合起来，有时间性地、有顺序地去控制各个部件完成相应的操作。

⑤指令计数器：存放下一条指令的地址。当顺序执行程序中的指令时，每取出一条指令，指令计数器就自动加"1"得到下一条指令的地址。当执行分支程序或循环程序时，就直接把起始地址或转移的目的地址送入指令计数器。所以，对控制器而言，真正的作用是对机器指令执行过程的控制。

2. 存储器

存储器（Memory）是存储程序和数据的部件。是计算机系统中的记忆设备，具备存和取的功能。对存储器的操作分为读操作和写操作，写操作是指处理器往存储器里存放数据；读操作是指处理器从存储器里取数据。

存储器分为内存储器（主存）和外存储器（外存或辅存）两大类。内存储器是设在主机中的，也叫作主存储器，用于存放当前 CPU 要用的数据和程序，属于临时存储器；外存储器是属于计算机外部设备的存储器，简称为外存，也叫作辅助存储器（简称为辅存），外存中存放当前 CPU 暂时不用的数据和程序，属于永久性存储器，需要时应先调入内存。

计算机之所以能够反复执行程序或数据，就是由于有存储器的存在。

CPU 不能像访问内存那样直接访问外存，当需要某一程序或数据时，首先应将其调入内存，然后再运行。一般的微型计算机中都配置了高速缓冲存储器（Cache），这时内存包括主存和高速缓存两部分。

1）内存储器（内存）

一个二进制位（bit）是构成存储器的最小单位。实际上，存储器是由许多个二进制位的线性排列构成的。为了存取到指定位置的数据，通常将每 8 位二进制位组成一个存储单元，称为字节（Byte），并给每个字节编上一个号码，称为地址（Address）。根据指定地址存取数据。如 1KB 内存的地址就是 1023D，如图 1－15 所示。

因此将内存描述为由若干行组成的一个矩阵，每一行就是一个存储单元（字节）且有一个编号，称为存储单元地址。每行中有 8 列，每列代表一个存储元件，它可存储一位二进制数（"0"或"1"）。图 1－15 所示为这种内存的概念模型。

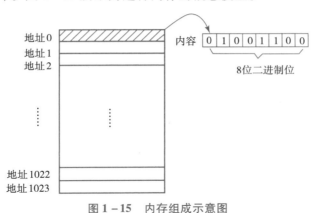

图 1－15　内存组成示意图

（1）内存的主要技术指标。

①存储容量与数据宽度。

存储器可容纳的二进制信息量称为存储容量。存储容量的基本单位是字节（Byte，1 Byte＝8 bit）。常用的存储容量单位还有 KB（千字节）、MB（兆字节）、GB（吉字节）等。它们之间的关系为：

千字节　　1 KB＝1 024 B＝2^{10} B

兆字节　　1 MB＝1 024 KB＝2^{20} B

吉字节　　1 GB＝1 024 MB＝2^{30} B

太字节　　1 TB＝1 024 GB＝2^{40} B

数据宽度是指内存一次读出/写入的数据位。168 线的 SDRAM 和 184 线的 DDR 内存条为 64 位。数据宽度与主板的内存插槽有关。

②存取时间和时钟频率。

存储器的存取时间是指从启动一次存储器操作到完成该操作所经历的时间。一般是从发出读信号开始，到发出通知 CPU 读出数据已经可用的信号为止之间的时间，即读取数据所延迟的时间。目前 SDRAM 芯片为 5 ns、6 ns、7 ns、8 ns、10 ns。时钟频率是指内存稳定运行的最大频率，一般可分为 133 MHz、166 MHz、200 MHz 等。DDRⅢ可达 800 MHz。

③奇偶校验。

奇偶校验（Parity Check）是系统检查数据存取和传输错误的一种最简单的技术。以奇校验为例，它采用 1 bit 校验位来对 8 bit 数据进行查错。它规定正确的数据中所含"1"的个数必须是奇数个，为此，若原数据所含"1"的个数为偶数，则将校验位设为"1"，若原数据所含"1"的个数为奇数，则将校验位设为"0"。在采用奇校验的系统中，如果在数据传送中发现某数据中的"1"的个数为偶数了，则认为数据出错。这种查错方法虽然简单，但由于数据 1 位出错的概率很高，所以它是有效的。奇偶校验系统不能判断数据的哪一位出错，从而也就不能纠正数据错误。

（2）内存储器的分类。

内存储器（见图 1-16）分为随机存储器 RAM（Random Access Memory）和只读存储器 ROM（Read Only Memory）两类。

图 1-16　内存条

①随机存储器（RAM）。

RAM 中的信息可随时读出和写入，也叫作随机读/写存储器。依据存储元件结构的不同，RAM 又可分为静态 RAM（SRAM，Static RAM）和动态 RAM（DRAM，Dynamic RAM）。

RAM 负责存储当前运行的程序指令和数据，并通过高速的系统总线直接供 CPU 进行处理，因此必须是由高速集成电路存储器组成。RAM 存储当前 CPU 使用的程序、数据、中间结果和与外存交换的数据，CPU 根据需要可以直接读/写 RAM 中的内容。

通常所说的计算机内存容量均指 RAM 存储器容量，即计算机的主存。RAM 有两个特点，第一个特点是可读/写性，说的是对 RAM 既可以进行读操作，又可以进行写操作。读操作时不破坏内存已有的内容，写操作时才改变原来已有的内容。第二个特点是易失性，即电源断开（关机或异常断电）时，RAM 中的内容立即丢失。因此微型计算机每次启动时都要对 RAM 进行重新装配。

②只读存储器（ROM）。

ROM 中的信息只能读出不能写入，里面存放的信息一般由计算机制造厂写入并经固化处理，用户是无法修改的，即使断电，ROM 中的信息也不会丢失。因此，ROM 中一般存放计算机系统管理程序，如基本输入/输出系统模块 BIOS、监控程序等。

（3）内存储器的性能指标。

内存储器的主要性能指标有两个：容量和速度。

①存储容量：指一个存储器包含的存储单元总数。这一概念反映了存储空间的大小。目前常用的 DDR3 内存条存储容量一般为 2 GB 和 4 GB。好的主板可以到 8 GB，服务器主板可以到 32 GB。

②存取速度：一般用存储周期（也称读写周期）来表示。存取周期就是 CPU 从内存储器中存取数据所需的时间（读出或写入）。半导体存储器的存取周期一般为 60 ~ 100 ns。

2）外存储器

随着信息技术的发展，信息处理的数据量越来越大。但内存容量毕竟有限，这就需要配置另一类存储器——外存储器（简称外存）。外存可存放大量程序和数据，且断电后数据不会丢失。常见的外储存器有软盘、硬盘、U 盘和光盘等，软盘已经逐渐被淘汰。

（1）软盘（Floppy Disk）。

软盘存储器由软盘驱动器（简称软驱）和软盘组成，早期，软盘存储器是微型计算机的主要辅助存储设备，但其存储容量小、读写速度慢，现已被 USB 接口的 U 盘取代，不再使用。常见的软盘驱动器大小为 3.5 英寸（1 英寸 = 2.54 厘米）、容量为 1.44 MB，结构如图 1 – 17 所示，软盘片的有关参数如表 1 – 4 所示。

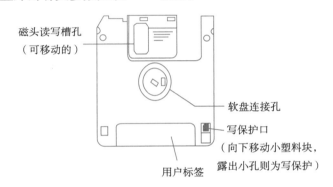

图 1 – 17　软盘结构示意图

表 1 – 4　软盘片的有关参数

盘片类别		磁道数	扇区数/道	字节/扇区	总容量
3.5 英寸	双面双密	80（0 ~ 79）	9	512	720 KB
	双面高密	80（0 ~ 79）	18	512	1.44 MB

（2）硬盘。

硬盘（Hard Disk）是微型计算机上主要的外部存储设备。它是由磁盘片、读写控制电路和驱动机构组成并封装在一个金属体内，如图 1 – 18 所示。硬盘具有容量大、存取速度快等优点，操作系统、可运行的程序文件和用户的数据文件一般都保存在硬盘上。

①硬盘的容量。

一个硬盘的容量是由四个参数决定的，即磁头数 H（Heads）、柱面数 C（Cylinders）、每个磁道的扇区数 S（Sectors）和每个扇区的字节数 B（Bytes）。将这四个参数相乘，乘积就是硬盘容量，即：

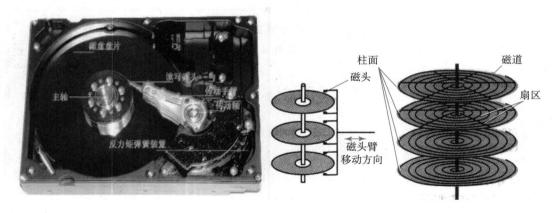

图 1-18 硬盘及内部结构示意图

硬盘总容量＝磁头数（H）×柱面数（C）×磁道扇区数（S）×每扇区字节数（B）

硬盘的容量有 500 GB、750 GB、1 TB、2 TB、3 TB 等。目前世界上最大容量也是最快最先进的电脑 MAC PRO 拥有 4 个 3.5 英寸的内置硬盘托架，安装 4 个 2 TB 的硬盘容量可达到 8 TB。

②硬盘的接口。

硬盘与主板的连接部分就是硬盘接口，常见的有 ATA（Advanced Technology Attachment，高级技术附件）、SATA（Serial ATA，串行高级技术附件）和 SCSI（Small Computer System Interface，小型计算机系统接口）接口，如图 1-19 所示。ATA 和 SATA 接口的硬盘主要应用在个人计算机上，SCSI 接口的硬盘主要应用于中、高端服务器和高档工作站中。

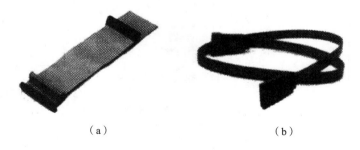

（a）   （b）

图 1-19 ATA 接口和 SCSI 接口

（a）ATA 接口；（b）SCSI 接口

③硬盘的转速。

硬盘的转速是指硬盘电机主轴的旋转速度（单位为 rpm，即转/分钟）。转速快慢是标志硬盘档次的重要参数之一，也是决定硬盘内部传输率的关键因素之一。

普通硬盘转速一般有 5 400 rpm 和 7 200 rpm 两种。其中，7 200 rpm 高转速硬盘是台式机的首选，笔记本则以 4 200 rpm 和 5 400 rpm 为主。虽然已经发布了 7 200 rpm 的笔记本硬盘，但由于噪声和散热等问题，尚未广泛使用。服务器中使用的 SCSI 硬盘转速大多为 10 000 rpm，最快为 15 000 rpm，性能远超普通硬盘。

（3）U 盘（闪速存储器）。

闪速存储器（Flash）是一种新型非易失性半导体存储器（通常称 U 盘），如图 1－20 所示。它是 EEPROM 的变种，Flash 与 EEPROM 不同的是，它能以固定区块为单位进行删除和重写，而不是整个芯片擦写。它既继承了 RAM 存储器速度快的优点，又具备了 ROM 的非易失性，即在无电源状态仍能保持片内信息，不需要特殊的高电压就可实现片内信息的擦除和重写。

当前的计算机都配有 USB 接口，在 Windows 7 操作系统下，无须驱动程序，通过 USB 接口即插即用，使用非常方便。近几年来，更多小巧、轻便、价格低廉、存储量大的移动存储产品在不断涌现并得到普及。

USB 接口的传输率有：USB1.1 为 12 Mbps、USB2.0 为 480 Mbps、USB3.0 为 5.0 Gbps。

图 1－20　U 盘

（4）光盘（Compact Disc）。

光盘存储器由光盘和光盘驱动器组成，是以光信息作为存储信息的载体来存储数据的一种物品，如图 1－21 所示。光盘插入光盘驱动器才能工作。

图 1－21　光盘

①光盘的类型。

光盘通常分为两类，一类是只读型光盘，包括 CD－ROM 和 DVD－ROM 等；另一类是可记录型光盘，包括 CD－R、CD－RW（CD－Rewritable）、DVD－R、DVD＋R、DVD＋RW 等各种类型。

❀只读型光盘 CD－ROM 是用一张母盘压制而成，上面的数据只能被读取而不能被写入或修改。记录在母盘上的数据呈螺旋状，由中心向外散开，盘中的信息存储在螺旋形光道中。光道内部排列着一个个蚀刻的“凹坑”，这些“凹坑”和“平地”用来记录二进制 0 和 1。读 CD－ROM 上的数据时，利用激光束扫描光盘，根据激光在小坑上的反射变化得到数字信息。

❀一次写入型光盘 CD－R 的特点是只能写一次，写完后的数据无法被改写，但可以被多次读取，可用于重要数据的长期保存。在刻录 CD－R 盘片时，使用大功率激光照射 CD－R 盘片的染料层，通过染料层发生的化学变化产生“凹坑”和“平地”两种状态，用来记录二进制 0 和 1。由于这种变化是一次性的，不能恢复，所以 CD－R 只允许写入一次。

❀可擦写型光盘 CD – RW 的盘片上镀有银、铟、硒或碲材质以形成记录层，这种材质能够呈现出结晶和非结晶两种状态，用来表示数字信息 0 和 1。CD – RW 的刻录原理与 CD – R 大致相同，通过激光束的照射，材质可以在结晶和非结晶两种状态之间相互转换，这种晶体材料状态的互转换，形成了信息的写入和擦除，从而达到可重复擦除的目的。

❀CD – ROM 的后继产品为 DVD。RAM 采用波长更短的红色激光、更有效的调制方式和更强的纠错方法，具有更高的密度，并支持双面双层结构。在与 CD 大小相同的盘片上，DVD 可提供相当于普通 CD 片 8～25 倍的存储容量及 9 倍以上的读取速度。

❀蓝光光盘（Blue – ray Disc，BD）是 DVD 之后的下一代光盘格式之一，用以存储高品质的影音以及高容量的数据存储。蓝光的命名是由于其采用波长为 405 nm 的蓝色激光光束来进行读写操作。通常来说，波长越短的激光能够在单位面积上记录或读取的信息越多。因此，蓝光极大地提高了光盘的存储容量。

②光盘的性能指标。

❀光盘容量：CD 光盘的最大容量大约是 700 MB。DVD 光盘单面最大容量为 4.7 GB、双面为 8.5 GB。蓝光光盘单面单层为 25 GB、双面为 50 GB。

❀倍速：衡量光盘驱动器传输速率的指标是倍速。光驱的读取速度以 150 KB/s 的单倍速为基准。后来驱动器的传输速率越来越快，就出现了倍速，4 倍速直至现在的 32 倍速、40 倍速甚至更高。

3. 输入设备

输入设备（Input Devices）用来向计算机输入数据和信息，其主要作用是把人们可读的信息（命令、程序、数据、文本、图形、图像、音频和视频等）转换为计算机能识别的二进制代码输入计算机，供计算机处理，是人与计算机系统之间进行信息交换的主要装置之一。例如，用键盘输入信息，敲击键盘上的每个键都能产生相应的电信号，再由电路板转换成相应的二进制代码送入计算机，同时将按键字符显示在屏幕上。

目前常用的输入设备有键盘、鼠标器、摄像头、扫描仪、光笔、手写输入板、游戏杆、语音输入装置等，还有脚踏鼠标、手触输入、传感，其姿态越来越自然，使用越来越方便。

1）键盘

键盘（Key Board）是迄今为止最常用、最普通的输入设备，它是人与计算机之间进行联系和对话的工具，主要用于输入字符信息。

键盘的种类繁多，目前常见的键盘有 101 键、102 键、104 键、多媒体键盘、手写键盘、人体工程学键盘、红外线遥感键盘、光标跟踪球的多功能键盘和无线键盘等。

键盘接口规格有 PS/2 和 USB 两种。

键盘通常包括数字键、字母键、符号键、功能键和控制键等，并分放在不同的区内。盘上的字符分布是根据字符的使用频度确定的。人的十根手指的灵活程度是不一样的，灵活一点的手指分管使用频率较高的键位，反之，不太灵活的手指分管使用频率较低的键位。将键盘一分为二，左右手分管两边，分别先按在基本键上，键位的指法分布以及正确的打字姿势如图 1 – 22 所示。

（1）主键盘区。

本区的键位排列与标准英文打字机的键位相同，位于键盘中部，包括 26 个英文字母、数字、常用字符和一些专用控制键，分别叙述如下：

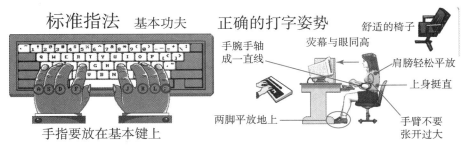

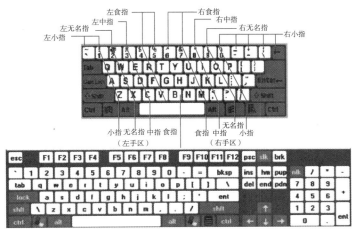

图 1-22 键盘及操作

❀控制键：转换键【Alt】、控制键【Ctrl】和上挡键【Shift】左、右各一个，通常左、右控制键的功能一样。一般它们都要与其他键配合组成组合键使用，书面表达时在前后两个键之间用加号"+"连接表示按住前面一个键的同时按后面的键。方法是要先按住【Alt】、【Ctrl】或【Shift】键中的某一个键，再按其他键，然后同时松开。例如，在 Windows 2000操作系统下，按【Alt】+【F4】键表示退出程序；按【Ctrl】+【Esc】键表示打开"开始"菜单；按【Ctrl】+空格键表示在中/英文输入法之间切换。【Shift】键与某字母键组合按下，表示该键代表的大写字母；【Shift】键与某双符键（键面上标有两个符号）同时按下，则表示该键的上排符号，如【Shift】+【8】键同时按下，表示数字键 8 上面的星号"＊"。

❀大写锁定键【Caps Lock】：是开关切换式的键。没按它以前，键盘右上角的指示灯"Caps Lock"是熄灭的。此时按字母键，键入的都是小写字母；当按下【Caps Lock】键后，"Caps Lock"指示灯被点亮，这时再按字母键时，键入的都是大写字母了。再按一次【Caps Lock】键后，"Caps Lock"指示灯熄灭，恢复到最初的状态。在要大量输入大写字母的情况下，使用【Caps Lock】键是非常有用的。

❀回车键【Enter】：主要表示"确认"。例如，键入一条命令后，按【Enter】键表示确认，即执行键入的命令。

❀制表键【Tab】：按一次，光标就跳过若干特定的制表位，跳过的列数通常是可预先设定的。

❀退格键【BackSpace】：按一次，光标就向左移一列，同时删除该位置上的字符。编辑文件时可用它删除多余的字符。

❀字母键：共26个。若只按字母键，键入的是小写字母；若"Caps Lock"指示灯被点亮，或事先按住了【Shift】键再按字母键，都可键入大写字母。

❀数字键：共10个。

❀符号键：共有32个符号，分布在21个键上。当一个键面上分布有两个字符时，上方的字符需要先按住【Shift】键后才能键入，下方的字符则可直接键入。

（2）功能键区。

该区位于键盘的最上端，放置有【F1】、【F2】、……、【F12】12个功能键和【Esc】键等。其具体功能如下：

❀逃逸键【Esc】：在一些软件的支持下，通常用于退出某种环境或状态。例如，在Windows下，按【Esc】键可取消打开的下拉菜单。

❀功能键【F1】～【F12】：共12个。在一些软件的支持下，通常将常用的命令设置在功能键上，按某功能键，就相当于键入了一条相应的命令，这样可简化计算机的操作。不过各个功能键在不同软件中所对应的功能通常不同。例如，在Windows下，按【F1】键可查看选定对象的帮助信息。按【F10】键可激活菜单栏。

❀打印屏幕键【Print Screen】：在一些软件的支持下，按此键可将屏幕上正显示的内容送到打印机去打印或复制到剪贴板中。例如，在Windows下，按组合键【Alt】＋【Print Screen】可将当前激活的窗口复制到剪贴板中。

（3）数字小键盘区。

数字键区也叫作小键盘区，位于键盘右端。其左上角有一个【Num Lock】数字锁定键，它是一个开关切换式键，按一下它，"Num Lock"指示灯点亮，数字键代表键上的数字；再按一下它，"Num Lock"指示灯熄灭，则小键盘上的各键代表键面上的下排符号，用于移动光标。

（4）光标移动控制键区。

该区包括上、下、左、右光标移动键、【Page Up】、【Page Down】等键，位于主键盘区和数字小键盘区的中间，主要用于编辑、修改。

❀插入键【Insert】：是开关切换式的键。按它可以在"插入"和"替换"两种编辑状态之间切换。

❀删除键【Delete】：在一些软件的支持下，按一次该键就删除光标位置右边的一个字符，同时所有右面的字符都向左移一个字符。

❀行首键【Home】：在一些软件的支持下，按一次该键，光标就跳到光标所在行的首部。

❀行尾键【End】：在一些软件的支持下，按一次该键，光标就跳到光标所在行的末尾。

❀向上翻页键【Page Up】：在一些软件的支持下，按一次该键，屏幕或窗口显示的内容就向前滚动一屏，使当前屏幕或窗口内容前面的内容显示出来。

❀向下翻页键【Page Down】：在一些软件的支持下，按一次该键，屏幕或窗口显示的内容就向后滚动一屏，使当前屏幕或窗口内容后面的内容显示出来。

❀光标移动键↑、←、↓和→：在一些软件的支持下，按一次该键，光标就向相应的方向移动一行或一列。

除标准键盘外，还有各类专用键盘，它们是专门为某种特殊应用而设计的。例如，银行计算机管理系统中供储户使用的键盘，按键数不多，只是为了输入储户标识码、口令和选择操作之用。专用键盘的主要优点是简单，即使没有受过训练的人也能使用。

2）鼠标

鼠标器（Mouse）简称鼠标，是个形状像老鼠的塑料盒子，其上有两（或三）个按键，当它在平板上滑动时，屏幕上的鼠标指针也跟着移动，"鼠标器"正是由此得名。它不仅可用于光标定位，还可用来选择菜单、命令和文件，是多窗口环境下必不可少的输入设备。

IBM公司的专利产品TrackPoint是专门使用在IBM笔记本电脑上的点击设备。它在键盘的B键和G键之间安装了一个指点杆，上面套以红色的橡胶帽。它的优点是操作键盘时手指不必离开键盘去操作鼠标，而且少了鼠标器占用桌面上的位置。

常见的鼠标有：机械鼠标、光学鼠标、光学机械鼠标、无线鼠标。

实际使用中，鼠标通常有以下三类操作方法：

（1）移动。

当手握住鼠标在平板上滑动时，屏幕上的鼠标指针会在与鼠标滑动相同的方向上同步移动。由于移动方向是任意的，所以用鼠标实现光标定位要比光标移动键快捷得多。

（2）单、双击或三击。

单击即用手指快速点压鼠标按键并立即放开，快速连续单击两次称为双击。对于双键鼠标，根据按键左右位置不同，简称为左击或右击。通常单击前都要先将屏幕上的鼠标指针指向目标，如图标、菜单或文件名等。

（3）拖曳（或拖动）。

拖曳是指这样的操作：先将屏幕上的鼠标指针指向某个对象，然后按住鼠标左键（或右键）不放，同时拖动鼠标，此时对象就会随鼠标的滑动在屏幕上移动，直到移到目的地后才放开鼠标按键。

3）其他输入设备

除了最常用的键盘、鼠标外，现在输入设备已有很多种类，而且越来越接近人类的器官，如扫描仪、条形码阅读器、光学字符阅读器（Optical Char Reader，OCR）、触摸屏、手写笔、语音输入设备（麦克风）和图像输入设备（数码相机、数码摄像机）等都属于输入设备。参见图1-23所示。

扫描仪　　　　数码相机　　　　摄像机　　　游戏操作杆

图1-23　其他输入设备

4. 输出设备

输出设备（Output Devices）的主要功能是将计算机处理后的各种内部格式的信息转换为人们能识别的形式（如数字、字符、图像、声音等）表达出来。例如，在纸上打印出印

项目一

刷符号或在屏幕上显示字符、图形等。输出设备是人与计算机交互的部件，输出设备除常用的显示器、打印机外，还有绘图仪、影像输出、语音输出、磁记录设备等。

1）显示器

显示器也称监视器，是微型计算机中最重要的输出设备之一，也是人机交互必不可少的设备。显示器用于显示的信息不再是单一的文本和数字，可显示图形、图像和视频等多种不同类型的信息。显示器由监视器和显示控制器（显示卡）两部分组成。

（1）显示器的分类。

可用于计算机的显示器有许多种，常用的有阴极射线管显示器（简称 CRT）（见图 1 - 24（a））、液晶显示器（简称 LCD）（见图 1 - 24（b））和等离子显示器。前者多用于普通台式微机或终端，液晶和等离子显示器为平板式，体积小、重量轻、功耗少、辐射少，现用于移动 PC 和笔记本电脑及中、高档台式机，将来有取代阴极射线管显示器的趋势。

（a）　　　　　　　　　　　　　　　　（b）

图 1 - 24　显示器
（a）CRT 显示器；（b）LCD 显示器

（2）显示器的主要性能指标。

显示器的主要性能指标有：分辨率和灰度、尺寸、刷新频率。

①分辨率：屏幕上图像的分辨率或者说清晰度取决于能在屏幕上独立显示点的直径，这种独立显示的点称作像素（Pixel），屏幕上两个像素之间的距离叫点距（Pitch），点距直接影响显示效果。这种独立显示的点称为像素。在显示器的发展中出现过 0.39 mm、0.33 mm、0.31 mm、0.28 mm、0.25 mm、0.21 mm 等点距，点距越小，分辨率也就越高，性能越好。

整个屏幕上像素的数目（列×行）也间接反映了分辨率。通常有：低分辨率 300×200 左右、中分辨率 600×350 左右、高分辨率 640×480、1024×768 和 1280×1024 等几种。

②灰度：即光点亮度的深浅变化层次，可以用颜色表示。灰度和分辨率决定了显示图像的质量。

③尺寸：显示器尺寸有 14 英寸、15 英寸、17 英寸、19 英寸和 21 英寸等。显示器通常都是每行显示 80 个字符，每屏最多显示 25 行，其中第 25 行用于显示机器状态或其他信息而不是数据行。

④刷新频率：为了防止图像闪烁的视频屏幕回扫频率。大多数显示器的整个图像区域每秒刷新大约 60 次。刷新频率越高，图像越稳定，使用的系统资源也就越多。

（3）显示卡（显卡）。

显示器是通过"显示器接口"（简称显卡）与主机连接的，显卡目前有两种存在方式：

第一种是集成显卡，主板生产厂家在生产主板时已经将显卡集成在主板上。第二种是独立显卡，是以独立板卡的形式存在，如图 1 – 25 所示。显卡标准有 MDA、CGA、EGA、VGA、SVGA 等，目前常用的是 VGA 标准。

图 1 – 25　显卡

显卡作为独立的计算机板卡由五个部分构成：显示主芯片、显存、显示 BIOS、数/模转换（D/A）部分、总线接口。

2）打印机

打印机是计算机目前最常用的输出设备之一，也是品种、型号最多的输出设备之一。用来将计算机的文字、图形、图像输出到纸张上以供阅读和保存。

一般微型计算机使用的打印机有点阵式打印机（也称为针式打印机）、喷墨式打印机和激光打印机三种，如图 1 – 26 所示。

图 1 – 26　针式、喷墨和激光打印机

（1）针式打印机。

针式打印机主要由打印头、运载打印头的小车机构、色带机构、输纸机构和控制电路等几部分组成。打印头是针式打印机的核心部分，有 9 针和 24 针之分，24 针打印机可以打印出质量较高的汉字，是使用较多的点阵式打印机。点阵式打印机在脉冲电流信号的控制下，由打印针击打的针点形成字符或汉字的点阵。这类打印机的最大优点是耗材（包括色带和打印纸）便宜；缺点是依靠机械动作实现印字，打印速度慢，噪声大，打印质量差，字符的轮廓不光滑，有锯齿形。

（2）喷墨打印机。

喷墨打印机属非击打式打印机。其工作原理是，喷嘴朝着打印纸不断喷出极细小的带电的墨水雾点，当它们穿过两个带电的偏转板时接受控制，然后落在打印纸的指定位置上，形成正确的字符，无机械击打动作。喷墨打印机的优点是设备价格低廉，打印质量高于点阵式打印机，还能彩色打印，无噪声；缺点是打印速度慢，耗材（墨盒）贵。

（3）激光打印机。

激光打印机属非击打式打印机，其工作原理与复印机相似，涉及光学、电磁、化学等。简单地说，它将来自计算机的数据转换成光，射向一个充有正电的旋转的鼓上。鼓上被照射的部分便带上负电，并能吸引带色粉末。鼓与纸接触，再把粉末印在纸上，接着在一定压力和温度的作用下熔结在纸的表面。激光打印机的优点是无噪声，打印速度快，打印质量最好，常用来打印正式公文及图表；缺点是设备价格高、耗材贵，打印成本是三种打印机中最高的。

3）其他输出设备

在微型计算机上使用的其他输出设备有绘图仪、音频输出设备、视频投影仪等。

绘图仪有平板绘图仪和滚动绘图仪两类，通常采用"增量法"在 X 和 Y 方向产生位移来绘制图形。视频投影仪是微型计算机输出视频的重要设备，目前有 CRT 和 LCD 投影仪。LCD 投影仪具有体积小、重量轻、价格低且色彩丰富的特点。

4）其他输入/输出设备

目前，不少设备同时集成了输入/输出两种功能。例如，调制解调器（Modem），它是数字信号和模拟信号之间的桥梁。一台调制解调器能将计算机的数字信号转换成模拟信号，通过电话线传送到另一台调制解调器上，经过解调，再将模拟信号转换成数字信号送入计算机，实现两台计算机之间的数据通信。又如，光盘刻录机可作为输入设备，将光盘上的数据读入到计算机内存，也可作为输出设备将数据刻录到 CD – R 或 CD – RW 光盘。

计算机的输入/输出系统实际上包含输入/输出设备和输入/输出接口两部分。

5. 总线

所谓总线（Bus）就是系统部件之间传送信息的公共通道，各个部件由总线连接并经它相互通信。总线的宽度定义为一次能并行传输的二进制位数。例如，32 位总线一次能传送 32 位，64 位总线一次能传送 64 位。总线的宽度越大，其传输速度越快。

总线大致可分为四类：

（1）片内总线：也叫作内部总线，它位于 CPU 内部，是各功能单元之间的连线，通过 CPU 的引脚延伸到外部与系统相连。

（2）片间总线：也称为局部总线。它是主板上 CPU 与其他一些部件间直接连接的总线。

（3）系统总线：也称为系统输入/输出总线。它是同一台计算机各部件（如 CPU、内存、I/O 接口）之间相互连接的总线，是系统各个部件的主要通道。系统总线又分为数据总线、地址总线和控制总线，分别传递数据、地址和控制信号。

（4）外部总线：也称为通信总线。它是计算机与其他外部设备之间进行数据通信的连线。

总线在发展过程中也形成了许多标准，如 ISA、ESA、VESA、PCI、AGP 等。目前流行的总线标准是 PCI 总线、AGP 总线。

采用总线连接的方式使机器各部件之间的联系比较规整，减少了连线，也使部件的增、减方便易行。系统中各个局部电路均通过系统 I/O 总线互相连接。完成不同信号的传输。图 1 – 27 是一个基于总线结构的计算机结构示意图。

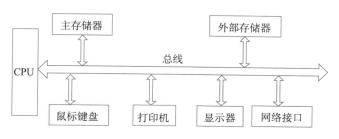

图 1 – 27　基于总线结构的计算机结构示意图

任务4　计算机的软件系统及其组成

1. 软件的概念

软件是相当于硬件而言的。从狭义上看，软件是指计算机运行所需的各种程序；从广义上看，软件还包括手册、说明书和有关的资料。

软件是计算机的灵魂，只有硬件没有软件的计算机称为"裸机"，毫无用处，只有配上软件的计算机才成为完整的计算机。计算机之所以能够按照人们的安排自动运行，是因为存储程序和程序控制。简单说，程序就是计算机指令序列。

1）指令

指令就是给计算机下达的一道命令，它告诉计算机每一步要进行什么操作、参与此项操作的数据来自何处、操作结果又将送往哪里。所以，一条指令必须包括操作码（命令动词）和操作数（命令对象或称地址码）两部分，操作码指出该指令完成操作的类型，操作数指出参与操作的数据和操作结果存放的位置。一条指令完成一个简单的动作，一个复杂的操作由许多简单的操作组合而成。

2）程序

所谓程序就是用程序设计语言描述的、用于控制计算机完成某一特定任务的程序设计语言语句的集合。语句是程序设计语言中具有独立逻辑含义的单元，它可以分解为一条计算机指令，也可以分解为若干条计算机指令的集合。

3）程序设计语言

程序设计语言通常分为机器语言、汇编语言和高级语言三类。

（1）机器语言（Machine Language）。

每种型号的计算机都有自己的指令系统，也叫机器语言。每条指令都对应一串二进制代码。机器语言是计算机唯一能够识别并直接执行的语言，所以与其他程序设计语言相比，执行速度最快，执行效率最高。但机器语言直接依赖于机器，而且不便于记忆。

（2）汇编语言（Assemble Language）。

20世纪50年代初，出现了汇编语言。汇编语言用比较容易识别、记忆的助记符号代替相应的二进制代码串。所以汇编语言也叫符号语言。汇编语言也依赖于机器，可移植性差。

用汇编语言编写的程序称为汇编语言源程序，计算机不能直接识别执行它。必须先把汇编语言源程序翻译成机器语言程序（称为目标程序），然后才能被执行。这个翻译过程是由事先存放在机器里的"汇编程序"完成的，该过程称为汇编。

（3）高级语言。

到了 20 世纪 50 年代中期，人们又创造了高级语言。所谓高级语言是用接近于自然语言的语言来表达各种意义的"词"和常用的"数学公式"，按照一定的"语法规则"编写程序的语言，也称高级程序设计语言或算法语言。高级语言的使用，大大提高了编写程序的效率，改善了程序的可读性、可维护性和可移植性。

用高级语言编写的程序称为高级语言源程序。计算机是不能直接识别和执行高级语言源程序的，也要用翻译的方法把高级语言源程序翻译成等价的机器语言程序（称为目标程序）才能执行。

把高级语言源程序翻译成机器语言程序的方法有"解释"和"编译"两种。早期的 BASIC 语言采用"解释"方法，它采用解释一条 BASIC 语句执行一条语句的"边解释边执行"的方法，效率比较低。目前流行的高级语言如 FORTRAN、PASCAL、C、C++ 等都采用"编译"的方法。它是用相应语言的编译程序先把源程序编译成机器语言的目标程序，然后把目标程序和各种标准库函数连接装配成一个完整的可执行的机器语言程序再执行。

2. 软件系统

软件系统是指计算机运行时所需的各种程序、数据以及有关文档。人们通过软件控制计算机各部件和设备的运行。计算机软件可分为系统软件和应用软件两大类，如前面图 1-12 计算机系统的基本组成所示。

1）系统软件

系统软件是管理、监督和维护计算机软、硬件资源的软件，其主要功能包括启动计算机，存储、加载和执行应用程序，对文件进行排序、检索，将程序语言翻译成机器语言等。实际上，系统软件可以看作用户与硬件系统的接口，它为应用软件和用户提供了控制、访问硬件的方便手段。

（1）操作系统（Operating System）。

操作系统（Operating System，OS）是管理和控制计算机硬件与软件资源的计算机程序，是直接运行在"裸机"上的最基本的系统软件，任何其他软件都必须在操作系统的支持下才能运行。

操作系统是用户和计算机的接口，同时也是计算机硬件和其他软件的接口。操作系统的功能包括管理计算机系统的硬件、软件及数据资源，控制程序运行，改善人机界面，为其他应用软件提供支持，让计算机系统所有资源最大限度地发挥作用，提供各种形式的用户界面，使用户有一个好的工作环境，为其他软件的开发提供必要的服务和相应的接口等。实际上，用户是不用接触操作系统的，操作系统管理着计算机硬件资源，同时按照应用程序的资源请求，分配资源，如划分 CPU 时间，开辟内存空间，调用打印机等。

①操作系统的发展历史。

❀早期的操作系统。

最初的计算机并没有操作系统，人们通过各种操作按钮来控制计算机，后来出现了汇编语言，操作人员通过有孔的纸带将程序输入计算机进行编译。这些将语言内置的计算机只能由操作人员自己编写程序来运行，不利于设备、程序的共用。为了解决这种问题，就出现了操作系统，这样就很好实现了程序的共用，以及对计算机硬件资源的管理。从 20 世纪 70 年代中期开始出现了计算机操作系统。1976 年，美国 DIGITAL RESEARCH 软件公司研制出 8

位的 CP/M 操作系统。

❀DOS 操作系统、Windows 操作系统和手机操作系统。

计算机操作系统的发展经历了两个阶段。第一个阶段为单用户、单任务的操作系统，继 CP/M 操作系统之后，还出现了 C-DOS、M-DOS、TRS-DOS、S-DOS 和 MS-DOS 等磁盘操作系统。计算机操作系统发展的第二个阶段是多用户多道作业和分时系统。其典型代表有 UNIX、XENIX、OS/2 以及 Windows 操作系统。分时的多用户、多任务、树形结构的文件系统以及重定向和管道是 UNIX 的三大特点。

从微软 1985 年推出 Windows 1.0 以来，Windows 系统从最初运行在 DOS 下的 Windows 3.x，到现在风靡全球的 Windows 9x/Me/2000/NT/XP，几乎成了操作系统的代名词。

随着智能手机的发展，Android 和 iOS 已经成为目前最流行的两大手机操作系统。

②操作系统的主要功能。

操作系统的主要功能是资源管理、程序控制和人机交互等。计算机系统的资源可分为设备资源和信息资源两大类。设备资源指的是组成计算机的硬件设备，如中央处理器、主存储器、磁盘存储器、打印机、磁带存储器、显示器、键盘输入设备和鼠标等。信息资源指的是存放于计算机内的各种数据，如文件、程序库、知识库、系统软件和应用软件等。

操作系统位于底层硬件与用户之间，是两者沟通的桥梁。用户可以通过操作系统的用户界面输入命令。操作系统则对命令进行解释，驱动硬件设备，实现用户要求。以现代观点而言，一个标准个人计算机的 OS 应该提供以下的功能：

❀进程管理（Processing management）。

❀内存管理（Memory management）。

❀文件系统（File system）。

❀网络通信（Networking）。

❀安全机制（Security）。

❀用户界面（User interface）。

❀驱动程序（Device drivers）。

③操作系统的分类。

操作系统的种类相当多，各种设备安装的操作系统可从简单到复杂，分为智能卡操作系统、实时操作系统、传感器节点操作系统、嵌入式操作系统、个人计算机操作系统、多处理器操作系统、网络操作系统和大型机操作系统。具体分类方法如下：

❀按照应用领域分类：可分为桌面操作系统、服务器操作系统、嵌入式操作系统。

❀按照所支持用户数分类：可分为单用户操作系统（如 MS – DOS、OS/2. Windows）、多用户操作系统（如 UNIX、Linux、MVS）。

❀按照源码开放程度：可分为开源操作系统（如 Linux、FreeBSD）和闭源操作系统（如 Mac OS X、Windows）。

❀按照硬件结构分类：可分为网络操作系统（Netware、Windows NT、OS/2 warp）、多媒体操作系统（Amiga）和分布式操作系统等。

❀按照操作系统环境分类：可分为批处理操作系统（如 MVX、DOS/VSE）、分时操作系统（如 Linux、UNIX、XENIX、Mac OS X）、实时操作系统（如 iEMX、VRTX、RTOS, RT Windows）；

❋按照存储器寻址宽分类：可以将操作系统分为 8 位、16 位、32 位、64 位、128 位的操作系统。早期的操作系统一般只支持 8 位和 16 位存储器寻址宽度，现代的操作系统如 Linux 和 Windows 7 都支持 32 位和 64 位。

（2）语言处理系统。

计算机只能直接识别和执行机器语言，对于高级语言来说，要经过"编译"和"连接"后，把源程序变成机器语言能识别的目标程序才能被执行。对源程序进行解释和编译任务的程序，分别叫作解释程序和编译程序。如 FORTRAN 语言、PASCAL 语言和 C 语言等高级语言，使用时需有相应的编译程序；BASIC 语言、LISP 语言等高级语言，使用时需有相应的解释程序。

（3）服务程序。

系统软件中还有一些服务程序能够提供一些常用的服务功能，它们为用户开发程序和使用计算机提供了方便。像微机上经常使用的诊断程序、调试程序等。

（4）数据库系统。

数据库系统（DBS）由数据库、数据库管理系统以及相应的应用程序组成。数据库系统不但能够存放大量的数据，更重要的是能迅速地、自动地对数据进行增删、检索、修改、统计、排序、合并、数据挖掘等操作，为人们提供有用的信息。这一点是传统的文件系统无法做到的。因此，数据库系统也是系统软件。

2）应用软件

应用软件是指专门为解决某个应用领域内的具体问题而编制的程序。根据其服务对象，又可分为通用软件和专用软件两类。

（1）通用软件。

这类为解决某一特定问题、与计算机本身关联不多的软件统称为通用软件。常见的通用软件有：

①办公软件套件。

办公软件是日常办公需要的一些软件，它一般包括文字处理软件、电子表格处理软件、演示文稿制作软件、个人数据库、个人信息管理软件等。常见的办公软件套件有微软公司的 Microsoft Office 和金山公司的 WPS 等。

②媒体处理软件。

多媒体技术已经成为计算机技术的一个重要方面，多媒体处理软件是应用软件领域中一个重要的分支，主要包括图形处理软件、图像处理软件、动画制作软件、音频视频处理软件、桌面排版软件等。如 Adobe 公司的 Illustrator、Photoshop、Flash、Premiere 和 Page – Maker、Ulead systems 公司的绘声绘影；Quark 公司的 QuarkXPress 等。

③Internet 工具软件。

随着计算机网络技术的发展和 Internet 的普及，涌现了许许多多基于 Internet 环境的应用软件，如 Web 服务器软件、Web 浏览器、文件传送工具、远程访问工具 Telnet、下载工具 Flash – Get，等等。

（2）专用软件。

上述的通用软件或软件包，在市场上可以买到。但有些具有特殊要求的软件是无法买到的，只能组织人力到现场调研后开发。当然开发出的这种软件也只适用于这种情况。

任务5　多媒体技术及多媒体计算机简介

多媒体技术是一门跨学科的综合技术，它使高效而又方便地处理文字、声音、图像和视频等多种媒体信息成为可能。不断发展的网络技术又促进了多媒体技术在教育培训、多媒体通信、游戏娱乐等领域的应用。

1. 多媒体的概念、分类及特征

在日常生活中，媒体（Medium）是指文字、声音、图像、动画和视频等内容。多媒体（Multimedia）技术是指能够同时对两种或两种以上的媒体进行采集、操作、编辑、存储等综合处理的技术。多媒体技术集声音、图像、文字于一体，集电视录像、光盘存储、电子印刷和计算机通信技术之大成，将把人类引入更加直观、更加自然、更加广阔的信息领域。

按照一些国际组织如国际电话电报咨询委员会（CCITT，现为ITU）制定的媒体分类标准，可以将媒体分为感觉媒体、表示媒体、表现媒体、存储媒体和传输媒体五类。

多媒体技术具有数字化、交互性、集成性、多样性、实时性等特征，这也是它区别于传统计算机系统的显著特征。

多媒体信息可以从计算机输出界面向人们展示丰富多彩的文、图、声信息，而在计算机内部都是以转换成0和1的数字化信息后进行处理的，然后以不同文件类型进行存储。

1）声音及声音的文件格式

声音是一种重要的媒体，其种类繁多，如人的语音、动物的声音、乐器声、机器声等。存储声音信息的文件格式有很多种，常用的有WAV、MP3、VOC文件等。

WAV是微软采用的波形声音文件存储格式，它是以".wav"作为文件的扩展名，是最早的数字音频格式。主要针对外部音源（麦克风、录音机）录制，然后经声卡转换成数字化信息，播放时还原成模拟信号由扬声器输出。

MPEG是指采用MPEG（.mp1/.mp2/.mp3）音频压缩标准进行压缩的文件。MPEG音频文件的压缩是一种有损压缩，根据压缩质量和编码复杂程度的不同可分为3层（MPEG – 1 AudioPlayer 1/2/3），分别对应MP1、MP2、MP3这三种音频文件，压缩比分别为4:1、6:1 ~ 8:1、10:1、12:1。其中MP3文件因为其压缩比高、音质接近CD、制作简单、便于交换等优点，非常适合在网上传播，是目前使用最多的音频格式文件，其音质稍差于WAV文件。VOC文件是声霸卡使用的音频文件格式，它以".voc"作为文件的扩展名。

2）图像及图像的文件格式

图像是多媒体中最基本、最重要的数据，图像有黑白图像、灰度图像、彩色图像、摄影图像等。

所谓图像，一般是指自然界中的客观景物通过某种系统的映射，使人们产生的视觉感受。例如照片、图片和印刷品等。在自然界中，景和物有两种形态，即动和静。静止的图像称为静态图像；活动的图像称为动态图像。静态图像根据其在计算机中生成的原理不同，分为矢量图形和位图图像两种。动态图像又分为视频和动画。习惯上将通过摄像机拍摄得到的动态图像称为视频，而用计算机或绘画的方法生成的动态图像称为动画。

（1）图像文件格式。

●bmp文件：Windows采用的图像文件存储格式。

●gif文件：供联机图形交换使用的一种图像文件格式，目前在网络上被广泛采用。

项目一

❀tiff 文件：二进制文件格式。广泛用于桌面出版系统、图形系统和广告制作系统，也可以用于一种平台到另一种平台间图形的转换。

❀png 文件：图像文件格式，其开发的目的是替代 GIF 文件格式和 TIFF 文件格式。

❀wmf 文件：绝大多数 Windows 应用程序都可以有效处理的格式，其应用很广泛，是桌面出版系统中常用的图形格式。

❀dxf 文件：一种向量格式，绝大多数绘图软件都支持这种格式。

（2）视频文件格式。

❀avi 文件：Windows 操作系统中数字视频文件的标准格式。

❀mov 文件：Quick Time for Windows 视频处理软件所采用的视频文件格式，其图像画面的质量比 AVI 文件要好。

❀ASF 是高级流格式，主要优点包括：本地或网络回放、可扩充的媒体类型、部件下载以及扩展性好等。

❀WMV（Windows 媒体视频）是微软推出的视频文件格式，是 Windows Media 的核心，使用 Windows Media Player 可播放 ASF 和 WMV 两种格式的文件。

2. 多媒体计算机

多媒体个人计算机 MPC（Multimedia Personal Computer）是一种能够支持多媒体应用的微机系统，也是一种 PC 配置标准，即 MPC = PC + CD – ROM + 声卡 + 视频卡。

另外还有采集、播放视频和音频信息的专用外部设备，如捕捉卡、录像机、摄像机、录音机、扫描仪等。

当然，除了基本的硬件配置外，多媒体系统还要配置相应的软件：首先是支持多媒体的操作系统；其次是多媒体开发工具；再次是压缩和解压缩软件。

实 战 练 习

练习 1 – 1（操作视频请扫旁边二维码）

（1）计算机的组成。

（2）计算机主机的内部结构。

（3）计算机的拆卸与组装。

练习 1 – 1

模块四　计数制及数据在计算机中的表示

计算机科学的研究主要包括信息的采集、存储、处理和传输，而这些都与信息的量化和表示密切相关。本模块从信息的定义出发，对数据的表示、转换、处理、存储方法进行论述，从而得出计算机对信息的处理方法。

任务 1　数据与信息概述

1. 数据（Data）

数据是用于描述客观事实、概念的一种特殊的符号。任何事物的属性都是通过数据来表示的，数值、文字、语言、图形、图像等都是不同形式的数据。例如，学生的姓名、考试成绩；职工家庭住址、照片等。

2. 信息（Information）

数据经过加工之后，成为信息，会对人类社会实践和生产经营活动产生决策影响。数据与信息尽管是两个不同的概念，但人们在许多场合把这两个词互换使用。信息有意义，而数据没有意义。例如，根据一个班级全部学生的考试成绩（数据），可获得最高分、平均分、及格率等信息。又比如，当测量体温时，假定体温是 39 ℃，39 ℃实际上是数据，这个数据本身是没有意义的，但是可以获得这个人发烧了的信息。

由此可见，数据和信息是两个既有联系又有区别的概念。可以广义地理解为：信息是一组被加工成特定形式的数据。这种数据形式对使用者来说是有确定意义的，对当前和未来的活动能产生影响并具有实际价值。

任务 2 计算机中的数据

ENIAC 是一台十进制的计算机，它采用十个真空管来表示一位十进制数。冯·诺依曼在研制 IAS 时，感觉这种十进制的表示和实现方式十分麻烦，所以提出了二进制的表示方法，从此改变了整个计算机的发展历史。

二进制只有"0"和"1"两个数码。相对十进制而言，采用二进制表示不但运算简单、易于物理实现、通用性强，更重要的优点是所占用的空间和所消耗的能量小得多，机器可靠性高。

计算机内部均用二进制来表示各种信息，但计算机与外部交往仍采用人们熟悉和便于阅读的形式，如十进制数据、文字显示以及图形描述等。其间的转换，则由计算机系统的硬件和软件来实现。转换过程如图 1-28 所示。例如，各种声音被麦克风接收，生成的电信号为模拟信号（在时间和幅值上连续变化的信号），必须经过一种被称为模/数（A/D）转换器的器件将其转换为数字信号，再送入计算机中进行处理和存储；然后将处理结果通过一种被称为数/模（D/A）转换器的器件将数字信号转换为模拟信号，我们通过扬声器听到的才是连续的正常的声音。

计算机所使用的数据可分为：数值数据和字符数据。数值数据用以表示量的大小、正负，如整数、小数等。字符数据也叫非数值数据，用以表示一些符号、标记，如英文字母 A~Z、a~z，数字 0~9，各种专用字符 +、-、/、〔、〕、（、）……及标点符号等。汉字、图形、声音数据也属非数值数据。无论是数值数据还是非数值数据，在计算机内部都是用二进制编码形式表示的。

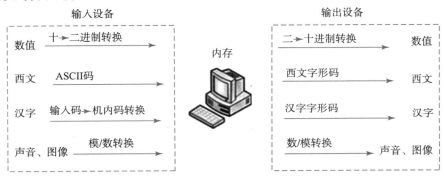

图 1-28 各类数据在计算机中的转换过程

项目一

任务3　计算机中数据的单位

计算机中数据的最小单位是位。存储容量的基本单位是字节。8 个二进制位称为 1 个字节，此外还有 KB、MB、GB、TB 等。

1. 位（bit）

位是度量数据的最小单位。在数字电路和计算机技术中采用二进制表示数据，代码只有"0"和"1"。采用多个数码（"0"和"1"的组合）来表示一个数，其中的每一个数码称为 1 位。

2. 字节

一个字节由 8 位二进制数字组成（1 Byte = 8 bit）。字节是信息组织和存储的基本单位，也是计算机体系结构的基本单位。

为了便于衡量存储器的大小，统一以字节（Byte，B）为单位。B、KB、MB、GB、TB 之间的换算关系是：

千字节　　　1 KB = 1 024 B = 2^{10} B
兆字节　　　1 MB = 1 024 KB = 2^{20} B
吉字节　　　1 GB = 1 024 MB = 2^{30} B
太字节　　　1 TB = 1 024 GB = 2^{40} B

3. 字长

人们将计算机一次能够并行处理的二进制位称为该机器的字长，也称为计算机的一个"字"。随着电子技术的发展，计算机的并行能力越来越强，计算机的字长通常是字节的整倍数，如 8 位、16 位、32 位，发展到今天微型机的 64 位，大型机已达 128 位。

字长是计算机的一个重要指标，直接反映一台计算机的计算能力和计算精度。字长越长，计算机的数据处理速度越快。

任务4　计数制及不同进制之间的转换

日常生活中，人们使用的数据一般是十进制表示的，而计算机中所有的数据都是使用二进制表示的。但为了书写方便，也采用八进制或十六进制形式表示。本任务介绍数制的基本概念及不同数制之间的转换方法。

1. 进位计数制

多位数码中每一位的构成方法以及从低位到高位的进位规则称为进位计数制（简称数制）。例如，人们常用的十进制，钟表计时中使用的一小时等于六十分、一分等于六十秒的六十进制，早年我国曾使用过一市斤等于十六两的十六进制，计算机中使用的二进制等。

如果采用 R 个基本符号（例如 0，1，2，…，$R-1$）表示数值，则称 R 数制，R 称该数制的基数（Radix），而数制中固定的基本符号称为"数码"。处于不同位置的数码代表的值不同，与它所在位置的"权"值有关。任意一个 R 进制数 D 均可按权展开为

$$(D)_R = \sum_{i=-m}^{n-1} k_i \times R^i$$

其中，R 为计数的基数；k_i 为第 i 位的系数，可以为 0，1，2，…，$R-1$ 中的任何一个；R^i 称为第 i 位的权。

例如：

（1）十进制数 543. 21 可以按权展开为：

$$(543. 21)_{10} = 5 \times 10^2 + 4 \times 10^1 + 3 \times 10^0 + 2 \times 10^{-1} + 1 \times 10^{-2}$$

（2）二进制数 111. 01 按位权展开为：

$$111. 01 = 1 \times 2^2 + 1 \times 2^1 + 1 \times 2^0 + 0 \times 2^{-1} + 1 \times 2^{-2}$$

（3）八进制数 605. 4 按位权展开为：

$$605. 4 = 6 \times 8^2 + 0 \times 8^1 + 5 \times 8^0 + 4 \times 8^{-1}$$

（4）十六进制数 E3A 按位权展开为：

$$E3A = 14 \times 16^2 + 3 \times 16^1 + 10 \times 16^0$$

表 1−5 中，十六进制的数字符号除了十进制中的 10 个数字符号以外，还使用了 6 个英文字母：A、B、C、D、E、F，它们分别等于十进制的 10、11、12、13、14、15。

表 1−5　计算机中常用的几种进位计数制的表示

进位制	基数	基本符号	权	形式表示
二进制（Binary）	2	0，1	2^1	B
八进制（Octal）	8	0，1，2，3，4，5，6，7	8^1	O
十进制（Decimal）	10	0，1，2，3，4，5，6，7，8，9	10^1	D
十六进制（Hexadecimal）	16	0，1，2，3，4，5，6，7，8，9，A，B，C，D，E，F	16^1	H

在数字电路和计算机中，可以用括号加数制基数下标的方式表示不同数制的数，如 $(25)_{10}$、$(1101. 101)_2$、$(37F. 5B9)_{16}$ 或者表示为 $(25)_D$、$(1101. 101)_B$、$(37F. 5B9)_H$。

表 1−6 是十进制数 0～15 与等值二进制、八进制、十六进制数的对照表。

表 1−6　不同进制数的对照表

十进制	二进制	八进制	十六进制
0	0000	00	0
1	0001	01	1
2	0010	02	2
3	0011	03	3
4	0100	04	4
5	0101	05	5
6	0110	06	6
7	0111	07	7
8	1000	10	8
9	1001	11	9
10	1010	12	A
11	1011	13	B
12	1100	14	C

续表

十进制	二进制	八进制	十六进制
13	1101	15	D
14	1110	16	E
15	1111	17	F

可以看出，采用不同的数制表示同一个数时，基数越大，则使用的位数越少。比如十进制数 15，需要 4 位二进制数来表示，而只需要 2 位八进制数来表示，也只需要 1 位十六进制数来表示。这也是为什么在程序的书写中一般采用八进制或十六进制表示数据的原因。在数制中有一个规则，就是 N 进制一定遵循"逢 N 进一"的进位规则，如十进制就是"逢十进一"，二进制就是"逢二进一"。

2. 各种计数制的转换

对于各种数制间的转换重点要求掌握二进制整数与十进制整数之间的转换。带星号"$*$"的部分作为选修内容。

1）非十进制数转换成十进制数

利用按位权展开的方法，再按逢十进一的原则相加即可把任意数制的一个数转换成十进制数。例如，将二进制数、八进制数、十六进制数转换为十进制数的方法如下。

（1）将二进制数 101.11 转换成十进制数：

$(101.11)_2 = 1 \times 2^2 + 0 \times 2^1 + 1 \times 2^0 + 1 \times 2^{-1} + 1 \times 2^{-2} = 4 + 0 + 1 + 0.5 + 0.25 = 5.75$

（2）将二进制数 100111 转换成十进制数：

$(100111)_2 = 1 \times 2^5 + 0 \times 2^4 + 0 \times 2^3 + 1 \times 2^2 + 1 \times 2^1 + 1 \times 2^0 = 32 + 0 + 0 + 4 + 2 + 1 = 39$

（3）将八进制数 567 转换成十进制数：

$(567)_8 = 5 \times 8^2 + 6 \times 8^1 + 7 \times 8^0 = 320 + 48 + 7 = 375$

（4）将十六进制数 B2 转换成十进制数：

$(B2)_{16} = 11 \times 16^1 + 2 \times 16^0 = 176 + 2 = 178$

2）十进制数转换成非十进制数

将一个十进制数转换成非十进制数时，要将此数分为整数部分和小数部分分别进行转换，然后拼接起来即可。

将十进制数的整数部分除以 2，第一次得到的余数为二进制数的最低位；然后依次将得到的商除以 2，得到二进制数的其余各位。当商为 0 时，得到余数即为二进制数的最高有效位。也就是说，将一个十进制整数转换成 R 进制数可以采用"除 R 取余"法，即将十进制整数连续地除以 R 取余数，直到商为 0，余数从右（最低位）到左（最高位）排列，首次取得的余数排在最右边（最低位）。

小数部分转换成 R 进制数采用"乘 R 取整"法，即将十进制小数不断乘以 R 取整数，直到小数部分为 0 或达到要求的精度为止（当小数部分永远不会达到 0 时）；所得的整数从小数点之后自左往右排列，取有效精度，首次取得的整数排在最左边。

［示例 1-1］将十进制数 225.8125 转换成二进制数。

转换方法和过程如下：

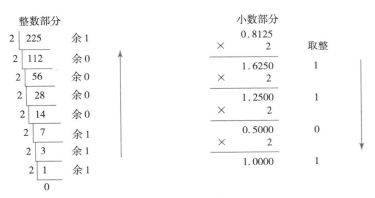

转换结果为：$(225.812\ 5)_D = (11100001.1101)_B$。

［示例1-2］将十进制数225.15转换成八进制数，要求结果精确到小数点后5位。

转换方法和过程如下：

转换结果为：$(225.15)_D \approx (341.114\ 63)_O$。

3）二进制数与八进制或十六进制数间的转换

二进制数非常适合计算机内部数据的表示和运算，但书写起来位数比较长，如表示一个十进制数1024，写成等值的二进制数就需11位（十进制数1024对应的二进制数为10000000000），很不方便，也不直观。而八进制数和十六进制数比等值的二进制数的长度短得多，而且它们之间转换也非常方便。因此在书写程序和数据用到二进制数的地方，往往采用八进制数或十六进制数的形式。

由于二进制、八进制和十六进制之间存在特殊关系：$8^1 = 2^3$、$16^1 = 2^4$，即1位八进制数相当于3位二进制数，1位十六进制数相当于4位二进制数，因此转换方法就比较容易。八进制数与二进制数、十六进制数之间的关系如表1-7所示。

表1-7　八进制数与二进制数、十六进制数之间的关系

八进制数	对应二进制数	十六进制数	对应二进制数	十六进制数	对应二进制数
0	000	0	0000	8	1000
1	001	1	0001	9	1001
2	010	2	0010	A	1010
3	011	3	0011	B	1011
4	100	4	0100	C	1100
5	101	5	0101	D	1101

续表

八进制数	对应二进制数	十六进制数	对应二进制数	十六进制数	对应二进制数
6	110	6	0110	E	1110
7	111	7	0111	F	1111

根据这种对应关系，二进制数转换成八进制数时，以小数点为中心向左右两边分组，每3位为一组，两头不足3位补0即可。同样，二进制数转换成十六进制数只需要每4位为一组进行分组分别进行转换即可。

［示例1-3］将二进制数（10101 011.110101）$_B$转换成八进制数。

$(\underline{010}\ \underline{101}\ \underline{011}.\ \underline{110}\ \underline{101})_B = (253.65)_O$（整数高位补一个0）

　　2　　5　　3　　　6　　5

［示例1-4］将二进制数（10101011.110101）$_B$转换成十六进制数。

$(\underline{1010}\ \underline{1011}.\ \underline{1101}\ \underline{0100})_B = (AB.D4)_H$（小数低位补两个0）

　　A　　B　　　D　　4

同样，将八进制数或十六进制数转换成二进制数，只要将1位八进制数或十六进制数转换为3位或4位二进制数即可。

［示例1-5］　将八进制数（2731.62）$_O$转化成二进制数。

$(2731.62)_O = (\underline{010}\ \underline{111}\ \underline{011}\ \underline{001}.\ \underline{110}\ \underline{010})_B$

　　　　　　　　2　　7　　3　　1　　　6　　2

［示例1-6］将十六进制数（2D5 C.74）$_H$转化成二进制数。

$(2D5\ C.74)_H = (\underline{0010}\ \underline{1101}\ \underline{0101}\ \underline{1100}.\ \underline{0111}\ \underline{0100})_B$

　　　　　　　　　2　　D　　5　　C　　　7　　4

注意：整数前的高位0和小数后的低位0可以不写，例如（$\underline{010111011001.\ 110010}$）$_B$，可以写为（$\underline{10111011001.\ 11001}$）$_B$。

任务5　字符的编码

字符包括西文字符（字母、数字、各种符号）和中文字符，即所有不可做算术运算的数据。由于计算机是以二进制的形式存储和处理数据的，因此字符也必须按特定的规则进行二进制编码才能进入计算机。字符编码的方法很简单，首先确定需要编码的字符总数，然后将每一个字符按顺序确定序号，序号的大小无意义，仅作为识别与使用这些字符的依据。字符形式的多少涉及编码的位数。对西文与中文字符，由于形式的不同，使用不同的编码。

1. 西文字符的编码

用以表示字符的二进制编码称为字符编码。计算机中最常用的字符编码是 ASCII（American Standard Code for Information Interchange，美国信息交换标准码）和 EBCDIC（Extended Binary Coded Decimal Interchange Code）码，ASCII 被国际标准化组织指定为国际标准。IBM 系列大型机采用 EBCDIC 码，微型机采用 ASCII 码。

ASCII 码有 7 位码和 8 位码两种版本，国际通用的是 7 位 ASCII 码。

计算机的内部用一个字节（8 个二进制位）存放一个 7 位 ASCII 码，共有 $2^7 = 128$ 个不同的编码值，其编码范围为（00000000）$_B$ ~（01111111）$_B$，相应可以表示 128 个不同字符的编码，如表 1-8 所示。表中对大小写英文字母、阿拉伯数字、标点符号及控制符等特殊符号规定了编码，表中每个字符都对应一个数值，称为该字符的 ASCII 码值。标准 ASCII 最高位为 0，扩展 ASCII 最高位为 1。

表 1-8　ASCII 码表

十进制	十六进制	字符	十进制	十六进制	字符	十进制	十六进制	字符	十进制	十六进制	字符
0	00	NUL	32	20	SP	64	40	@	96	60	`
1	01	SOH	33	21	!	65	41	A	97	61	a
2	02	STX	34	22	"	66	42	B	98	62	b
3	03	ETX	35	23	#	67	43	C	99	63	c
4	04	EOT	36	24	$	68	44	D	100	64	d
5	05	ENQ	37	25	%	69	45	E	101	65	e
6	06	ACK	38	26	&	70	46	F	102	66	f
7	07	BEL	39	27	,	71	47	G	103	67	g
8	08	BS	40	28	(	72	48	H	104	68	h
9	09	HT	41	29	)	73	49	I	105	69	i
10	0A	LF	42	2A	*	74	4A	J	106	6A	j
11	0B	VT	43	2B	+	75	4B	K	107	6B	k
12	0C	FF	44	2C	,	76	4C	L	108	6C	l
13	0D	CR	45	2D	-	77	4D	M	109	6D	m
14	0E	SO	46	2E	.	78	4E	N	110	6E	n
15	0F	SI	47	2F	/	79	4F	O	111	6F	o
16	10	DLE	48	30	0	80	50	P	112	70	p
17	11	DC1	49	31	1	81	51	Q	113	71	q
18	12	DC2	50	32	2	82	52	R	114	72	r
19	13	DC3	51	33	3	83	53	S	115	73	s
20	14	DC4	52	34	4	84	54	T	116	74	t
21	15	NAK	53	35	5	85	55	U	117	75	u
22	16	SYN	54	36	6	86	56	V	118	76	v
23	17	ETB	55	37	7	87	57	W	119	77	w
24	18	CAN	56	38	8	88	58	X	120	78	x
25	19	EM	57	39	9	89	59	Y	121	79	y
26	1A	SUB	58	3A	:	90	5A	Z	122	7A	z
27	1B	ESC	59	3B	;	91	5B	[	123	7B	{
28	1C	FS	60	3C	<	92	5C	\	124	7C		
29	1D	GS	61	3D	=	93	5D	]	125	7D	}
30	1E	RS	62	3E	>	94	5E	^	126	7E	~
31	1F	VS	63	3F	?	95	5F	_	127	7F	DEL

从 ASCII 码表中看出，有 34 个非图形字符（又称为控制字符）。例如：

●SP（Space，空格）对应的十进制数为 32，二进制编码是 0100000。

●CR（Carriage Return，回车）对应的十进制数为 13，二进制编码是 0001101。

●DEL（Delete，删除）对应的十进制数为 127，二进制编码是 1111111。

●BS（Back Space，退格）对应的十进制数为 8，二进制编码是 0001000。

其余 94 个可打印字符，也称为图形字符。在这些字符中，从小到大的排列有 0 ~ 9，A ~ Z，a ~ z，且小写比大写字母的码值大 32。有些特殊的字符编码是容易记忆的，例如：

●"a"字符的编码为 1100001，对应的十进制数是 97，则"b"的编码值是 98。

●"A"字符的编码为 1000001，对应的十进制数是 65，则"B"的编码值是 66。

●"0"字符的编码为 0110000，对应的十进制数是 48，则"1"的编码值是 49。

2. 汉字的编码

ASCII 码只对英文字母、数字和标点符号进行了编码。为了在计算机内表示汉字，用计算机处理汉字，同样也需要对汉字进行编码。计算机对汉字信息的处理过程实际上是各种汉字编码间的转换过程。这些编码主要包括：汉字输入码、汉字内码、汉字字形码、汉字地址码及汉字信息交换码等。

1）汉字信息交换码（国标码）

汉字信息交换码是用于汉字信息处理系统之间或汉字信息处理系统与通信系统之间进行信息交换的汉字代码，简称交换码，也叫国标码。它是为使系统、设备之间信息交换时能够采用统一的形式而制定的。

我国 1981 年颁布了国家标准——信息交换用汉字编码字符集（基本集），代号为"GB 2312—1980"，即国标码。

了解下列国标码的相关知识，对使用和研究汉字信息处理系统十分有益。

（1）常用汉字及其分级。

国标码规定了进行一般汉字信息处理时所用的 7 445 个字符编码。其中 682 个非汉字图形符号（如序号、数字、罗马数字、英文字母、日文假名、俄文字母、汉语注音等）和 6 763 个汉字的代码。汉字代码中又有一级常用字 3 755 个，按汉语拼音字母顺序排列；二级次常用字 3 008 个，按偏旁部首排列，部首依笔画多少排序。

（2）两个字节存储一个国标码。

由于一个字节只能表示 $2^8 = 256$ 种编码，显然用一个字节不可能表示汉字的国标码，所以一个国标码必须用两个字节来表示。

（3）国标码的编码范围。

为了中英文兼容，国标 GB 2312—1980 规定，国标码中，所有字符（包括符号和汉字）的每个字节的编码范围与 ASCII 码表中的 94 个字符编码相一致，所以，其编码范围是 2121H ~ 7E7EH，每个字节的最高位均为"0"。

（4）国标码与区位码的关系。

为避开 ASCII 码表中的控制码，将 GB 2312—1980 中的 6 763 个汉字分为 94 行、94 列，代码表分 94 个区（行）和 94 个位（列）。由区号（行号）和位号（列号）构成了区位码，区位码是一种汉字输入码。区位码最多可以表示 94 × 94 = 8 836 个汉字。区位码由 4 位十进制数字组成，前两位为区号，后两位为位号。在区位码中，01 ~ 09 区为特殊字符，10 ~ 55

区为一级汉字，56 ~ 87 区为二级汉字。例如汉字"中"的区位码为 54 48，即它位于第 54 行、第 48 列。

区位码是一个 4 位十进制数，国标码是一个 4 位十六进制数。为了与 ASCII 码兼容，汉字输入区位码与国标码之间有一个简单的转换关系。具体方法是：将一个汉字的十进制区号和十进制位号分别转换成十六进制；然后再分别加上（20）$_H$（十进制就是 32），就成为汉字的国标码。例如，汉字"中"字的区位码与国标码及转换如下：

区位码（5448）$_D$　　（3630）$_H$

国标码（8680）$_D$　　（3630）$_H$ +（20 20）$_H$ =（5650）$_H$

二进制表示为：（00110110 00110000）$_B$ +（00100000 00100000）$_B$

　　　　　　　 =（01010110 01010000）$_B$

又如：一级汉字中的第一个汉字"啊"的国标码编码为：00110000 00100001，书写成十六进制为 30 21 H。汉字"啊"位于国标码表中的第十六行第一列，则该汉字的区号为 16，位号为 01，其区位码为 1601（十进制），将其转化为十六进制为 1001H，区号和位号分别加上 20H，得到汉字"啊"的国标码 3021H。

2）汉字内码

汉字内码是为在计算机内部对汉字进行存储、处理而设置的汉字编码，它应能满足在计算机内部存储、处理和传输的要求。当一个汉字输入计算机后就转换为内码，然后才能在机器内传输、处理。汉字内码的形式也多种多样。目前，对应于国标码一个汉字的内码也用两个字节存储，并把每个字节的最高二进制位置"1"作为汉字内码的标识，以免与单字节的 ASCII 码产生歧义。如果用十六进制来表述，就是把汉字国标码的每个字节上加一个（80）$_H$（即二进制数 10000000）。所以，汉字的国标码与其内码存在下列关系：

汉字的内码 = 汉字的国标码 +（8080）$_H$

例如，在前面已知"中"字的国标码为（5650）$_H$，则根据上述关系式得：

"中"字的内码 = "中"字的国标码（5650）$_H$ +（8080）$_H$ =（D6D0）$_H$

二进制表示为：（01010110　01010000）$_B$ +（10000000　10000000）$_B$

　　　　　　 =（11010110　11010000）$_B$

又如：汉字"啊"的国标码为：00110000 00100001（即 3021H），内码为：1011000 0 10100001（即 B0 A1H）。

3）汉字输入码

为将汉字输入计算机而编制的代码称为汉字输入码，也叫外码。

目前汉字主要是经标准键盘输入计算机的，所以汉字输入码都是由键盘上的字符或数字组合而成的。例如，用全拼输入法输入"中"字，就要键入字符串"zhong"（然后选字）。汉字输入码是根据汉字的发音或字形结构等多种属性及有关规则编制的，目前流行的汉字输入码的编码方案已有许多，如全拼输入法、双拼输入法、自然码输入法、五笔型输入法等。可分为音码、形码、音形结合码等大类。全拼输入法和双拼输入法是根据汉字的发音进行编码的，称为音码；五笔型输入法是根据汉字的字形结构进行编码的，称为形码；自然码输入法是以拼音为主，辅以字形字义进行编码的，称为音形结合码。至于上面提及的区位码输入法，其优点是一字一码的无重码输入法，缺点是很难记忆。

可以想象，对于同一个汉字，不同的输入法有不同的输入码。例如，"中"字的全拼输入码是"zhong"，其双拼输入码是"vs"，而五笔型的输入码是"kh"。这些不同的输入码通过输入法字典转换，统一为标准的国标码。

4）汉字字形码

目前汉字信息处理系统中产生汉字字形的方式，大多以点阵的方式形成汉字，汉字字形码，也就是指确定一个汉字字形点阵的编码，也叫作字模或汉字输出码。

汉字是方块字，将方块等分成 n 行 n 列的格子，简称它为点阵。凡笔画所到的格子点为黑点，用二进制数"1"表示，否则为白点，用二进制数"0"表示。这样，一个汉字的字形就可用一串二进制数表示了。例如，16×16 汉字点阵有 256 个点，需要 256 位二进制位来表示一个汉字的字形码。这样就形成了汉字字形码，亦即汉字点阵的二进制数字化。图 1-29 显示了"次"字的 16×16 字形点阵和代码。

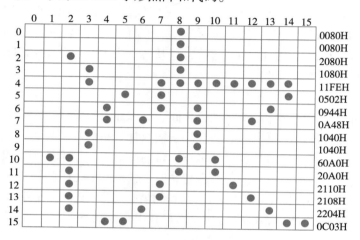

图 1-29　汉字字形点阵与机器编码

在计算机中，8 个二进制位组成一个字节，它是对存储空间编地址的基本单位。可见一个 16×16 点阵的字形码需要 16×16/8＝32 字节存储空间；同理，24×24 点阵的字形码需要 24×24/8＝72 字节存储空间；32×32 点阵的字形码需要 32×32/8＝128 字节存储空间。例如，用 16×16 点阵的字形码存储"中国"两个汉字需占用 2×16×16/8＝64 字节的存储空间。

显然，点阵中行、列数划分越多，字形的质量越好，锯齿现象也就越小，但存储汉字字形码所占用的存储容量也越多。汉字字形通常分为通用型和精密型两类，通用型汉字字形点阵分成三种：简易型 16×16 点阵；普通型 24×24 点阵；提高型 32×32 点阵。

精密型汉字字形用于常规的印刷排版，由于信息量较大（字形点阵一般在 96×96 点阵以上），通常都采用信息压缩存储技术。

汉字点阵字形在汉字输出时要经常使用，所以要把各个汉字的字形码固定地存储起来。存放各个汉字字形码的实体称为汉字库。为满足不同需要，还出现了各种各样的字库，如宋体字库、仿宋体字库、楷体字库、黑体字库和繁体字库等。

汉字点阵字形的缺点是放大后会出现锯齿现象，很不美观。中文 Windows 下广泛采用了 TrueType 类型的字形码，它采用了数学方法来描述一个汉字的字形码。这种字形码可以实现无级放大而不产生锯齿现象。

5）汉字地址码

汉字地址码是指汉字库（这里主要指字形的点阵式字模库）中存储汉字字形信息的逻辑地址码。汉字库中，字形信息都是按一定顺序（大多数按国标码中汉字的排列顺序）连续存放在存储介质上的，所以汉字地址码也大多是连续有序的，而且与汉字内码间有着简单的对应关系，以简化汉字内码到汉字地址码的转换。

6）各种汉字代码之间的关系

汉字的输入、处理和输出的过程，实际上是汉字的各种编码之间的转换过程，或者说汉字编码在系统有关部件之间流动的过程。图1-30所示表示了这些代码在汉字信息处理系统中的位置及它们之间的关系。

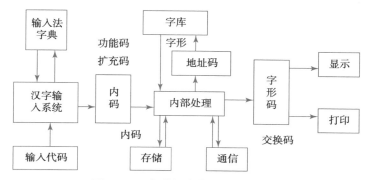

图1-30 各种汉字代码之间的关系

汉字输入码向内码的转换，是通过使用输入法字典（或称索引表，即外码与内码的对照表）实现的。一般的系统具有多种输入方法，每种输入方法都有各自的索引表。

在计算机的内部处理过程中，汉字信息的存储、各种必要的加工以及向硬盘等外存储设备存储汉字信息，都是以汉字内码形式进行的。

汉字通信过程中，处理器将汉字内码转换为适合于通信用的交换码（国标码）以实现通信处理。

在汉字的显示和打印输出过程中，处理器根据汉字内码计算出汉字地址码，按地址码从字库中取出汉字字形码，实现汉字的显示或打印输出。

7）汉字的处理过程

我们知道，计算机内部只能识别二进制数，任何信息（包括字符、汉字、声音、图像等）在计算机中都是以二进制形式存放的。那么，汉字究竟是怎样被输入到计算机中，在计算机中又是怎样存储，然后又经过何种转换，才在屏幕上显示或在打印机上打印出汉字的？

从汉字编码的角度看，计算机对汉字信息的处理过程实际上是各种汉字编码间的转换过程。这些编码主要包括汉字输入码、汉字内码、汉字地址码、汉字字形码等。这一系列的汉字编码及转换、汉字信息处理中的各编码及流程如图1-31所示。

图1-31 汉字信息处理中的各编码及流程

从图中可以看到：通过键盘对每个汉字输入规定的代码，即汉字的输入码（例如拼音输入码）。不论哪一种汉字输入方法，计算机都将每个汉字的输入码转换为相应的国标码，然后再转换为机内码，就可以在计算机内存储和处理了。输出汉字时，先将汉字的机内码通过简单的对应关系转换为相应的汉字地址码，然后通过汉字地址码对汉字库进行访问，从字库中提取汉字的字形码，最后根据字形数据显示和打印出汉字。

模块五　计算机信息安全

任务1　信息技术

1. 信息技术的基本含义

信息技术（Information Technology，IT），是主要用于管理和处理信息所采用的各种技术的总称。它主要是应用计算机科学和通信技术来设计、开发、安装和实施信息系统及应用软件。它也常被称为信息和通信技术（Information and Communications Technology，ICT）。主要包括传感技术、计算机与智能技术、通信技术和控制技术。

信息技术可以从广义、中义、狭义三个层面来定义。

从广义而言，信息技术是指能充分利用与扩展人类信息器官功能的各种方法、工具与技能的总和。强调的是从哲学上阐述信息技术与人的本质关系。

从中义而言，信息技术是指对信息进行采集、传输、存储、加工、表达的各种技术之和。强调的是人们对信息技术功能与过程的一般理解。

从狭义而言，信息技术是指利用计算机、网络、广播电视等各种硬件设备及软件工具与科学方法，对文图声像各种信息进行获取、加工、存储、传输与使用的技术之和。强调的是信息技术的现代化与高科技含量。

2. 信息技术的主要特征

信息技术的特征可以从以下两方面来理解：

（1）技术性。具体表现为：方法的科学性、工具设备的先进性、技能的熟练性、经验的丰富性、作用过程的快捷性、功能的高效性等。

（2）信息性。具体表现为：信息技术的服务主体是信息、核心功能是提高信息处理与利用的效率、效益。

由信息的秉性决定信息技术还具有普遍性、客观性、相对性、动态性、共享性、可变换性等特性。

3. 信息技术的应用范围

信息技术的应用包括计算机硬件和软件、网络和通信技术、应用软件开发工具等。计算机和互联网普及以来，人们日益普遍使用计算机来生产、处理、交换和传播各种形式的信息（如书籍、商业文件、报刊、唱片、电影、电视节目、语音、图形、图像等）。

任务2　信息安全

1. 信息安全的重要性

信息作为一种资源，它的普遍性、共享性、增值性、可处理性和多效用性，使其对于人类具有特别重要的意义。信息安全是任何国家、政府、部门、行业都必须十分重视的问题，是一个不容忽视的国家安全战略。

信息安全本身包括的范围很大。大到国家军事政治等机密安全，小到如防范商业企业机密泄露、防范青少年对不良信息的浏览、个人信息的泄露等。网络环境下的信息安全体系是保证信息安全的关键，包括计算机安全操作系统、各种安全协议、安全机制（数字签名、信息认证、数据加密等），直至安全系统，其中任何一个安全漏洞便可以威胁全局安全。

不管是单位还是个人，正把信息安全策略日益繁多的事情托付给计算机来完成，敏感信息正经过脆弱的通信线路在计算机系统之间传送，专用信息在计算机内存储或在计算机之间传送，电子银行业务使财务账目可通过通信线路查阅，执法部门从计算机中了解罪犯的前科，医生们用计算机管理病历，所有这一切，最重要的问题是不能在对非法（非授权）获取（访问）不加防范的条件下传输信息。传输信息的方式很多，有局域计算机网、互联网和分布式数据库，有蜂窝式无线、分组交换式无线、卫星电视会议、电子邮件及其他各种传输技术。信息在存储、处理和交换过程中，都存在泄密或被截收、窃听、窜改和伪造的可能性。

不难看出，通过加锁的铁柜来保存敏感信息、通过对工作人员政治素质等方面的监督确保信息的不泄露等传统的物理手段和管理制度已很难保证通信和信息的安全，必须综合应用各种保密措施，即通过技术的、管理的、行政的手段，实现信源、信号、信息三个环节的保护，借以达到秘密信息安全的目的。

2. 信息安全的特性

计算机信息安全是指计算机系统的硬件、软件、网络以及系统中的数据受到保护，不会由于偶然的或者恶意的原因而遭到破坏、更改、泄露，保证系统连续可靠正常地运行，保证信息服务畅通、可靠。

信息安全主要涉及信息存储的安全、信息传输的安全以及对网络传输信息内容的审计方面。从广义来说，凡是涉及信息的完整性、可用性、保密性、可控性和真实性的相关技术和理论都是信息安全所要研究的领域。计算机信息安全具有完整性、可用性、保密性、可控性和真实性5方面的特性。

任务3　计算机信息安全因素

信息安全所面临的威胁来自很多方面，可以宏观地分为自然威胁和人为威胁。自然威胁可能来自于各种自然灾害、恶劣的场地环境、电磁辐射和电磁干扰以及设备自然老化等。人为威胁又分为两种：一种是以操作失误为代表的无意威胁（偶然事故），另一种是以计算机犯罪为代表的有意威胁（恶意攻击）。人为的偶然事故没有明显的恶意企图和目的，但它会使信息受到严重破坏。最常见的偶然事故有操作失误（未经允许使用、操作不当和误用存储媒体等）、意外损失（漏电、电焊火花干扰）、编程缺陷（经验不足、检查漏项）和意外丢失（被盗、被非法复制、丢失媒体）。恶意攻击主要包括计算机犯罪、计算机病毒、电子入侵等，通过攻击系统暴露的要害或弱点，使得网络信息的保密性、完整性、真实性、可控性和可用性等受到伤害，造成不可估量的经济和政治损失。

1. 计算机犯罪的类型

所谓计算机犯罪，就是在信息活动领域中，利用计算机信息系统或计算机信息知识作为手段，或者针对计算机信息系统，对国家、团体或个人造成危害，依据法律规定，应当予以刑罚处罚的行为。

计算机犯罪是指利用各种计算机程序及其装置，故意泄露或破坏计算机信息系统中的机密信息，危害系统实体安全、运行安全和信息安全的违法行为。计算机罪犯主要有以下4种类型。

（1）雇员。

大部分的计算机犯罪是了解、熟悉计算机应用系统的人，如雇员、本系统的系统管理员及工程技术人员。这些人能够轻易地进入计算机系统，能够非授权进入计算机网络或应用系统，非法获取信息。有时雇员则是出于愤恨而犯罪。

（2）外部使用者。

有时一些供应商或客户也会侵入一个公司的计算机系统。例如，银行客户可以通过使用自动出纳机以达到目的。跟雇员一样，这些授权的用户可以获取机密的密码或找到其他进行计算机犯罪的方法。

（3）黑客（Hacker）。

一般指的是计算机网络的非法入侵者，他们大都是程序员，对计算机技术和网络技术非常精通，了解系统的漏洞及其原因所在，喜欢非法闯入并以此作为一种智力挑战而沉醉其中。有的黑客仅仅是为了验证自己的能力而非法闯入，并不会对信息系统或网络系统进行破坏，但也有很多黑客非法闯入是为了窃取机密的信息，盗用系统资源或出于报复心理而恶意毁坏某个信息系统等。

（4）有组织的犯罪。

有组织犯罪集团的成员可以像合法企业中的人一样使用计算机，却是出于非法的目的。例如，造假者使用微机和打印机制造外表复杂的证件，诸如支票和驾驶执照等。

2. 计算机犯罪的形式

（1）破坏。

雇员有时会试图破坏计算机、程序或者文件。黑客和解密者会创建和传播恶意的计算机病毒程序。

（2）偷窃。

偷窃的可以是计算机硬件、软件、数据或者是计算机时间。其中也有白领犯罪。窃贼可能会偷取机密信息中的诸如重要用户列表之类的数据。未经授权而复制程序以用于个人盈利的偷窃行为被称为软件盗版。根据1980年美国的软件复制法案，一个程序的所有者只能为其自己做程序的备份，这些备份不能非法再次出售或分发。在美国违法的惩罚措施是最高250 000美元的罚款和五年的监禁。

（3）操纵。

找到进入他人计算机系统、网络的途径，进入并留下一句笑话或特殊的图示，看起来可能很有趣，然而这样做也是违法的。而且，即使这样的操纵看起来无害，它也可能会引起极大的焦虑，并浪费网络用户的时间。1986年美国的计算机反欺诈和滥用法案认为未经授权的人即使是通过计算机越过国境来浏览数据也是一种犯罪，更不要说复制和破坏了。这项法律也禁止非法使用由联邦保障的金融机构的计算机和政府的计算机。违法者最多将会被判刑20年并被处以罚金100 000美元。使用计算机从事其他的犯罪，如贩卖欺骗性的产品也是违法的。

对于计算机系统和数据库而言，除了人为犯罪外还有很多其他不安全因素，如技术失误和人为失误。例如，由于某地区电源的大幅波动，可能导致硬件的烧毁，导致磁盘中数据的丢失。由于软件设计技术上的缺陷，导致系统易于被病毒、黑客攻击，使系统、网络无法正常工作或数据丢失等都属于技术失误。数据输入错误、用户忘记给硬盘上的数据作备份导致数据丢失无法恢复等属于人为失误。

任务4 计算机信息安全措施

目前国际社会及我国已出台了许多计算机信息安全的法律、法规，也研制了许多计算机信息安全的防范技术手段，总体上可分为三个方面。

1. 安全立法

法律是规范人们一般社会行为的准则。它从形式上分有宪法、法律、法规、法令、条令、条例和实施办法、实施细则等多种形式，大体可以分为社会规范和技术规范两类。

"没有网络安全，就没有国家安全"，鉴于其他主要发达国家均早已成立专门的国家网络信息安全机构，我国也在2013年11月12日正式成立国家安全委员会，并在2014年2月27日成立中共中央网络安全和信息化领导小组办公室，由习近平主席亲自挂帅，将信息安全提升到国家战略高度。

《中华人民共和国网络安全法》是为保障网络安全，维护网络空间主权和国家安全、社会公共利益，保护公民、法人和其他组织的合法权益，促进经济社会信息化健康发展而制定。由全国人民代表大会常务委员会于2016年11月7日发布，自2017年6月1日起正式施行。

2. 安全管理

安全管理主要指一般的行政管理措施，即介于社会和技术措施之间的组织单位所属范围内的措施。建立信息安全管理体系（ISMS）要求全面地考虑各种因素，人为的、技术的、制度的和操作规范的，并且将这些因素综合进行考虑。

3. 安全技术

安全技术措施是计算机系统安全的重要保障，也是整个系统安全的物质技术基础。实施安全技术，不仅涉及计算机和外部、外围设备，即通信和网络系统实体，还涉及数据安全、软件安全、网络安全、数据库安全、运行安全、防病毒技术、站点的安全以及系统结构、工艺和保密、压缩技术。安全技术措施的实施应贯彻落实在系统开发的各个阶段，从系统规划、系统分析、系统设计、系统实施、系统评价到系统的运行、维护及管理。

任务5 知识产权与软件版本保护

知识产权是指人类通过创造性的智力劳动而获得的一项智力性的财产权，包括工业产权、版权、发明权、发现权等，它是受法律保护的。1967年在瑞典斯德哥尔摩签订公约成立世界知识产权组织，该组织于1974年成为联合国的一个专门机构。我国于1980年3月加入该组织。计算机软件是脑力劳动的创造性产物，正式软件是有版权的，它是受法律保护的一种重要的知识产权。

版权，亦称著作权、作者权，源自英文Copyright，意即抄录、复制之权。软件版权属于软件开发者，软件版权人依法享有软件使用的支配权和享受报酬权。

1990 年 9 月，我国颁布了《中华人民共和国著作权法》，把计算机软件列为享有著作权保护的作品；1991 年 6 月，颁布了《计算机软件保护条例》，规定计算机软件是个人或者团体的智力产品，同专利、著作一样受法律的保护，任何未经授权的使用、复制都是非法的，按规定要受到法律的制裁。

在版权意义上，软件可分为公用软件、商业软件、共享软件和免费软件。

1. 公用软件

公用软件通常具有下列特征：

（1）版权已被放弃，不受版权保护。

（2）可以进行任何目的的复制，不论是为了存档还是为了销售，都不受限制。

（3）允许进行修改。

（4）允许对该软件进行逆向开发。

（5）允许在该软件基础上开发衍生软件，并可复制、销售。

商业软件、共享软件和免费软件都不属于公用软件，因而都享有版权保护。

2. 商业软件

商业软件通常具有下列特征：

（1）软件受版权保护。

（2）为了预防原版软件意外损坏，可以进行存档复制。

（3）只有将软件应用于实际的计算机环境时才能进行必要的修改，否则不允许修改。

（4）未经版权人允许，不得对该软件进行逆向开发。

（5）未经版权人允许，不得在该软件基础上开发衍生软件。

3. 共享软件

共享软件实质上是一种商业软件，因此也具有商业软件的上述特征。但它是在试用基础上提供的一种商业软件，所以也称为试用软件。共享软件的作者通常通过公告牌（BBS）、在线服务、出售磁盘和个人之间的副本来发行其软件。一般只提供目标文本而不提供源文本。

4. 免费软件

免费软件是免费提供给公众使用的软件，常通过与共享软件相同的方式发行。免费软件通常有下列特征：

（1）软件受版权保护。

（2）可以进行存档复制，也可以为发行而复制，但发行不能以营利为目的。

（3）允许修改软件并鼓励修改。

（4）允许对软件进行逆向开发，不必经过明确许可。

（5）允许开发衍生软件并鼓励开发，但这种衍生软件也必须是免费软件。

任务 6　计算机信息安全的道德准则

1. 网络用户行为规范

目前几乎所有的计算机均连接在 Internet 上，Internet 已把全世界连接成了一个"地球村"，几乎每个人的日常工作、生活、学习、娱乐均离不开计算机系统与网络系统，人类都生活在一个共同的信息空间中。由此产生了 Internet 网络文化、计算机信息、网络公共道德和行为规范。例如，网络礼仪、行为守则和注意事项等。为维护每个计算机用户及网民的合法权益，每一位公民都必须用一个统一的公共道德和行为规范约束自己。

1）网络礼仪

网络礼仪是网民之间交流的礼貌形式和道德规范。网络礼仪是建立在自我修养和自重自爱的基础上的，网络礼仪的基本原则是自由和自律。网络礼仪主要内容包括使用电子邮件时、上网浏览时、网络聊天时以及网络游戏时应该遵守的规则。

网民彼此之间交流应遵守网络公共道德守则：彼此尊重，宽以待人；允许不同意见，保持平静；助人为乐，帮助新手；健康、快乐、幽默。

2）网络行为守则

在网上交流，不同的交流方式有不同的行为规范，主要交流方式有"一对一"方式（如 E–mail）、"一对多"方式（如电子新闻、BBS）、"信息服务提供"方式（如 WWW 和 FTP）。

（1）"一对一"方式交流行为规范。

①不发送垃圾邮件。

②不发送涉及机密内容的电子邮件。

③转发别人的电子邮件时，不随意改动原文的内容。

④不给陌生人发送电子邮件，也不要接收陌生人的电子邮件。

⑤不在网上进行人身攻击，不讨论敏感的话题。

⑥不运行通过电子邮件收到的软件程序。

（2）"一对多"方式交流行为规范。

①将一组中全体组员的意见与该组中个别人的言论区别开来。

②注意通信内容与该组目的的一致性，如不在学术讨论组内发布商业广告。

③注意区分"全体"和"个别"。与个别人的交流意见不要随意在组内进行传播，只有在讨论出结论后，再将结果摘要发布给全组。

（3）信息服务提供方式交流行为准则。

①要使用户意识到，信息内容可能是开放的，也可能针对特定的用户群。因此，不能未经许可就进入非开放的信息服务器，或使用别人的服务器作为自己信息传送的中转站，要遵守信息服务器管理员的各项规定。

②信息服务提供者应该将信息内容很好地组织，以便于用户使用。

③信息内容不应该偏激。

④除非有安全措施保证，否则不能让用户无条件地信任从网上所获得的信息。

2. 计算机职业道德规范

计算机已被广泛应用于商业、工业、政府、医疗、教育、娱乐和整个社会的各个领域，软件工程师将直接参与设计、开发各种软件系统，其软件产品的质量将直接关系到计算机用户信息系统的安全性。作为一名软件工程师，其行为必须要遵守如下的职业规范：

（1）遵守公民道德规范标准和中国软件行业基本公约。

（2）诚信，坚决反对各种弄虚作假现象，不承接自己能力尚难以胜任的任务，对已经承诺的事，要保证做到，忠实做好各种作业记录，不隐瞒、不虚构，对提交的软件产品及其功能，在有关文档上不作夸大不实的说明。

（3）遵守国家的有关法律、法规，遵守行业、企业的有关法律、法规，遵循行业的国际惯例。

（4）良好的知识产权保护观念，自觉抵制各种违反知识产权保护的行为，不购买和使用盗版的软件，不参与侵犯知识产权的活动，在自己开发的产品中不拷贝复用未取得使用许可的他方内容。

（5）正确的技能观，努力提高自己的技能，为社会和人民造福，绝不利用自己的技能去从事危害公众利益的活动，包括构造虚假信息和不良内容、制造计算机病毒、参与盗版活动、非法解密存取、进行黑客行为和攻击网站等。提倡健康的网络道德准则和交流活动。

（6）履行合同和协议规定，有良好的工作责任感。不能以追求个人利益为目的，不随意或有意泄露企业的机密与商业资料。自觉遵守保密规定，不随意向他人泄露工作和客户机密。

（7）自觉跟踪技术发展动态，积极参与各种技术交流、技术培训和继续教育活动，不断改进和提高自己的技能，自觉参与项目管理和软件过程改进活动。能够注意对自己个人软件过程活动的监控和管理。研究和不断改进自己的软件生产率和质量，不能以个人的技能与技术作为换取不正当收入的手段。

（8）提高自己的技术和职业道德素质，力争做到与国际接轨，提交的软件和文档资料技术上能符合国际和国家的有关标准；在职业道德规范上，也能符合国际软件工程职业道德规范标准。

模块六　计算机病毒及其防治

20世纪60年代，被称为计算机之父的数学家冯·诺依曼在其遗著《计算机与人脑》中，详细论述了程序能够在内存中进行繁殖活动的理论。计算机病毒的出现和发展是计算机软件技术发展的必然结果。

本模块介绍计算机病毒的特征、原理及分类，并对典型病毒与其他破坏型程序，如宏病毒、木马程序、蠕虫等进行了分析，最后给出计算机病毒的诊断与预防措施。

任务1　计算机病毒的特征和分类

要真正地识别病毒，及时地查杀病毒，就有必要对病毒有较详细的了解，知道计算机病毒到底是什么，又是怎样分类的。

1. 计算机病毒及其特征

当前，计算机安全的最大威胁是计算机病毒（Computer Virus）。计算机病毒实质上是一种特殊的计算机程序。这种程序具有自我复制能力，可非法入侵而隐藏在存储媒体中的引导部分、可执行程序或数据文件中。当病毒被激活时，源病毒能把自身复制到其他程序体内，影响和破坏程序的正常执行和数据的正确性。有些恶性病毒对计算机系统具有极大的破坏性。计算机病毒与医学上的"病毒"不同，它不是天然存在的，但是它与生物医学上的"病毒"具有同样的传染性和破坏性。

1994年2月18日，我国正式颁布实施了《中华人民共和国计算机信息系统安全保护条例》，在其第二十八条中明确定义计算机病毒为："计算机病毒，是指编制或者在计算机程序中插入的破坏计算机功能或者破坏数据，影响计算机使用并且能够自我复制的一组计算机指令或者程序代码"。

计算机病毒一般具有寄生性、破坏性、传染性、潜伏性和隐蔽性等五个方面的重要特征。

（1）寄生性。

它是一种特殊的寄生程序，不是一个通常意义下的完整的计算机程序，而是寄生在其他可执行的程序中，因此，它能享有被寄生的程序所能得到的一切权利。

（2）破坏性。

破坏是广义的，不仅仅是指破坏系统、删除或修改数据甚至格式化整个磁盘，它们或是破坏系统，或是破坏数据并使之无法恢复，从而给用户带来极大的损失。

（3）传染性。

传染性是病毒的基本特性。计算机病毒往往能够主动地将自身的复制品或变种传染到其他未染毒的程序上。计算机病毒只有在运行时才具有传染性。此时，病毒寻找符合传染条件的程序或文件，然后将病毒代码嵌入其中，达到不断传染的目的。判断一个程序是不是计算机病毒的最重要因素就是其是否具有传染性。

（4）潜伏性。

病毒程序通常短小精悍，寄生在别的程序上使得其难以被发现。在外界激发条件出现之前，病毒可以在计算机内的程序中潜伏、传播。

（5）隐蔽性。

计算机病毒是一段寄生在其他程序中的可执行程序，具有很强的隐蔽性。当运行受感染的程序时，病毒程序能首先获得计算机系统的监控权，进而能监视计算机的运行，并传染其他程序。但不到发作时机，整个计算机系统看上去一切如常，很难被察觉，其隐蔽性使广大计算机用户对病毒失去应有的警惕性。

计算机病毒是计算机科学发展过程中出现的"污染"，是一种新型的高科技类型犯罪，它可以造成重大的政治、经济危害。如"CIH病毒"在1998年4月26日发作的一天之内使成千上万台计算机瘫痪，且此后每月的26日发作。因此，舆论谴责计算机病毒是"射向文明的黑色子弹"。

2017年5月12日，全球爆发大规模计算机勒索病毒（也称比特币病毒）感染事件，该类型病毒的目标性强，主要以邮件为传播方式。勒索病毒文件一旦被用户单击打开，会利用连接至黑客的C&C服务器，进而上传本机信息并下载加密公钥和私钥。然后，将加密公钥和私钥写入到注册表中，遍历本地所有磁盘中的Office文档、图片等文件，对这些文件进行格式篡改和加密；加密完成后，还会在桌面等明显位置生成勒索提示文件，指导用户去缴纳赎金。勒索病毒，是一种新型电脑病毒，主要以邮件、程序木马、网页挂马的形式进行传播。该病毒可以导致重要文件无法读取，关键数据被损坏，性质恶劣、危害极大，一旦感染将给用户带来无法估量的损失。

2. 计算机病毒的分类

计算机病毒的分类方法很多，按计算机病毒的感染方式，分为如下五类。

（1）引导区型病毒。

通过读U盘、光盘及各种移动存储介质感染引导区型病毒，感染硬盘的主引导记录，当硬盘主引导记录感染病毒后，病毒就企图感染每个插入计算机进行读写的移动盘的引导区。这类病毒常常将其病毒程序替代主引导区中的系统程序。引导区病毒总是先于系统文件装入内存储器，获得控制权并进行传染和破坏。

（2）文件型病毒。

文件型病毒主要感染扩展名为 .COM、.EXE、.DRV、.BIN、.OVL、.SYS 等可执行文件。通常寄生在文件的首部或尾部，并修改程序的第一条指令。当染毒程序执行时就先跳转去执行病毒程序，进行传染和破坏。这类病毒只有当带毒程序执行时才能进入内存，一旦符合激发条件，它就发作。

例如 CIH 病毒，属文件型病毒，主要感染 Windows 95/98 下的可执行文件，在 DOS、Windows 3.2 及 Windows NT 中无效。CIH 病毒发作时（于每月 26 日发作）具有极大的破坏性，该病毒会覆盖掉硬盘中的绝大多数数据，可以重写 BIOS 使之无用，其后果是使用户的计算机无法启动。

（3）宏病毒。

开发宏可以让工作变得简单、高效。然而，黑客利用了宏具有的良好扩展性编制病毒——宏病毒就是寄存在 Microsoft Office 文档或模板的宏中的病毒。它只感染 Microsoft Word 文档文件（DOC）和模板文件（DOT），与操作系统没有特别的关联。它们大多以 Visual Basic 或 Word 提供的宏程序语言编写，比较容易制造。它能通过 E – mail 下载 Word 文档附件等途径蔓延。当对感染宏病毒的 Word 文档操作时（如打开文档、保存文档、关闭文档等操作）它就进行破坏和传播。宏病毒还可衍生出各种变形病毒，这种"父生子子生孙"的传播方式实在让许多系统防不胜防，这也使宏病毒成为威胁计算机系统的"第一杀手"。Word 宏病毒破坏造成的结果是：不能正常打印；封闭或改变文件名称或存储路径，删除或随意复制文件；封闭有关菜单，最终导致无法正常编辑文件。

（4）脚本病毒。

脚本病毒依赖一种特殊的脚本语言（如：VBScript、JavaScript 等）起作用，同时需要主软件或应用环境能够正确识别和翻译这种脚本语言中嵌套的命令。脚本病毒在某方面与宏病毒类似，但脚本病毒可以在多个产品环境中进行，还能在其他所有可以识别和翻译它的产品中运行。脚本语言比宏语言更具有开放终端的趋势，这样使得病毒制造者对感染脚本病毒的机器可以有更多的控制力。

例如 Redlof 病毒感染脚本类型的文件。该病毒能够疯狂感染文件夹，在被感染的文件夹下产生两个文件：一个名为 desktop.ini 的目录配置文件，另一个名为 folder.htt 的病毒体文件。当用户双击鼠标进入被感染的文件夹时，病毒就会被激活，且病毒每激活一次，在内存中就复制一次，所以当用户多次进入被感染的文件夹时，病毒就会大量进入内存，使计算机运行速度越来越慢，而且 Redlof 还会随着信件模板进行网络传播。所以在文件夹下发现 desktop.ini 和 folder.htt 文件的时候，用户应及时使用杀毒软件清除之。

（5）Internet 病毒（网络病毒）。

Internet 病毒大多是通过 E – mail 传播的。黑客是危害计算机系统的源头之一，黑客利用通信软件，通过网络非法进入他人的计算机系统，截取或篡改数据，危害信息安全。特洛伊木马程序就是典型的黑客病毒。

如果网络用户收到来历不明的 E – mail，不小心执行了附带的"黑客程序"，该用户的计算机系统就会被偷偷修改注册表信息，"黑客程序"也会悄悄地隐藏在系统中。当用户运行 Windows 时，"黑客程序"会驻留在内存，一旦该计算机连入网络，外界的"黑客"就可以监控该计算机系统，从而"黑客"可以对该计算机系统"为所欲为"。已经发现的"黑客程序"有 BO（Back Orifice）、Netbus、Netspy、Backdoor 等。

例如 Trojan. Anita 木马程序，该木马程序能够打开浏览器、关闭某些文件、修改 WIN. INI 文件，并连接某个站点，同时打开许多窗口。BackDoor. NetBus. 20 木马程序具有黑客攻击性质的独立特征，能够控制远程机器。传染能力极强的恶性 QQ 病毒——"爱情森林"（Trojan. sckiss），是已知的第一个利用 QQ 进行传播并破坏的恶性木马病毒。它利用 QQ 软件，诱惑用户打开恶意网页，而该网页会自动下载病毒并修改注册表产生破坏。

3. 计算机感染病毒的常见症状

计算机病毒虽然很难检测，但是，只要细心留意计算机的运行状况，还是可以发现计算机感染病毒的一些异常情况的。例如：

（1）磁盘文件数目无故增多。

（2）系统的内存空间明显变小。

（3）文件的日期/时间值被修改成最近的日期或时间（用户自己并没有修改）。

（4）感染病毒后可执行文件的长度通常会明显增加。

（5）正常情况下可以运行的程序却突然因内存区不足而不能装入。

（6）程序加载时间或程序执行时间比正常时明显变长。

（7）计算机经常出现死机现象或不能正常启动。

（8）显示器上经常出现一些莫名其妙的信息或异常现象。

随着制造病毒和反病毒双方较量的不断深入，病毒制造者的技术越来越高，病毒的欺骗性、隐蔽性也越来越强。只有在实践中细心观察才能发现计算机的异常现象。

4. 计算机病毒的清除

目前消除病毒的方法有两类：一是手工消除，用手工方法消除病毒不仅烦琐，而且对技术人员素质要求很高，只有具备专业知识的人员才能采用这种方法。二是借助反病毒软件消除。

如果计算机染上了病毒，文件被破坏了，最好立即关闭系统。如果继续使用，会使更多的文件遭受破坏。针对已经感染病毒的计算机，专家建议立即升级系统中的防病毒软件，进行全面杀毒。一般的杀毒软件都具有清除/删除病毒的功能。清除病毒是指把病毒从原有的文件中清除掉，恢复原有文件的内容，删除是指把整个文件删除掉。经过杀毒后，被破坏的文件有可能恢复成正常的文件。对未感染病毒的计算机建议打开系统中防病毒软件的"系统监控"功能，从注册表、系统进程、内存、网络等多方面对各种操作进行主动防御。

用反病毒软件消除病毒是当前比较流行的做法。它既方便，又安全，一般不会破坏系统中的正常数据。特别是优秀的反病毒软件都有较好的界面和提示，使用相当方便。通常，反病毒软件只能检测出已知的病毒并消除它们，不能检测出新的病毒或病毒的变种。所以，各种反病毒软件的开发都不是一劳永逸的，而要随着新病毒的出现而不断升级。目前较著名的反病毒软件都具有实时检测系统驻留在内存中，随时检测是否有病毒入侵。

目前较流行的杀毒软件有卡巴斯基反病毒软件、ESET NOD32 防病毒软件、诺顿防病毒软件、迈克菲防病毒软件、BitDefender 防病毒软件、AVG 免费杀毒版、微软免费杀毒软件 MSE、360 杀毒、小红伞免费版（Avira AntiVir Free）、腾讯电脑管家等。

任务 2　计算机病毒的预防

计算机感染病毒后，用反病毒软件检测和消除病毒是被迫的处理措施。况且已经发现相当多的病毒在感染之后会永久性地破坏被感染程序，如果没有备份将不易恢复。所以，我们要有针对性的防范。所谓防范，是指通过合理、有效的防范体系及时发现计算机病毒的侵入，并能采取有效的手段阻止病毒的破坏和传播，保护系统和数据安全。

计算机病毒主要通过移动存储介质（如 U 盘、移动硬盘）和计算机网络两大途径进行传播。人们从工作实践中总结出一些预防计算机病毒的简易可行的措施，这些措施实际上是要求用户养成良好的使用计算机的习惯。具体归纳如下：

（1）安装有效的杀毒软件并根据实际需求进行安全设置。同时，定期升级杀毒软件并经常全盘查毒、杀毒。

（2）扫描系统漏洞，及时更新系统补丁。

（3）未经检测过是否感染病毒的文件、光盘、U 盘及移动硬盘等移动存储设备在使用前应首先用杀毒软件查毒后再使用。

（4）分类管理数据。对各类数据、文档和程序应分类备份保存。

（5）尽量使用具有查毒功能的电子邮箱，尽量不要打开陌生的可疑邮件。

（6）浏览网页、下载文件时要选择正规的网站。

（7）关注目前流行病毒的感染途径、发作形式及防范方法，做到预先防范，感染后及时查毒以避免遭受更大损失。

（8）有效管理系统内建的 Administrator 账户、Guest 账户以及用户创建的账户，包括密码管理、权限管理等。

（9）禁用远程功能，关闭不需要的服务。

（10）修改 IE 浏览器中与安全相关的设置。

计算机病毒的防治宏观上讲是一系统工程，除了技术手段之外还涉及诸多因素，如法律、教育、管理制度等。以教育着手是防止计算机病毒的重要策略，通过教育，使广大用户认识到病毒的严重危害，了解病毒的防治常识，提高尊重知识产权的意识，增强法律、法规意识，最大限度地减少病毒的产生与传播。

任务 3　计算机的安全使用与保护

计算机及其外部设备的核心部件主要是集成电路，集成电路对电源、静电、温度、湿度以及抗干扰性都有一定的要求。正确的安装、操作和维护不但能延长设备使用寿命，更重要的是可以保障系统正常运转，提高工作效率。本任务从计算机的工作环境和正确操作方法等方面提出一些建议。

（1）电源要求。

微型机一般使用 220 V、50 Hz 交流电源。对电源的要求主要有两个：一是电压要稳定；二是微机在工作时供电不能间断。电压不稳不仅会造成磁盘驱动器运行不稳定而引起读写数据错误，对显示器和打印机也有影响。为了获得稳定的电压，最好根据机房所用微机的总功率，配接功率合适的交流稳压电源。为防止突然断电对计算机工作的影响，在断电后机器还能继续工作一小段时间，使操作员能及时保存好数据和进行必要的处理，最好配备不间断供电电源 UPS，其容量可根据微型机系统的用电量选用。此外，要有可靠的接地线，以防雷击。

（2）环境洁净要求。

微机对环境的洁净要求虽然不像其他大型计算机机房那样严格，但是保持环境清洁还是必需的，因为灰尘可能造成磁盘读写错误，还会缩短机器寿命。机房应保持洁净和配备除尘设备。

（3）室内温度、湿度要求。

微机的合适工作温度在 15 ℃～35 ℃之间。低于 15 ℃则有可能引起磁盘读写错误，高于 35 ℃则会影响机内电子元件正常工作。为此，微机所在之处要考虑散热问题。

相对湿度一般不能超过 80%，否则会使元件受潮变质，甚至会漏电、短路，以至损害机器，相对湿度低于 20%，则会因过于干燥而产生静电。

（4）防止磁场干扰。

计算机应避免强磁场的干扰。计算机工作时，应避免附近存在强电设备的开关动作，那样会影响电源的稳定。

（5）开、关机顺序。

对微型机来说，正确的开机（加电）顺序是先开外部设备电源，再开主机电源；关机顺序则相反，当系统软件正常结束后，应先关主机后关外部设备。这都是为了防止突然开关外设对主机造成的电流冲击。另外，不要频繁开关电源，在使用过程中不得已关机后，也要间隔 10 秒左右后再重新加电。这样做是为了避免电源装置产生大的冲击电流损坏电源装置中的元件，也是为了避免由于磁盘驱动器突然加速使磁头划伤磁盘。

特别要提醒注意的是在关机（指关电源）之前，一定要正常关闭应用软件和系统软件，只有当软件正常结束后，数据才得以安全地保存到外存。随意突然关机会引起数据的丢失和系统的破坏，初学者一定要养成良好的计算机操作习惯。

另外，计算机不要长时间搁置不用，尤其是雨季。磁盘应存放在干燥处，不要放置在潮湿处，也不要放在接近热源、强光源、强磁场处。

综合训练

重点提示：

◆ 以下单选题涵盖了全国计算机等级考试大纲中的绝大部分知识要点，熟练掌握后有助于提高等级考试的过关率。

◆ 请扫旁边的二维码获取以下单选题的参考答案。

项目一综合练习
题参考答案

（1）第二代电子计算机的主要元件是_____。

A. 继电器　　　　B. 晶体管　　　　C. 电子管　　　　D. 集成电路

（2）世界上公认的第一台电子计算机诞生在_____。

A. 中国　　　　　B. 美国　　　　　C. 英国　　　　　D. 日本

（3）关于世界上第一台电子计算机 ENIAC 的叙述中，错误的是_____。

A. ENIAC 是 1946 年在美国诞生的

B. 它主要采用电子管和继电器

C. 它是首次采用存储程序和程序控制自动工作的电子计算机

D. 研制它的主要目的是用来计算弹道

（4）现代微型计算机中所采用的电子器件是_____。

A. 电子管　　　　　　　　　　　　　B. 晶体管

C. 小规模集成电路　　　　　　　　　D. 大规模和超大规模集成电路

（5）1946 年首台电子数字计算机 ENIAC 问世后，冯·诺伊曼（John Von Neumann）在研制 EDVAC 计算机时，提出两个重要的改进，它们是_____。

A. 采用二进制和存储程序控制的概念　　B. 引入 CPU 和内存储器的概念

C. 采用机器语言和十六进制　　　　　　D. 采用 ASCII 编码系统

（6）世界上第一台计算机是 1946 年美国研制成功的，该计算机的英文缩写名为_____。

A. MARK – II　　　　B. EDSAC　　　　C. ENIAC　　　　D. EDVAC

（7）世界上公认的第一台电子计算机诞生的年代是_____。

A. 20 世纪 30 年代　　　　　　　　　B. 20 世纪 40 年代

C. 20 世纪 80 年代　　　　　　　　　D. 19 世纪 40 年代

（8）"铁路联网售票系统"，按计算机应用的分类，它属于_____。

A. 科学计算　　　B. 辅助设计　　　C. 实时控制　　　D. 信息处理

（9）在下列计算机应用项目中，属于科学计算应用领域的是_____。

A. 人机对弈　　　　　　　　　　　　B. 民航联网订票系统

C. 气象预报　　　　　　　　　　　　D. 数控机床

（10）数码相机里的照片可以利用计算机软件进行处理，计算机的这种应用属于_____。

A. 图像处理　　　B. 实时控制　　　C. 嵌入式系统　　　D. 辅助设计

（11）目前的许多消费电子产品（数码相机、数字电视机等）中都使用了不同功能的微处理器来完成特定的处理任务，计算机的这种应用属于_____。

A. 科学计算　　　B. 实时控制　　　C. 嵌入式系统　　　D. 辅助设计

（12）办公室自动化（OA）是计算机的一项应用，按计算机应用的分类，它属于_____。

A. 科学计算　　　B. 辅助设计　　　C. 实时控制　　　D. 信息处理

（13）电子计算机最早的应用领域是_____。

A. 数据处理　　　B. 科学计算　　　C. 工业控制　　　D. 文字处理

（14）计算机技术中，下列的英文缩写和中文名字的对照中，正确的是_____。

A. CAD——计算机辅助制造　　　　　B. CAM——计算机辅助教育

C. CIMS——计算机集成制造系统　　　D. CAI——计算机辅助设计

（15）下列不属于计算机特点的是_____。

A. 存储程序控制，工作自动化　　　　B. 具有逻辑推理和判断能力

C. 处理速度快、存储量大　　　　　　D. 不可靠、故障率高

（16）计算机之所以能按人们的意图自动进行工作，最直接的原因是采用了_____。

A. 二进制　　　　　B. 高速电子元件　　C. 程序设计语言　　D. 存储程序控制

（17）计算机网络最突出的优点是_____。

A. 精度高　　　　　B. 运算速度快　　　C. 容量大　　　　　D. 共享资源

（18）关于因特网防火墙，下列叙述中错误的是_____。

A. 为单位内部网络提供了安全边界

B. 防止外界入侵单位内部网络

C. 可以阻止来自内部的威胁与攻击

D. 可以使用过滤技术在网络层对数据进行选择

（19）局域网中，提供并管理共享资源的计算机称为_____。

A. 工作站　　　　　B. 网关　　　　　　C. 网桥　　　　　　D. 服务器

（20）下列选项属于"计算机安全设置"的是_____。

A. 定期备份重要数据　　　　　　　　B. 下载来路不明的软件及程序

C. 停掉 Guest 账号　　　　　　　　　D. 安装杀（防）毒软件

（21）计算机技术应用广泛，以下属于科学计算方面的是_____。

A. 图像信息处理　　B. 视频信息处理　　C. 火箭轨道计算　　D. 信息检索

（22）计算机字长是_____。

A. 处理器处理数据的宽度　　　　　　B. 存储一个字符的位数

C. 屏幕一行显示字符的个数　　　　　D. 存储一个汉字的位数

（23）20 GB 的硬盘表示容量约为_____。

A. 20 亿个字节　　　　　　　　　　　B. 20 亿个二进制位

C. 200 亿个字节　　　　　　　　　　　D. 200 亿个二进制位

（24）1 KB 的准确数值是_____。

A. 1 024 Byte　　　B. 1 000 Byte　　　C. 1 024 bit　　　D. 1 000 bit

（25）计算机技术中，下列度量存储器容量的单位中，最大的单位是_____。

A. KB　　　　　　　B. MB　　　　　　　C. Byte　　　　　　D. GB

（26）在计算机的硬件技术中，构成存储器的最小单位是_____。

A. 字节（Byte）　　　　　　　　　　B. 二进制位（bit）

C. 字（Word）　　　　　　　　　　　D. 双字（Double Word）

（27）字长是 CPU 的主要技术性能指标之一，它表示的是_____。

A. CPU 的计算结果的有效数字长度

B. CPU 一次能处理二进制数据的位数

C. CPU 能表示的最大的有效数字位数

D. CPU 能表示的十进制整数的位数

（28）下列叙述中，正确的是_____。

A. 字长为 16 位表示这台计算机最大能计算一个 16 位的十进制数

B. 字长为 16 位表示这台计算机的 CPU 一次能处理 16 位二进制数

C. 运算器只能进行算术运算

D. SRAM 的集成度高于 DRAM

（29）下列度量单位中，用来度量计算机网络数据传输速率（比特率）的是_____。

A. MB/s　　　　　　B. MIPS　　　　　　C. GHz　　　　　　D. Mb/s

（30）下列度量单位中，用来度量计算机外部设备传输率的是_____。

A. MB/s　　　　　　B. MIPS　　　　　　C. GHz　　　　　　D. MB

（31）假设某台式计算机的内存储器容量为256 MB，硬盘容量为40 GB。硬盘的容量是内存容量的_____。

A. 200 倍　　　　　B. 160 倍　　　　　C. 120 倍　　　　　D. 100 倍

（32）在计算机中，组成一个字节的二进制位位数是_____。

A. 1　　　　　　　B. 2　　　　　　　C. 4　　　　　　　D. 8

（33）KB（千字节）是度量存储器容量大小的常用单位之一，1 KB 等于_____。

A. 1 000 个字节　　B. 1 024 个字节　　C. 1 000 个二进位　　D. 1 024 个字

（34）在不同进制的四个数中，最小的一个数是_____。

A. 11011001（二进制）　　　　　　B. 75（十进制）

C. 37（八进制）　　　　　　　　　D. 2A（十六进制）

（35）无符号二进制整数 111111 转换成十进制数是_____。

A. 71　　　　　　　B. 65　　　　　　　C. 63　　　　　　　D. 62

（36）十进制数 59 转换成无符号二进制整数是_____。

A. 0111101　　　　B. 0111011　　　　C. 0110101　　　　D. 0111111

（37）十进制数 60 转换成无符号二进制整数是_____。

A. 0111100　　　　B. 0111010　　　　C. 0111000　　　　D. 0110110

（38）十进制数 121 转换成无符号二进制整数是_____。

A. 1111001　　　　B. 111001　　　　　C. 1001111　　　　D. 100111

（39）如果删除一个非零无符号二进制数尾部的 2 个 0，则此数的值为原数的_____。

A. 4 倍　　　　　　B. 2 倍　　　　　　C. 1/2　　　　　　D. 1/4

（40）按照数的进位制概念，下列各个数中正确的八进制数是_____。

A. 1101　　　　　　B. 7081　　　　　　C. 1109　　　　　　D. B03A

（41）设任意一个十进制整数为 D，转换成二进制数为 B，根据数制的概念，下列叙述中正确的是_____。

A. 数字 B 的位数 < 数字 D 的位数　　　B. 数字 B 的位数 ≤ 数字 D 的位数

C. 数字 B 的位数 ≥ 数字 D 的位数　　　D. 数字 B 的位数 > 数字 D 的位数

（42）一个字长为 6 位的无符号二进制数能表示的十进制数值范围是_____。

A. 0 ~ 64　　　　　B. 0 ~ 63　　　　　C. 1 ~ 64　　　　　D. 1 ~ 63

（43）如果在一个非零无符号二进制整数之后添加一个 0，则此数的值为原数的_____。

A. 4 倍　　　　　　B. 2 倍　　　　　　C. 1/2　　　　　　D. 1/4

（44）用 8 位二进制数能表示的最大的无符号整数等于十进制整数_____。

A. 255　　　　　　B. 256　　　　　　C. 128　　　　　　D. 127

（45）一个字长为 5 位的无符号二进制数能表示的十进制数值范围是_____。

A. 1 ~ 32　　　　　B. 0 ~ 31　　　　　C. 1 ~ 31　　　　　D. 0 ~ 32

（46）在标准 ASCII 码表中，英文字母 a 和 A 的码值之差的十进制值是_____。

A. 20　　　　　　　　B. 32　　　　　　　　C. -32　　　　　　　　D. -20

（47）下列 4 个 4 位十进制数中，属于正确的汉字区位码的是_____。

A. 5601　　　　　　　B. 9596　　　　　　　C. 9678　　　　　　　D. 8799

（48）在标准 ASCII 码表中，已知英文字母 A 的 ASCII 码是 01000001，则英文字母 E 的 ASCII 码是_____。

A. 01000011　　　　B. 01000100　　　　C. 01000101　　　　D. 01000010

（49）存储一个 48×48 点阵的汉字字形码需要的字节数是_____。

A. 384　　　　　　　B. 144　　　　　　　C. 256　　　　　　　D. 288

（50）在下列字符中，其 ASCII 码值最大的一个是_____。

A. 9　　　　　　　　B. Q　　　　　　　　C. d　　　　　　　　D. F

（51）已知英文字母 m 的 ASCII 码值为 6DH，那么 ASCII 码值为 71H 的英文字母是_____。

A. Q　　　　　　　　B. P　　　　　　　　C. p　　　　　　　　D. q

（52）一个字长为 8 位的无符号二进制整数能表示的十进制数值范围是_____。

A. 0 ~ 255　　　　　B. 1 ~ 255　　　　　C. 0 ~ 256　　　　　D. 1 ~ 256

（53）标准的 ASCII 码用 7 位二进制位表示，可表示不同的编码个数是_____。

A. 127　　　　　　　B. 128　　　　　　　C. 255　　　　　　　D. 256

（54）在微机中，西文字符所采用的编码是_____。

A. EBCDIC 码　　　　B. ASCII 码　　　　C. 国标码　　　　D. BCD 码

（55）在 IBM 系列大型机中，西文字符所采用的编码是_____。

A. EBCDIC 码　　　　B. ASCII 码　　　　C. 国标码　　　　D. BCD 码

（56）汉字国标码（GB 2312—1980）把汉字分成_____。

A. 简化字和繁体字两个等级

B. 一级汉字、二级汉字和三级汉字三个等级

C. 一级常用汉字、二级次常用汉字两个等级

D. 常用字、次常用字、罕见字三个等级

（57）一个汉字的国标码需用 2 字节存储，其每个字节的最高二进制位的值分别为_____。

A. 0, 0　　　　　　　B. 0, 1　　　　　　　C. 1, 0　　　　　　　D. 1, 1

（58）在下列字符中，其 ASCII 码值最大的一个是_____。

A. Z　　　　　　　　B. 9　　　　　　　　C. 空格字符　　　　　D. a

（59）存储 1 024 个 24×24 点阵的汉字字形码需要的字节数是_____。

A. 720 B　　　　　　B. 72 KB　　　　　　C. 7 000 B　　　　　　D. 7 200 B

（60）下列叙述中，正确的是_____。

A. 一个字符的标准 ASCII 码占一个字节的存储量，其最高位二进制总为 0

B. 大写英文字母的 ASCII 码值大于小写英文字母的 ASCII 码值

C. 同一个英文字母如 A 的 ASCII 码和它在汉字系统下的全角内码是相同的

D. 标准 ASCII 码表的每一个 ASCII 码都能在屏幕上显示成一个相应的字符

（61）在下列字符中，其 ASCII 码值最小的一个是_____。

A. 空格字符　　　　　B. 0　　　　　　　　C. A　　　　　　　　D. a

（62）在计算机中，对汉字进行传输、处理和存储时使用汉字的_____。

A. 字形码　　　　　　B. 国标码　　　　　　C. 输入码　　　　　　D. 机内码

（63）已知三个字符为：A、Z 和 8，按它们的 ASCII 码值升序排序，结果是_____。

A. 8，a，Z　　　　　B. a，8，Z　　　　　　C. a，Z，8　　　　　　D. 8，Z，a

（64）区位码输入法的最大优点是_____。

A. 只用数码输入，方法简单，容易记忆

B. 易记易用

C. 一字一码，无重码

D. 编码有规律，不易忘记

（65）在 ASCII 码表中，根据码值由小到大的排列顺序是_____。

A. 空格字符、数字符、大写英文字母、小写英文字母

B. 数字符、空格字符、大写英文字母、小写英文字母

C. 空格字符、数字符、小写英文字母、大写英文字母

D. 数字符、大写英文字母、小写英文字母、空格字符

（66）根据汉字国标 GB 2312—1980 的规定，一个汉字的内码码长为_____。

A. 8 bit　　　　　　　B. 12 bit　　　　　　C. 16 bit　　　　　　D. 24 bit

（67）在标准 ASCII 码表中，已知英文字母 K 的十六进制码值是 4B，则二进制 ASCII 码 1001000 对应的字符是_____。

A. G　　　　　　　　B. H　　　　　　　　C. I　　　　　　　　D. J

（68）在下列关于字符大小关系的说法中，正确的是_____。

A. 空格 > a > A　　　B. 空格 > A > a　　　C. a > A > 空格　　　D. A > a > 空格

（69）在标准 ASCII 码表中，已知英文字母 D 的 ASCII 码是 68，英文字母 A 的 ASCII 码是_____。

A. 64　　　　　　　　B. 65　　　　　　　　C. 66　　　　　　　　D. 67

（70）一个字符的标准 ASCII 码的长度是_____。

A. 7 bit　　　　　　　B. 8 bit　　　　　　　C. 16 bit　　　　　　D. 6 bit

（71）汉字的区位码由一汉字的区号和位号组成。其区号和位号的范围各为_____。

A. 区号 1～95，位号 1～95　　　　　　B. 区号 1～94，位号 1～94

C. 区号 0～94，位号 0～94　　　　　　D. 区号 0～95，位号 0～95

（72）五笔字型汉字输入法的编码属于_____。

A. 音码　　　　　　　B. 形声码　　　　　　C. 区位码　　　　　　D. 形码

（73）显示或打印汉字时，系统使用的是汉字的_____。

A. 机内码　　　　　　B. 字形码　　　　　　C. 输入码　　　　　　D. 国标交换码

（74）若已知一汉字的国标码是 5E38H，则其内码是_____。

A. DEB8H　　　　　　B. DE38H　　　　　　C. 5EB8H　　　　　　D. 7E58H

（75）已知三个字符为：A、X 和 5，按它们的 ASCII 码值升序排序，结果是_____。

A. 5，a，X　　　　　B. a，5，X　　　　　　C. X，a，5　　　　　　D. 5，X，a

（76）用 16×16 点阵来表示汉字的字形，存储一个汉字的字形需用_____个字节。

A. 16×1   B. 16×2   C. 16×3   D. 16×4

（77）通常所说的"宏病毒"感染的文件类型是_____。

A. COM   B. DOC   C. EXE   D. TXT

（78）下列关于计算机病毒的说法中，正确的是_____。

A. 计算机病毒是对计算机操作人员身体有害的生物病毒

B. 计算机病毒发作后，将造成计算机硬件永久性的物理损坏

C. 计算机病毒是一种通过自我复制进行传染的、破坏计算机程序和数据的小程序

D. 计算机病毒是一种有逻辑错误的程序

（79）蠕虫病毒属于_____。

A. 宏病毒   B. 网络病毒   C. 混合型病毒   D. 文件型病毒

（80）当计算机病毒发作时，主要造成的破坏是_____。

A. 对磁盘片的物理损坏

B. 对磁盘驱动器的损坏

C. 对 CPU 的损坏

D. 对存储在硬盘上的程序、数据甚至系统的破坏

（81）计算机病毒的危害表现为_____。

A. 能造成计算机芯片的永久性失效

B. 使磁盘霉变

C. 影响程序运行，破坏计算机系统的数据与程序

D. 切断计算机系统电源

（82）对声音波形采样时，采样频率越高，声音文件的数据量_____。

A. 越小   B. 越大   C. 不变   D. 无法确定

（83）以 .jpg 为扩展名的文件通常是_____。

A. 文本文件   B. 音频信号文件   C. 图像文件   D. 视频信号文件

（84）对一个图形来说，通常用位图格式文件存储与用矢量格式文件存储所占用的空间比较_____。

A. 更小   B. 更大   C. 相同   D. 无法确定

（85）以 .wav 为扩展名的文件通常是_____。

A. 文本文件   B. 音频信号文件   C. 图像文件   D. 视频信号文件

（86）若对音频信号以 10 kHz 采样率、16 位量化精度进行数字化，则每分钟的双声道数字化声音信号产生的数据量约为_____。

A. 1.2 MB   B. 1.6 MB   C. 2.4 MB   D. 4.8 MB

（87）一般说来，数字化声音的质量越高，则要求_____。

A. 量化位数越少、采样率越低   B. 量化位数越多、采样率越高

C. 量化位数越少、采样率越高   D. 量化位数越多、采样率越低

（88）计算机的技术性能指标主要是指_____。

A. 计算机所配备的程序设计语言、操作系统、外部设备

B. 计算机的可靠性、可维性和可用性

C. 显示器的分辨率、打印机的性能等配置

D. 字长、主频、运算速度、内/外存容量

（89）声音与视频信息在计算机内的表现形式是_____。

A. 二进制数字　　　　B. 调制　　　　　　C. 模拟　　　　　　D. 模拟或数字

（90）JPEG 是一个用于数字信号压缩的国际标准，其压缩对象是_____。

A. 文本　　　　　　　B. 音频信号　　　　　C. 静态图像　　　　D. 视频信号

（91）目前有许多不同的音频文件格式，下列不是数字音频的文件格式的是_____。

A. WAV　　　　　　　B. GIF　　　　　　　C. MP3　　　　　　　D. MID

（92）组成计算机系统的两大部分是_____。

A. 硬件系统和软件系统　　　　　　　　B. 主机和外部设备

C. 系统软件和应用软件　　　　　　　　D. 输入设备和输出设备

（93）汇编语言是一种_____。

A. 依赖于计算机的低级程序设计语言

B. 计算机能直接执行的程序设计语言

C. 独立于计算机的高级程序设计语言

D. 执行效率较低的程序设计语言

（94）计算机硬件能直接识别、执行的语言是_____。

A. 汇编语言　　　　B. 机器语言　　　　C. 高级程序语言　　　D. C++语言

（95）下列叙述中，正确的是_____。

A. C++是一种高级程序设计语言

B. 用 C++程序设计语言编写的程序可以无须经过编译就能直接在机器上运行

C. 汇编语言是一种低级程序设计语言，且执行效率很低

D. 机器语言和汇编语言是同一种语言的不同名称

（96）为了提高软件开发效率，开发软件时应尽量采用_____。

A. 汇编语言　　　　B. 机器语言　　　　C. 指令系统　　　　D. 高级语言

（97）下列叙述中，正确的是_____。

A. 用高级语言编写的程序称为源程序

B. 计算机能直接识别、执行用汇编语言编写的程序

C. 机器语言编写的程序执行效率最低

D. 不同型号的 CPU 具有相同的机器语言

（98）CPU 的指令系统又称为_____。

A. 汇编语言　　　　B. 机器语言　　　　C. 程序设计语言　　　D. 符号语言

（99）计算机软件的确切含义是_____。

A. 计算机程序、数据与相应文档的总称

B. 系统软件与应用软件的总和

C. 操作系统、数据库管理软件与应用软件的总和

D. 各类应用软件的总称

（100）用高级程序设计语言编写的程序_____。

A. 计算机能直接执行

B. 具有良好的可读性和可移植性

C. 执行效率高

D. 依赖于具体机器

（101）下列各类计算机程序语言中，不属于高级程序设计语言的是_____。

A. Visual Basic 语言　　　　　　　　B. C++语言

C. FORTRAN 语言　　　　　　　　　D. 汇编语言

（102）把用高级程序设计语言编写的程序转换成等价的可执行程序，必须经过_____。

A. 汇编和解释　　B. 编辑和链接　　C. 编译和链接　　D. 解释和编译

（103）下列叙述中，正确的是_____。

A. 高级语言编写的程序可移植性差

B. 机器语言就是汇编语言，无非是名称不同而已

C. 指令是由一串二进制数 0、1 组成的

D. 用机器语言编写的程序可读性好

（104）把用高级程序设计语言编写的源程序翻译成目标程序（.OBJ）的程序称为_____。

A. 汇编程序　　　B. 编辑程序　　　C. 编译程序　　　D. 解释程序

（105）解释程序的功能是_____。

A. 解释执行汇编语言程序　　　　　B. 解释执行高级语言程序

C. 将汇编语言程序解释成目标程序　D. 将高级语言程序解释成目标程序

（106）下列描述正确的是_____。

A. 计算机不能直接执行高级语言源程序，但可以直接执行汇编语言源程序

B. 高级语言与 CPU 型号无关，但汇编语言与 CPU 型号相关

C. 高级语言源程序不如汇编语言源程序的可读性好

D. 高级语言程序不如汇编语言程序的移植性好

（107）面向对象的程序设计语言是一种_____。

A. 依赖于计算机的低级程序设计语言

B. 计算机能直接执行的程序设计语言

C. 可移植性较好的高级程序设计语言

D. 执行效率较高的程序设计语言

（108）在各类程序设计语言中，相比较而言，执行效率最高的是_____。

A. 高级语言编写的程序

B. 汇编语言编写的程序

C. 机器语言编写的程序

D. 面向对象的语言编写的程序

（109）以下语言本身不能作为网页开发语言的是_____。

A. C++　　　　　B. ASP　　　　　C. JSP　　　　　D. HTML

（110）编译程序将高级语言程序翻译成与之等价的机器语言程序，该机器语言程序称为_____。

A. 工作程序　　　　B. 机器程序　　　　C. 临时程序　　　　D. 目标程序

（111）与高级语言相比，汇编语言编写的程序通常_____。

A. 执行效率更高　　B. 更短　　　　　C. 可读性更好　　　D. 移植性更好

（112）用助记符代替操作码、地址符号代替操作数的面向机器的语言是_____。

A. 汇编语言　　　　B. FORTRAN 语言　C. 机器语言　　　　D. 高级语言

（113）将目标程序（.OBJ）转换成可执行文件（.EXE）的程序称为_____。

A. 编辑程序　　　　B. 编译程序　　　　C. 链接程序　　　　D. 汇编程序

（114）下列属于计算机程序设计语言的是_____。

A. ACDSee　　　　B. Visual Basic　　　C. WinZip　　　　　D. Wave Edit

（115）下列选项属于面向对象的程序设计语言的是_____。

A. Java 和 C　　　 B. Java 和 C＋＋　　C. VB 和 C　　　　 D. VB 和 Word

（116）高级程序设计语言的特点是_____。

A. 高级语言数据结构丰富

B. 高级语言与具体的机器结构密切相关

C. 高级语言接近算法语言不易掌握

D. 用高级语言编写的程序计算机可立即执行

（117）下列说法错误的是_____。

A. 汇编语言是一种依赖于计算机的低级程序设计语言

B. 计算机可以直接执行机器语言程序

C. 高级语言通常都具有执行效率高的特点

D. 为提高开发效率，开发软件时应尽量采用高级语言

（118）以下程序设计语言是低级语言的是_____。

A. FORTRAN 语言　　　　　　　B. Java 语言

C. Visual Basic 语言　　　　　　D. 80X86 汇编语言

（119）早期的计算机语言中，所有的指令、数据都用一串二进制数 0 和 1 表示，这种语言称为_____。

A. Basic 语言　　　 B. 机器语言　　　　C. 汇编语言　　　　D. Java 语言

（120）将汇编源程序翻译成目标程序（.OBJ）的程序称为_____。

A. 编辑程序　　　　B. 编译程序　　　　C. 链接程序　　　　D. 汇编程序

（121）面向对象的程序设计语言是_____。

A. 汇编语言　　　　B. 机器语言　　　　C. 高级程序语言　　D. 形式语言

（122）以下关于编译程序的说法正确的是_____。

A. 编译程序直接生成可执行文件

B. 编译程序直接执行源程序

C. 编译程序完成高级语言程序到低级语言程序的等价翻译

D. 各种编译程序构造都比较复杂，所以执行效率高

（123）用 C 语言编写的程序被称为_____。

A. 可执行程序　　　B. 源程序　　　　　C. 目标程序　　　　D. 编译程序

（124）下列说法正确的是_____。

A. 编译程序的功能是将高级语言源程序编译成目标程序

B. 解释程序的功能是解释执行汇编语言程序

C. Intel8086 指令不能在 Intel P4 上执行

D. C++语言和 Basic 语言都是高级语言，因此它们的执行效率相同

（125）一个完整的计算机软件应包含_____。

A. 系统软件和应用软件　　　　　　B. 编辑软件和应用软件

C. 数据库软件和工具软件　　　　　D. 程序、相应数据和文档

（126）下列说法中，正确的是_____。

A. 只要将高级程序语言编写的源程序文件（如 try. C）的扩展名更改为 . exe，则它就成为可执行文件了

B. 高档计算机可以直接执行用高级程序语言编写的程序

C. 高级语言源程序只有经过编译和链接后才能成为可执行程序

D. 用高级程序语言编写的程序可移植性和可读性都很差

（127）编译程序属于_____。

A. 系统软件　　　B. 应用软件　　　C. 操作系统　　　D. 数据库管理软件

（128）在所列出的：①字处理软件，②Linux，③UNIX，④学籍管理系统，⑤Windows XP 和⑥Office 2003 等六个软件中，属于系统软件的有_____。

A.①，②，③　　　B.②，③，⑤　　　C.①，②，③，⑤　　D. 全部都不是

（129）组成一个计算机系统的两大部分是_____。

A. 系统软件和应用软件　　　　　　B. 硬件系统和软件系统

C. 主机和外部设备　　　　　　　　D. 主机和输入/输出设备

（130）一个完整的计算机系统的组成部分的确切提法应该是_____。

A. 计算机主机、键盘、显示器和软件　B. 计算机硬件和应用软件

C. 计算机硬件和系统软件　　　　　　D. 计算机硬件和软件

（131）下列软件中，属于应用软件的是_____。

A. Windows XP　　　B. PowerPoint 2003　　C. UNIX　　　　　D. Linux

（132）下列各组软件中，属于应用软件的一组是_____。

A. Windows XP 和管理信息系统

B. UNIX 和文字处理程序

C. Linux 和视频播放系统

D. Office 2003 和军事指挥程序

（133）一个完整的计算机系统应该包括_____。

A. 主机、键盘和显示器　　　　　　B. 硬件系统和软件系统

C. 主机和它的外部设备　　　　　　D. 系统软件和应用软件

（134）下列软件中，属于系统软件的是_____。

A. C++编译程序　　B. Excel 2003　　C. 学籍管理系统　　D. 财务管理系统

（135）计算机系统软件中，最基本、最核心的软件是_____。

A. 操作系统　　　　　　　　　　　　B. 数据库管理系统

C. 程序语言处理系统　　　　　　　　D. 系统维护工具

（136）下列各组软件中，全部属于应用软件的是_____。

A. 音频播放系统、语言编译系统、数据库管理系统

B. 文字处理程序、军事指挥程序、UNIX

C. 导弹飞行系统、军事信息系统、航天信息系统

D. Word 2010、PhotoShop、Windows 7

（137）下列各软件中，不是系统软件的是_____。

A. 操作系统　　　　　B. 语言处理系统　　　C. 指挥信息系统　　　D. 数据库管理系统

（138）下列说法错误的是_____。

A. 计算机可以直接执行机器语言编写的程序

B. 光盘是一种存储介质

C. 操作系统是应用软件

D. 计算机速度用 MIPS 表示

（139）下列叙述中，错误的是_____。

A. 计算机系统由硬件系统和软件系统组成

B. 计算机软件由各类应用软件组成

C. CPU 主要由运算器和控制器组成

D. 计算机主机由 CPU 和内存储器组成

（140）下列各项中两个软件均属于系统软件的是_____。

A. MIS 和 UNIX　　　B. WPS 和 UNIX　　　C. DOS 和 UNIX　　　D. MIS 和 WPS

（141）下列各组软件中，全部属于应用软件的是_____。

A. 程序语言处理程序、数据库管理系统、财务处理软件

B. 文字处理程序、编辑程序、UNIX 操作系统

C. 管理信息系统、办公自动化系统、电子商务软件

D. Word 2010、Windows XP、指挥信息系统

（142）Windows 是计算机系统中的_____。

A. 主要硬件　　　　　B. 系统软件　　　　　C. 工具软件　　　　　D. 应用软件

（143）下列软件中，属于应用软件的是_____。

A. 操作系统　　　　　　　　　　　　B. 数据库管理系统

C. 程序设计语言处理系统　　　　　　D. 管理信息系统

（144）下列软件中，属于系统软件的是_____。

A. 办公自动化软件　　　　　　　　　B. Windows XP

C. 管理信息系统　　　　　　　　　　D. 指挥信息系统

（145）一个完整的计算机系统应该包括_____。

A. 主机和它的外部设备　　　　　　　B. 主机、键盘和显示器

C. 系统软件和应用软件　　　　　　　D. 硬件系统和软件系统

（146）以下名称是手机中的常用软件，属于系统软件的是_____。

A. android　　　　　B. 手机 QQ　　　　　C. Skype　　　　　D. 微信

（147）操作系统的主要功能是_____。

A. 对用户的数据文件进行管理，为用户管理文件提供方便

B. 对计算机的所有资源进行统一控制和管理，为用户使用计算机提供方便

C. 对源程序进行编译和运行

D. 对汇编语言程序进行翻译

（148）操作系统对磁盘进行读/写操作的物理单位是_____。

A. 磁道　　　　　　B. 字节　　　　　　C. 扇区　　　　　　D. 文件

（149）操作系统中的文件管理系统为用户提供的功能是_____。

A. 按文件作者存取文件　　　　　　B. 按文件名管理文件

C. 按文件创建日期存取文件　　　　D. 按文件大小存取文件

（150）下列选项中，完整描述计算机操作系统作用的是_____。

A. 它是用户与计算机的界面

B. 它对用户存储的文件进行管理，方便用户

C. 它执行用户键入的各类命令

D. 它管理计算机系统的全部软、硬件资源，合理组织计算机的工作流程，以达到充分发挥计算机资源的效率，为用户提供使用计算机的友好界面

（151）操作系统将 CPU 的时间资源划分成极短的时间片，轮流分配给各终端用户，使终端用户单独分享 CPU 的时间片，有独占计算机的感觉，这种操作系统称为_____。

A. 实时操作系统　　　　　　B. 批处理操作系统

C. 分时操作系统　　　　　　D. 分布式操作系统

（152）微机上广泛使用的 Windows 是_____。

A. 多任务操作系统　　　　　　B. 单任务操作系统

C. 实时操作系统　　　　　　D. 批处理操作系统

（153）下面关于操作系统的叙述中，正确的是_____。

A. 操作系统是计算机软件系统中的核心软件

B. 操作系统属于应用软件

C. Windows 是 PC 机唯一的操作系统

D. 操作系统的五大功能是：启动、打印、显示、文件存取和关机

（154）计算机操作系统通常具有的五大功能是_____。

A. CPU 管理、显示器管理、键盘管理、打印机管理和鼠标器管理

B. 硬盘管理、U 盘管理、CPU 的管理、显示器管理和键盘管理

C. 处理器（CPU）管理、存储管理、文件管理、设备管理和作业管理

D. 启动、打印、显示、文件存取和关机

（155）操作系统管理用户数据的单位是_____。

A. 扇区　　　　　　B. 文件　　　　　　C. 磁道　　　　　　D. 文件夹

（156）操作系统是计算机的软件系统中_____。

A. 最常用的应用软件　　　　　　B. 最核心的系统软件

C. 最通用的专用软件　　　　　　D. 最流行的通用软件

（157）操作系统是_____。

A. 主机与外设的接口　　　　　　B. 用户与计算机的接口

C. 系统软件与应用软件的接口　　D. 高级语言与汇编语言的接口

（158）以 . txt 为扩展名的文件通常是_____。

A. 文本文件　　　　　B. 音频信号文件　　　C. 图像文件　　　　　D. 视频信号文件

（159）下列关于操作系统的描述，正确的是_____。

A. 操作系统中只有程序没有数据

B. 操作系统提供的人机交互接口其他软件无法使用

C. 操作系统是一种最重要的应用软件

D. 一台计算机可以安装多个操作系统

（160）下列说法正确的是_____。

A. 进程是一段程序　　　　　　　　B. 进程是一段程序的执行过程

C. 线程是一段子程序　　　　　　　D. 线程是多个进程的执行过程

（161）按操作系统的分类，UNIX 操作系统是_____。

A. 批处理操作系统　　　　　　　　B. 实时操作系统

C. 分时操作系统　　　　　　　　　D. 单用户操作系统

（162）下列说法正确的是_____。

A. 一个进程会伴随着其程序执行的结束而消亡

B. 一段程序会伴随着其进程结束而消亡

C. 任何进程在执行未结束时不允许被强行终止

D. 任何进程在执行未结束时都可以被强行终止

（163）计算机操作系统的最基本特征是_____。

A. 并发和共享　　　B. 共享和虚拟　　　C. 虚拟和异步　　　D. 异步和并发

（164）计算机系统软件中最核心的是_____。

A. 程序语言处理系统　　　　　　　B. 操作系统

C. 数据库管理系统　　　　　　　　D. 诊断程序

（165）DVD – ROM 属于_____。

A. 大容量可读可写外存储器　　　　B. 大容量只读外部存储器

C. CPU 可直接存取的存储器　　　　D. 只读内存储器

（166）ROM 中的信息是_____。

A. 由计算机制造厂预先写入的

B. 在系统安装时写入的

C. 根据用户的需求，由用户随时写入的

D. 由程序临时存入的

（167）配置 Cache 是为了解决_____。

A. 内存与外存之间速度不匹配问题　　B. CPU 与外存之间速度不匹配问题

C. CPU 与内存之间速度不匹配问题　　D. 主机与外部设备之间速度不匹配问题

（168）对 CD – ROM 可以进行的操作是_____。

A. 读或写　　　　　B. 只能读不能写　　C. 只能写不能读　　D. 能存不能取

（169）把内存中数据传送到计算机的硬盘上去的操作称为_____。

A. 显示　　　　　　B. 写盘　　　　　　C. 输入　　　　　　D. 读盘

（170）下面关于 U 盘的描述中，错误的是_____。

A. U 盘有基本型、增强型和加密型三种

B. U 盘的特点是重量轻、体积小

C. U 盘多固定在机箱内，不便携带

D. 断电后，U 盘还能保持存储的数据不丢失

（171）移动硬盘或 U 盘连接计算机所使用的接口通常是＿＿＿＿＿＿＿＿。

A. RS－232C 接口　　B. 并行接口　　　　C. USB　　　　　D. UBS

（172）下列说法中，错误的是＿＿＿＿＿＿＿＿。

A. 硬盘驱动器和盘片是密封在一起的，不能随意更换盘片

B. 硬盘可以是多张盘片组成的盘片组

C. 硬盘的技术指标除容量外，另一个是转速

D. 硬盘安装在机箱内，属于主机的组成部分

（173）硬盘属于＿＿＿＿＿＿＿＿。

A. 内部存储器　　　B. 外部存储器　　　C. 只读存储器　　　D. 输出设备

（174）下面关于随机存取存储器（RAM）的叙述中，正确的是＿＿＿＿＿＿＿＿。

A. RAM 分静态 RAM（SRAM）和动态 RAM（DRAM）两大类

B. SRAM 的集成度比 DRAM 高

C. DRAM 的存取速度比 SRAM 快

D. DRAM 中存储的数据无须"刷新"

（175）用来存储当前正在运行的应用程序和其相应数据的存储器是＿＿＿＿＿＿＿＿。

A. RAM　　　　　　B. 硬盘　　　　　　C. ROM　　　　　　D. CD－ROM

（176）下列关于磁道的说法中，正确的是＿＿＿＿＿＿＿＿。

A. 盘面上的磁道是一组同心圆

B. 由于每一磁道的周长不同，所以每一磁道的存储容量也不同

C. 盘面上的磁道是一条阿基米德螺旋线

D. 磁道的编号是最内圈为 0，并按次序由内向外逐渐增大，最外圈的编号最大

（177）当电源关闭后，下列关于存储器的说法中，正确的是＿＿＿＿＿＿＿＿。

A. 存储在 RAM 中的数据不会丢失　　B. 存储在 ROM 中的数据不会丢失

C. 存储在 U 盘中的数据会全部丢失　　D. 存储在硬盘中的数据会丢失

（178）英文缩写 ROM 的中文名译名是＿＿＿＿＿＿＿＿。

A. 高速缓冲存储器　　　　　　　　B. 只读存储器

C. 随机存取存储器　　　　　　　　D. U 盘

（179）下面关于随机存取存储器（RAM）的叙述中，正确的是＿＿＿＿＿＿＿＿。

A. 存储在 SRAM 或 DRAM 中的数据在断电后将全部丢失且无法恢复

B. SRAM 的集成度比 DRAM 高

C. DRAM 的存取速度比 SRAM 快

D. DRAM 常用来做 Cache 用

（180）计算机内存中用于存储信息的部件是＿＿＿＿＿＿＿＿。

A. U 盘　　　　　　B. 只读存储器　　　C. 硬盘　　　　　　D. RAM

（181）下列叙述中，错误的是＿＿＿＿＿＿＿＿。

A. 硬磁盘可以与 CPU 之间直接交换数据

B. 硬磁盘在主机箱内，可以存放大量文件

C. 硬磁盘是外存储器之一

D. 硬磁盘的技术指标之一是每分钟的转速 rpm

（182）移动硬盘与 U 盘相比，最大的优势是_____。

A. 容量大　　　　　B. 速度快　　　　　C. 安全性高　　　　　D. 兼容性好

（183）目前使用的硬磁盘，在其读/写寻址过程中_____。

A. 盘片静止，磁头沿圆周方向旋转　　　　B. 盘片旋转，磁头静止

C. 盘片旋转，磁头沿盘片径向运动　　　　D. 盘片与磁头都静止不动

（184）微机内存按_____。

A. 二进制位编址　　B. 十进制位编址　　C. 字长编址　　　　D. 字节编址

（185）ROM 是指_____。

A. 随机存储器　　　B. 只读存储器　　　C. 外存储器　　　　D. 辅助存储器

（186）10 GB 的硬盘表示其存储容量为_____。

A. 一万个字节　　　B. 一千万个字节　　C. 一亿个字节　　　D. 一百亿个字节

（187）除硬盘容量大小外，下列也属于硬盘技术指标的是_____。

A. 转速　　　　　　B. 平均访问时间　　C. 传输速率　　　　D. 全部

（188）下列叙述中，正确的是_____。

A. 内存中存放的只有程序代码

B. 内存中存放的只有数据

C. 内存中存放的既有程序代码又有数据

D. 外存中存放的是当前正在执行的程序代码和所需的数据

（189）下列各存储器中，存取速度最快的一种是_____。

A. RAM　　　　　　B. 光盘　　　　　　C. U 盘　　　　　　D. 硬盘

（190）下列各存储器中，存取速度最快的一种是_____。

A. U 盘　　　　　　B. 内存储器　　　　C. 光盘　　　　　　D. 固定硬盘

（191）用来存储当前正在运行的应用程序及相应数据的存储器是_____。

A. 内存　　　　　　B. 硬盘　　　　　　C. U 盘　　　　　　D. CD－ROM

（192）在 CD 光盘上标记有"CD－RW"字样，"RW"标记表明该光盘是_____。

A. 只能写入一次，可以反复读出的一次性写入光盘

B. 可多次擦除型光盘

C. 只能读出，不能写入的只读光盘

D. 其驱动器单倍速为 1 350 KB/s 的高密度可读写光盘

（193）Cache 的中文译名是_____。

A. 缓冲器　　　　　　　　　　　　　　B. 只读存储器

C. 高速缓冲存储器　　　　　　　　　　D. 可编程只读存储器

（194）UPS 的中文译名是_____。

A. 稳压电源　　　　B. 不间断电源　　　C. 高能电源　　　　D. 调压电源

（195）计算机指令主要存放在_____。

A. 内存　　　　　　B. CPU　　　　　　C. 硬盘　　　　　D. 键盘

（196）微机硬件系统中最核心的部件是_____。

A. 内存储器　　　B. 输入/输出设备　C. CPU　　　　　D. 硬盘

（197）在计算机中，每个存储单元都有一个连续的编号，此编号称为_____。

A. 地址　　　　　B. 位置号　　　　　C. 门牌号　　　　D. 房号

（198）下列关于 CPU 的叙述中，正确的是_____。

A. CPU 能直接读取硬盘上的数据

B. CPU 能直接与内存储器交换数据

C. CPU 主要组成部分是存储器和控制器

D. CPU 主要用来执行算术运算

（199）计算机的系统总线是计算机各部件间传递信息的公共通道，它分_____。

A. 数据总线和控制总线

B. 地址总线和数据总线

C. 数据总线、控制总线和地址总线

D. 地址总线和控制总线

（200）能直接与 CPU 交换信息的存储器是_____。

A. 硬盘存储器　　B. CD – ROM　　　C. 内存储器　　　D. U 盘存储器

（201）组成计算机指令的两部分是_____。

A. 数据和字符

B. 操作码和地址码

C. 运算符和运算数

D. 运算符和运算结果

（202）在微机的配置中常看到"P4 2.4G"字样，其中数字"2.4G"表示_____。

A. 处理器的时钟频率是 2.4 GHz

B. 处理器的运算速度是 2.4 GIPS

C. 处理器是 Pentium4 第 2.4 代

D. 处理器与内存间的数据交换速率是 2.4 GB/s

（203）字长是 CPU 的主要性能指标之一，它表示_____。

A. CPU 一次能处理二进制数据的位数

B. CPU 最长的十进制整数的位数

C. CPU 最大的有效数字位数

D. CPU 计算结果的有效数字长度

（204）通常所说的计算机的主机是指_____。

A. CPU 和内存　　　　　　　　　B. CPU 和硬盘

C. CPU、内存和硬盘　　　　　　D. CPU、内存与 CD – ROM

（205）控制器的功能是_____。

A. 指挥、协调计算机各相关硬件工作

B. 指挥、协调计算机各相关软件工作

C. 指挥、协调计算机各相关硬件和软件工作

D. 控制数据的输入和输出

（206）影响一台计算机性能的关键部件是_____。

A. CD – ROM　　　　　B. 硬盘　　　　　　C. CPU　　　　　　D. 显示器

（207）CPU 中，除了内部总线和必要的寄存器外，主要的两大部件分别是运算器和_____。

A. 控制器　　　　　　B. 存储器　　　　　　C. Cache　　　　　D. 编辑器

（208）组成 CPU 的主要部件是_____。

A. 运算器和控制器　　　　　　　　　B. 运算器和存储器

C. 控制器和寄存器　　　　　　　　　D. 运算器和寄存器

（209）用来控制、指挥和协调计算机各部件工作的是_____。

A. 运算器　　　　　B. 鼠标器　　　　　C. 控制器　　　　　D. 存储器

（210）计算机指令由两部分组成，它们是_____。

A. 运算符和运算数　B. 操作数和结果　　C. 操作码和操作数　D. 数据和字符

（211）计算机技术中，英文缩写 CPU 的中文译名是_____。

A. 控制器　　　　　B. 运算器　　　　　C. 中央处理器　　　D. 寄存器

（212）下列叙述中，正确的是_____。

A. CPU 能直接读取硬盘上的数据

B. CPU 能直接存取内存储器上的数据

C. CPU 由存储器、运算器和控制器组成

D. CPU 主要用来存储程序和数据

（213）CPU 的主要技术性能指标有_____。

A. 字长、主频和运算速度　　　　　　B. 可靠性和精度

C. 耗电量和效率　　　　　　　　　　D. 冷却效率

（214）下列度量单位中，用来度量 CPU 时钟主频的是_____。

A. MB/s　　　　　　B. MIPS　　　　　C. GHz　　　　　　D. MB

（215）计算机主要技术指标通常是指_____。

A. 所配备的系统软件的版本

B. CPU 的时钟频率、运算速度、字长和存储容量

C. 扫描仪的分辨率、打印机的配置

D. 硬盘容量的大小

（216）下列说法中正确的是_____。

A. 计算机体积越大，功能越强

B. 微机 CPU 主频越高，其运算速度越快

C. 两个显示器的屏幕大小相同，它们的分辨率也相同

D. 激光打印机打印的汉字比喷墨打印机多

（217）CPU 的主要性能指标是_____。

A. 字长和时钟主频　　　　　　　　　B. 可靠性

C. 耗电量和效率　　　　　　　　　　D. 发热量和冷却效率

（218）在计算机指令中，规定其所执行操作功能的部分称为_____。

A. 地址码　　　　B. 源操作数　　　　C. 操作数　　　　D. 操作码

（219）下列关于指令系统的描述，正确的是_____。

A. 指令由操作码和控制码两部分组成

B. 指令的地址码部分可能是操作数，也可能是操作数的内存单元地址

C. 指令的地址码部分是不可缺少的

D. 指令的操作码部分描述了完成指令所需要的操作数类型

（220）计算机有多种技术指标，其中主频是指_____。

A. 内存的时钟频率　　　　　　　　B. CPU 内核工作的时钟频率

C. 系统时钟频率，也叫外频　　　　D. 总线频率

（221）计算机的主频指的是_____。

A. 软盘读写速度，用 Hz 表示　　　B. 显示器输出速度，用 MHz 表示

C. 时钟频率，用 MHz 表示　　　　D. 硬盘读写速度

（222）32 位微型计算机中的 32，是指下列技术指标中的_____。

A. CPU 功耗　　　　B. CPU 字长　　　　C. CPU 主频　　　　D. CPU 型号

（223）组成微型机主机的部件是_____。

A. 内存和硬盘　　　　　　　　　　B. CPU、显示器和键盘

C. CPU 和内存　　　　　　　　　　D. CPU、内存、硬盘、显示器和键盘

（224）构成 CPU 的主要部件是_____。

A. 内存和控制器　　　　　　　　　B. 内存和运算器

C. 控制器和运算器　　　　　　　　D. 内存、控制器和运算器

（225）计算机中，负责指挥计算机各部分自动协调一致地进行工作的部件是_____。

A. 运算器　　　　B. 控制器　　　　C. 存储器　　　　D. 总线

（226）在外部设备中，扫描仪属于_____。

A. 输出设备　　　　B. 存储设备　　　　C. 输入设备　　　　D. 特殊设备

（227）计算机的硬件主要包括：中央处理器（CPU）、存储器、输出设备和_____。

A. 键盘　　　　B. 鼠标器　　　　C. 显示器　　　　D. 输入设备

（228）组成计算机硬件系统的基本部分是_____。

A. CPU、键盘和显示器　　　　　　B. 主机和输入/输出设备

C. CPU 和输入/输出设备　　　　　D. CPU、硬盘、键盘和显示器

（229）把硬盘上的数据传送到计算机内存中去的操作称为_____。

A. 读盘　　　　B. 写盘　　　　C. 输出　　　　D. 存盘

（230）下列设备组中，完全属于输入设备的一组是_____。

A. CD - ROM 驱动器、键盘、显示器　　B. 绘图仪、键盘、鼠标器

C. 键盘、鼠标器、扫描仪　　　　　　D. 打印机、硬盘、条码阅读器

（231）在微机中，I/O 设备是指_____。

A. 控制设备　　　B. 输入/输出设备　　C. 输入设备　　　D. 输出设备

（232）在下列设备中，不能作为微机输出设备的是_____。

A. 鼠标器　　　　B. 打印机　　　　C. 显示器　　　　D. 绘图仪

（233）在微机的硬件设备中，有一种设备在程序设计中既可以当作输出设备，又可以

当作输入设备，这种设备是_____。

    A. 绘图仪   B. 网络摄像头   C. 手写笔   D. 磁盘驱动器

（234）通常打印质量最好的打印机是_____。

    A. 针式打印机   B. 点阵打印机   C. 喷墨打印机   D. 激光打印机

（235）下列设备组中，完全属于计算机输出设备的一组是_____。

    A. 喷墨打印机、显示器、键盘   B. 激光打印机、键盘、鼠标器

    C. 键盘、鼠标器、扫描仪   D. 打印机、绘图仪、显示器

（236）下列选项中，不属于显示器主要技术指标的是_____。

    A. 分辨率   B. 重量   C. 像素的点距   D. 显示器的尺寸

（237）下列设备组中，完全属于外部设备的一组是_____。

    A. 激光打印机、移动硬盘、鼠标器

    B. CPU、键盘、显示器

    C. SRAM 内存条、CD – ROM 驱动器、扫描仪

    D. U 盘、内存储器、硬盘

（238）显示器的主要技术指标之一是_____。

    A. 分辨率   B. 亮度   C. 彩色   D. 对比度

（239）在微机中，VGA 属于_____。

    A. 微机型号   B. 显示器型号   C. 显示标准   D. 打印机型号

（240）某 800 万像素的数码相机，拍摄照片的最高分辨率大约是_____。

A. 3 200 ×2 400   B. 2 048 ×1 600   C. 1 600 ×1 200   D. 1 024 ×768

（241）显示器的参数：1 024 ×768，它表示_____。

    A. 显示器分辨率   B. 显示器颜色指标

    C. 显示器屏幕大小   D. 显示每个字符的列数和行数

（242）显示器的分辨率为 1 024 ×768，若能同时显示 256 种颜色，则显示存储器的容量至少为_____。

A. 192 KB   B. 384 KB   C. 768 KB   D. 1 536 KB

（243）度量计算机运算速度常用的单位是_____。

A. MIPS   B. MHz   C. MB/s   D. Mb/s

（244）运算器的完整功能是进行_____。

    A. 逻辑运算   B. 算术运算和逻辑运算

    C. 算术运算   D. 逻辑运算和微积分运算

（245）Pentium（奔腾）微机的字长是_____。

A. 8 位   B. 16 位   C. 32 位   D. 64 位

（246）当前流行的 Pentium 4 CPU 的字长是_____。

A. 8 bit   B. 16 bit   C. 32 bit   D. 64 bit

（247）运算器（ALU）的功能是_____。

    A. 只能进行逻辑运算   B. 对数据进行算术运算或逻辑运算

    C. 只能进行算术运算   D. 做初等函数的计算

（248）32 位微机中的 32 位指的是_____。

A. 微机型号　　　　B. 内存容量　　　　C. 存储单位　　　　D. 机器字长

（249）微机的字长是 4 个字节，这意味着_____。

A. 能处理的最大数值为 4 位十进制数 9 999

B. 能处理的字符串最多由 4 个字符组成

C. 在 CPU 中作为一个整体加以传送处理的为 32 位二进制代码

D. 在 CPU 中运算的最大结果为 2 的 32 次方

项目二

互联网 + Internet 应用

📦 项目任务概述

Internet（又称因特网）是由成千上万个计算机子网所组成的，覆盖范围从大学校园网、商业公司的局域网到大型的在线服务提供商，几乎涵盖了社会的各个应用领域（如政务、军事、科研、文化、教育、经济、新闻、商业和娱乐等）。人们不仅可以从 Internet 上找到自己所需要的信息，也可以通过 Internet 与世界另一端的人们通信交流，甚至可以一起参加视频会议等。在科技迅速发展的今天，Internet 已经深深地影响和改变了人们的工作、生活方式，并正以极快的速度在不断发展和更新。

本项目主要介绍 Internet 的基础知识和一些简单的应用。

📖 项目知识要求与能力要求

知识重点	能力要求	相关知识	考核要点
计算机网络的基本概念	了解网络的基本概念	计算机网络的形成与分类、网络拓扑结构	网络基础知识
因特网基础	理解因特网的基本概念和原理	TCP/IP 协议、C/S 体系结构、B/S 体系结构、IP 地址	因特网相关知识
简单的因特网应用	能熟练使用 IE 浏览器，能运用 Microsoft Outlook 2010 收发邮件	浏览器（IE）的使用，信息的搜索浏览与保存，FTP 下载，电子邮件的收发	IE 浏览器使用、Microsoft Outlook 2010 的使用

模块一　计算机网络概述

21 世纪是一个信息爆炸的时代，信息与物质、能源一起构成了当今社会的三大资源。但是，信息与其他两类资源不同，它有一个显著的特点：信息在使用中不会损耗，反而会通过交流增值。因此，信息的流通尤为重要。信息的流通离不开通信，而计算机网络正是计算机技术和通信技术密切结合的产物。概括地说，计算机网络是通过各种通信方式相互连接起来的计算机组成的系统，它除了必须具备数据通信功能外，还涉及网络中计算机间的资源共享、协同工作等信息处理问题。计算机网络在我国的历史虽不长，但在改革开放的今天，市场经济的快速发展，特别是金融业的发展，促进了计算机网络的普遍使用，计算机网络技术的研究已成为目前非常活跃的领域。

任务 1　计算机网络的概念

目前网络定义通常采用资源共享的观点，将地理位置不同的具有独立功能的计算机或由计算机控制的外部设备，通过通信设备和线路连接起来，在网络操作系统的控制下，按照约定的通信协议进行信息交换、实现资源共享的系统称为计算机网络，简称网络。

任务 2　计算机网络的主要功能

由计算机网络的定义可以得知，计算机网络的主要目的在于实现"资源共享"，即所有用户均能享受网络内其他计算机所提供的软、硬件资源和数据信息，"资源共享"是计算机网络最基本的功能。

下面列举一些计算机网络的常见功能：

- 计算机系统的资源共享。
- 实现数据信息的快速传输。
- 能进行分布式处理。
- 进行数据信息的集中和综合处理。
- 提高系统的可靠性和可用性。
- 能均衡负载，相互协作。

任务 3　计算机网络的发展历史

从 20 世纪 50 年代计算机网络诞生至今，计算机网络仅有几十年的发展历史，但是它经历了从低级到高级、从简单到复杂的发展过程。计算机网络的形成与发展大致可以分为以下 4 个阶段。

- 第一阶段：诞生阶段（计算机终端网络）。

20 世纪五六十年代，面向终端的具有通信功能的单机系统。将独立的计算机技术与通信技术相互结合起来，为计算机网络的产生奠定了基础。

- 第二阶段：形成阶段（计算机通信网络）。

Internet 始于 1968 年美国国防部高级研究计划局（DARPA）提出并资助的 ARPANET 网络计划，其目的是将各地不同的主机以一种对等的通信方式连接起来，最初只有 4 台主机。此后，大量的网络、主机与用户接入 ARPANET，很多地方性网络也接入进来，于是这个网络逐步扩展到其他国家和地区，该网于 1969 年投入使用，最初，ARPANET 主要用于军事研究。ARPANET 是计算机网络技术发展中的里程碑，它使网络中的用户可以通过本地终端使用本地计算机的软件、硬件与数据资源，也可以使用网络中其他地方计算机的软件与数据资源，从而达到计算机资源共享的目的。这个时期，网络概念为"以能够相互共享资源为目的互联起来的具有独立功能的计算机之集合体"，形成了计算机网络的基本概念。

- 第三阶段：互联互通阶段（开放式的标准化计算机网络）。

20 世纪 70 年代各种广域网、局域网和公用分组交换网技术迅速发展。各计算机厂商和研究机构纷纷发展自己的计算机网络系统，当然随之而来的问题就是网络体系结构与网络协议的标准化问题。ISO/OSI 参考模型的提出对网络体系的形成与网络技术的发展起到了重要的作用。

●第四阶段：高速网络技术阶段（新一代计算机网络）。

从 20 世纪 90 年代开始，迅速发展的 Internet、信息高速公路、无线网络与网络安全使得信息时代全面到来。因特网作为国际性的网际网与大型信息系统，在当今经济、文化、科学研究、教育与社会生活等各个方面发挥着越来越重要的作用。

任务4　计算机网络的分类

计算机网络的分类标准有很多种，各种分类标准只能从某一方面反映网络的特征。

1. 根据覆盖的地理范围和规模分类

这能较好地反映出网络的本质特征。由于网络覆盖的地理范围不同，它们所采用的传输技术也就不同，因此形成不同的网络技术特点与网络服务功能。

（1）局域网。

局域网（Local Area Network，LAN）是一种在有限区域内使用的网络，在这个区域内的各种计算机、终端与外部设备互联成网，其传送距离一般在几公里之内，最大距离不超过10 公里，因此适用于一个部门或一个单位组建的网络。典型的局域网如办公室网络、企业与学校的主干局域网、机关和工厂等有限范围内的计算机网络。局域网具有高数据传输速率（10 Mb/s～10 Gb/s）、低误码率、低成本、组网容易、易管理、易维护、使用灵活方便等优点。例如，Novell 网。

（2）城域网。

城域网（Metropolitan Area Network，MAN）是介于广域网与局域网之间的一种高速网络，它的设计目标是满足几十公里范围内的大量企业、学校、公司的多个局域网的互联需求，以实现大量用户之间的信息传输。

（3）广域网。

广域网（Wide Area Network，WAN）又称为远程网，所覆盖的地理范围要比局域网大得多，从几十公里到几千公里，传输速率比较低，一般在 96 kb/s～45 Mb/s 之间。广域网的通信子网主要使用分组交换技术。广域网覆盖一个国家、地区，甚至横跨几个洲，形成国际性的远程计算机网络。广域网可以使用电话交换网、微波、卫星通信网或它们的组合信道进行通信，将分布在不同地区的计算机系统互联起来，达到资源共享的目的。例如，中国公用数字数据网 CHINADDN、中国公用计算机互联网 CHINANET。

2. 按公用与专用来分

所谓专用网（Private Networks）是指政府、行业、企业和事业单位为本行业、本企业和本事业单位服务而建立的网络。尽管在现代社会中，除部分内部的保密资源外已很少有完全专用而不提供对外服务的网络，但这类网络的目的与应用从总体上看仍与专门提供通信与网络服务的公用网有很大的区别。专用网的实例很多，其中有代表性的包括教育科研网 CERNET、中科院网 CASNET、中国经济信息网 CEINET，以及各级政府部门的网络等。

所谓公用网（Public Networks）是指由电信部门或从事专业电信运营业务的公司提供的面向公众服务的网络，如中国电信提供的以 X. 25 协议为基础的中国公用分组交换数据网CHINAPAC、中国公用数字数据网 CHINADDN、中国公用计算机互联网 CHINANET，以及非电信部门提供的以卫星通信为基础的"金桥网"。

3. 以 Internet 技术为基础的网络分类

Internet 在世界范围内广为流行，TCP/IP 技术成为建网的基本支撑技术，由此产生了新的网络分类方式，即 Internet、Intranet 和 Extranet。

Internet 又称互联网、网际网或因特网，是以 TCP/IP 为基础的全球唯一的国际互联网的总称。当然，该网的一部分有时也被称为 Internet，如 CHINANET。

Intranet 是 1995 年开始兴起的企事业专用网，又称"内联网"。它以 Internet 技术为基础，在内外部间通过防火墙（Firewall）实施隔离，通过代理服务器（Proxy Server）、加密等措施保证内部信息的通信与访问安全。

Extranet 是为增加企业与合作伙伴、提供商、客户和咨询者的业务交往而新出现的一种网络，它也是采用 Internet 技术的一种新型网络。由于很少有人专门建设只实施上述企业间业务交往的专用网，因此可以把它看作是 Intranet 的外延。

项目二

4. 其他分类法

按照被传输的信息种类进行分类的情况，如把传送普通数据的网络称为数据通信网，把传送普通数据、话音和图形图像数据的网络称为多媒体网或综合业务数字网（Integrated Service Digital Network，ISDN）；按照所采用的主要网络技术分类，又有以 X.25 为基础的分组交换网、以异步传输模式为基础的 ATM 网、以帧中继技术（Frame Relay）为主的帧中继网等；按照使用的传输技术分类，有交换网络和广播网络两种。

任务5　计算机网络的拓扑结构

计算机网络拓扑结构是将构成网络的节点和连接节点的线路抽象成点和线，用几何关系来表示网络的组成，从而反映出网络中各实体间的结构关系。常见的网络拓扑结构有星型结构、环型结构、总线型结构、树型结构、网状结构等。在这些拓扑结构中最常用到的是星型结构、总线型结构和环型结构，也是三个最基本的拓扑结构。

1. 星型结构

如图 2-1（a）所示的星型拓扑结构是最早的通用网络拓扑结构形式。在星型拓扑中，每个节点与中心节点连接，中心节点控制全网的通信，任何两个节点之间的通信都要通过中心节点，

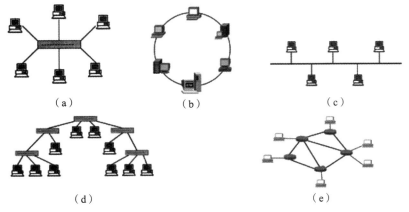

图 2-1　网络拓扑结构

（a）星型拓扑；（b）环型拓扑；（c）总线型拓扑；（d）树型拓扑；（e）网状拓扑

因此又称为集中式网络。星型拓扑的特点：结构简单，易于实现和管理，但是由于它是集中控制方式的结构，一旦中心节点出现故障，就会造成全网瘫痪，可靠性较差，资源共享能力差。

2. 环型结构

如图2-1（b）所示为环型拓扑结构，各个节点通过中继器连接到一个闭合的环路上，环中的数据沿着一个方向传输，信息从一个节点传到另一个节点。环型拓扑的特点：信息流在网中是沿着固定方向流动的，两个节点仅有一条道路，故简化了路径选择的控制；环路上各节点都是自举控制，故控制软件简单；由于信息源在环路中是串行地穿过各个节点，当环中节点过多时，势必影响信息传输速率，使网络的响应时间延长；环路是封闭的，不便于扩充；可靠性低，一个节点出现故障，将会造成全网瘫痪；维护难，对分支节点故障定位较难。

3. 总线型结构

如图2-1（c）所示，网络中各个节点由一根总线相连，数据在总线上由一个节点传向另一个节点。总线型拓扑结构的优点是：节点加入和退出网络都非常方便，总线上某个节点出现故障不会影响其他站点之间的通信，当需要增加节点时，只需在总线上增加一个分支接口便可与分支节点相连，当总线负载不允许时还可以扩充总线；使用的电缆少且安装容易；使用的设备相对简单，可靠性高；维护难，分支节点故障查找难。这种拓扑结构是局域网普遍采用的形式。以太网是最常用的一种局域网，网络中所有结点都通过以太网卡和双绞线（或光纤）连接到网络中，实现相互间的通信。其拓扑结构为总线结构。

4. 树型结构

如图2-1（d）所示，节点按层次进行连接，像树一样，有分支、根节点、叶子节点等，信息交换主要在上下节点之间进行。树型结构是分级的集中控制式网络。与星型结构相比，它的通信线路总长度短，成本较低，节点易于扩充，寻找路径比较方便。但除了叶子节点及其相连的线路外，任一节点或其相连的线路故障都会使系统受到影响。

5. 网状结构

如图2-1（e）所示，节点的连接是任意的，没有规律。网状拓扑的优点是系统可靠性高，但是由于结构复杂，必须采用路由协议、流量控制等方法。广域网中基本都采用网状拓扑结构。网状结构有时也称为分布式结构。

任务6 计算机网络的连接设备

计算机网络系统由网络软件和硬件设备两部分组成，下面主要介绍常见的网络硬件设备。

1. 传输介质（Media）

有线通信使用的传输介质被称为有线传输介质，无线通信涉及的传输介质称为无线传输介质。我们通常所说的传输介质一般指的是有线传输介质，主要包括双绞线、同轴电缆和光纤。随着无线网的深入研究和广泛应用，无线技术也越来越多地用来进行局域网的组建。

（1）双绞线。

双绞线是计算机网络布线工程中最常用的一种传输介质，由两根具有绝缘保护层的铜导线组成，把两根绝缘的铜导线按一定密度互相绞合在一起，可降低信号干扰的程度，每一根导线在传输中发射的电波会被另一根线上发出的电波抵消。

根据有无屏蔽层，双绞线分为屏蔽双绞线（Shielded Twisted Pair，STP）与非屏蔽双绞线（Unshielded Twisted Pair，UTP），如图2-2所示。

图 2-2 双绞线

（a）非屏蔽双绞线；（b）屏蔽双绞线

（2）同轴电缆。

同轴电缆是局域网中使用较早的传输介质，主要用于总线型网络拓扑结构的布线，由一根空心的圆柱网状导体和一根位于中心轴线的内导线组成。内导线、圆柱导体以及外界之间用绝缘材料隔开，如图 2-3 所示。

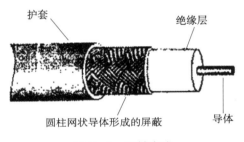

图 2-3 同轴电缆

在同轴电缆中，各部分的作用如下：

● 导体：位于同轴电缆的中心，是信号传输的媒介。

● 绝缘层：用来隔绝导体与圆柱网状导体组成的屏蔽层。

● 屏蔽层：通常为圆柱网状导体，用来隔绝外界的电磁干扰，以保证内层导体信号传输的稳定性。

● 外部绝缘护套：具有绝缘和保护材料双重功能。

根据传输频带的不同，同轴电缆可以分为基带同轴电缆和宽带同轴电缆。根据直径的不同，同轴电缆可以分为粗缆和细缆两种。

（3）光纤。

光纤不仅是目前可用的媒体，而且是今后将继续使用的媒体，这种媒体具有很大的带宽。目前，大多数大规模局域网的主干网都采用光纤作为通信介质，如图 2-4 所示。

由于光纤是以光脉冲的形式传输信号，因此与其他传输介质相比具有以下优点：抗电磁干扰性极好、保密性强、速度快、传输容量大等。

（4）无线传输介质。

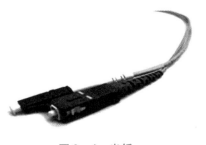

图 2-4 光纤

无线传输介质，简称无线（自由或无形）介质或空间介质。无线传输介质是指在两个通信设备之间不使用任何物理的连接器，通常这种传输介质通过空气进行信号传输。当通信设备之间由于存在物理障碍而不能使用普通传输介质时，可以考虑使用无线介质。根据电磁波的频率，无线传输系统大致分为广播通信系统、地面微波通信系统、卫星微波通信系统和红外线通信系统。因此，对应的 4 种无线介质是无线电波（30 MHz ~ 1 GMHz）、微波（300 MHz ~ 300 GMHz）、红外线和激光。

2. 网络接口卡（NIC）

网络接口卡（Network Interface Card，NIC）简称网卡，别称网络适配器，如图 2 - 5 所示，是构成网络必需的基本设备，用于将计算机和通信电缆连接在一起，以便经电缆在计算机之间进行高速数据传输，因此，每台连接到局域网的计算机（工作站或服务器）都需要安装一块网卡。网卡插在计算机或服务器的插槽中，通过网线与网络连接、交换数据和共享资源。

RJ-45接口网卡　　　　　　　　USB无线网卡

图 2 - 5　常见网卡

3. 中继器（RP）

中继器常用于两个网络节点之间物理信号的双向转发工作。如图 2 - 6 所示，中继器是最简单的网络互联设备。在线路上传输的信号由于存在损耗，功率会逐渐衰减，当衰减到一定程度时将造成信号失真，因此导致接收错误。中继器可以解决这一问题，它主要完成物理层的功能，在两个节点的物理层上按位传递信息，完成信号的复制、调整和放大功能，从而可以延长网络的长度。

中继器只能在此规定范围内进行有效的工作，否则会引起网络故障。以太网标准中就约定了一个以太网上只允许出现 5 个网段，最多使用 4 个中继器，只能有 3 个网段可以挂接计算机终端。

4. 交换机（Switch）

交换机也叫交换式集线器，如图 2 - 7 所示，它通过对信息进行重新生成，并经过内部处理后转发至指定端口，具备自动寻址能力和交换作用。广义的交换机是一种在通信系统中完成信息交换功能的设备。

图 2 - 6　中继器

图 2 - 7　交换机

5. 路由器（Router）

路由器又称网关设备（Gateway），是连接因特网中局域网和广域网的设备，它会根据信道的情况自动选择和设定路由，以最佳路径，按前后顺序发送信号，用于连接多个逻辑上分开的网络。所谓逻辑网络是代表一个单独的网络或者一个子网。当数据从一个子网传输到另一个子网时，可通过路由器的路由功能来完成，如图 2-8 所示。

路由器和交换机之间的主要区别就是交换机发生在 OSI 参考模型第二层（数据链路层），而路由器发生在第三层（网络层）。这一区别决定了路由器和交换机在移动信息的过程中需使用不同的控制信息，所以说两者实现各自功能的方式是不同的。

为了大家更好地区分，我们举例来说明：家庭上网，只有一个宽带账号，但是有 4 台计算机都想通过同一个宽带上网，那么就使用路由器，因为路由器比交换机多了一个虚拟拨号功能。再如大学宿舍只有一个宽带接口，但全寝室的人都需要上网，而且各自都拥有自己的宽带账号，又想大家上网相互之间不影响，那么就使用交换机，大家各自拨号上网，相互之间无影响。

路由器同时具有交换机的功能，如果已经有路由器了，想把路由器当作交换机使用怎么办呢？只要把宽带线接在 LAN 接口，WAN 接口不接线就可以了。家用路由器一般都只有 4 个 LAN 接口，如果设备过多，就需要用交换机来扩展接口，将交换机与路由器 LAN 接口连接即可，交换机一般有 4 口、8 口、16 口、24 口等，能接入更多的设备。在宿舍，想无线拨号上网，就可采用将无线路由器当作交换机使用的方法。

企业级路由器　　　　　　　　　无线路由器

图 2-8　路由器

6. 调制解调器（Modem）

调制解调器，根据 Modem 的谐音，俗称之为"猫"，是实现数字信号和模拟信号转换的设备。例如，当个人计算机通过电话线路连入 Internet 网时，发送方的计算机发出的数字信号，要通过调制解调器转换成模拟信号在电话网上传输，接收方的计算机则要通过调制解调器，将传输过来的模拟信号转换成数字信号。简而言之，调制解调器（Modem）的作用是：将计算机数字信号与模拟信号互相转换，以便数据传输。调制解调器的主要技术指标是数据传输速率，它的度量单位是 Mb/s（Mbit/s 即兆位每秒）。

7. 防火墙（Firewall）

防火墙是指为了增强机构内部网络的安全性而设置在不同网络或网络安全域之间的一系列部件的组合。它可以通过监测、限制、更改跨越防火墙的数据流，尽可能地对外部屏蔽网络内部的信息、结构和运行状况，以此来实现网络的安全防护。防火墙被嵌入到驻地网和 Internet 之间，对内部网络和外部网络之间的通信进行控制，通过检测和限制跨越防火墙的数据流，尽可能地对外部屏蔽网络内部的结构、信息和运行情况，以防发生不可预测的、潜在破坏性的入侵或攻击，这是一种行之有效的网络安全技术，如图 2-9 所示。防火墙可以是一台计算机系统，也可以是由两台或更多的系统协同工作起到防火墙的作用。

项目二

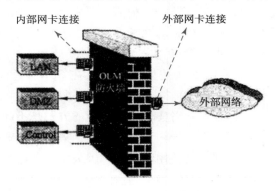

图 2-9　防火墙示意图

任务 7　计算机网络协议

1. 网络协议概述

1）什么是网络协议

网络中，当一个微机用户和一个大型主机的操作员进行通信时，由于这两个数据终端使用的字符集不同，因此操作员所输入的命令也彼此不认识。为了能进行通信，规定每个终端都要将各自字符集中的字符先变换为标准字符集的字符后，才进入网络传送，到达目的终端之后，再变换为该终端字符集的字符。当然，对于不相容终端，除了需变换字符集字符外，其他特性，如显示格式、行长、行数等，也需做相应的变换。此类为计算机网络中能进行数据交换而建立的规则、标准或约定的集合，就称为网络协议。

2）组成网络协议的三要素

（1）语义（做什么）。

语义是解释控制信息每个部分的意义。它规定了需要发出何种控制信息，以及完成的动作与做出什么样的响应。

（2）语法（如何做）。

语法是用户数据与控制信息的结构与格式，以及数据出现的顺序。

（3）时序（什么时候做）。

时序是对事件发生顺序的详细说明，也可称为"同步"。

2. 开放系统互联参考模型

OSI 模型，即开放系统互联参考模型（Open Systems Interconnection Reference Model），是国际标准化组织（ISO）提出的一个试图使各种计算机在世界范围内互联为网络的标准框架。1974 年，ISO 发布了著名的 ISO/IEC 7498 标准，它定义了网络互联的七层框架，也就是开放系统互联参考模型，如图 2-10 所示。OSI 定义了开放系统的层次结构、层次之间的相互关系以及各层所包括的可能的任务，是作为一个框架来协调和组织各层所提供的服务。但是 OSI 参考模型并没有提供一个可以实现的方法，而是描述了一些概念，用来协调进程间通信标准的制定。

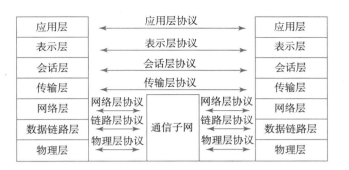

图 2 – 10　OSI 网络体系结构

3. TCP/IP 参考模型

OSI 参考模型并不是一个标准，而是一个在制定标准时所使用的概念性框架。事实上的标准是 TCP/IP 参考模型。

计算机网络中的协议是非常复杂的，因此网络协议通常都按照结构化的层次方式来进行组织。TCP/IP 协议是当前最流行的商业化协议，被公认为是当前的工业标准或事实标准。1974 年，出现了 TCP/IP 参考模型，图 2 – 11 给出了 TCP/IP 参考模型的分层结构，它将计算机网络划分为以下 4 个层次：

◆ 应用层（Application Layer）：负责处理特定的应用程序数据，为应用软件提供网络接口，包括 HTTP（超文本传输协议）、Telnet（远程登录）、FTP（文件传输协议）等。

◆ 传输层（Transport Layer）：为两台主机间的进程提供端到端的通信。主要协议有 TCP（传输控制协议）和 UDP（用户数据报协议）。

◆ 互联层（Internet Layer）：确定数据包从源端到目的端如何选择路由。互联层主要的协议有 IPv4（网际网协议版本 4）、ICMP（网际网控制报文协议）、IPv6（IP 版本 6）等。

◆ 网络接口层（Host – to – Network Layer）：规定了数据包从一个设备的网络层传输到另一个设备的网络层的方法。

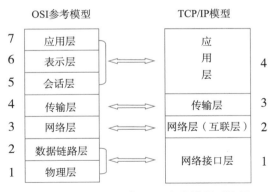

图 2 –11　TCP/IP 与 OSI 参考模型对比图

TCP/IP 协议在因特网中能够迅速发展，不仅因为它最早在 ARPANET 中使用，更重要的是它恰恰适应了世界范围内数据通信的需要。TCP/IP 是用于因特网计算机通信的一组协议，其中包括了不同层次的多个协议。网络接口层是最底层，包括各种硬件协议，面向硬件。应用层面向用户，提供一组常用的应用层协议，如文件传输协议、简单邮件传输协议等。传输层的 TCP 协议和互联层的 IP 协议是众多协议中最重要的两个核心协议。

1）IP 协议

IP（Internet Protocol）协议是 TCP/IP 协议体系中的网络层协议，主要作用是将不同类型的物理网络互联在一起。为了达到这个目的，需要将不同格式的物理地址转换成统一的 IP 地址，将不同格式的帧（物理网络传输的数据单元）转换成"IP 数据报"，从而屏蔽了下层物理网络的差异，向上层传输层提供 IP 数据报，实现无连接数据报传送服务；另一个功能是路由选择，简单地说，就是从网上某个节点到另一个节点的传输路径的选择，将数据从一个节点按路径传输到另一个节点。

2）TCP 协议

TCP 即传输控制协议（Transmission Control Protocol），位于传输层。TCP 协议向应用层提供面向连接的服务，确保网络所发送的数据报可以完整地接收，一旦某个数据报丢失或损坏，TCP 发送端可以通过协议机制重新发送这个数据报，以确保发送端到接收端的可靠传输。依赖于 TCP 协议的应用层协议主要是需要大量传输交互式报文的应用，如远程登录协议 Telnet、简单邮件传输协议 SMTP、文件传输协议 FTP、超文本传输协议 HTTP 等。

任务 8　无线局域网

在无线局域网 WLAN 发明之前，人们要想通过网络进行联络和通信，必须先用物理线缆－铜绞线组建一个电子运行的通路，为了提高效率和速度，后来又发明了光纤。当网络发展到一定规模后，人们又发现，这种有线网络无论组建、拆装还是在原有基础上进行重新布局和改建，都非常困难，且成本和代价也非常高，于是 WLAN 的组网方式应运而生。

在无线网络的发展中，从早期的红外线技术到蓝牙（Bluetooth），都可以无线传输数据，多用于系统互联，但不能组建局域网，如将一台计算机的各个部件（鼠标、键盘等）连接起来，再如常见的蓝牙耳机。如今新一代的无线网络，不仅仅是简单地将两台计算机相连，更是建立无须布线和使用非常自由的无线局域网 WLAN（Wireless LAN）。在 WLAN 中有许多计算机，每台计算机都有一个无线调制解调器和一根天线，通过该天线，它可以与其他的系统进行通信。通常在室内的墙壁或天花板上也有一根天线，所有机器都与它通信，然后彼此之间就可以相互通信了，如图 2－12 所示。

图 2－12　无线局域网示意图

任务 9　数据通信基础

数据通信是通信技术和计算机技术相结合而产生的一种新的通信方式。数据通信是指在两个计算机或终端之间以二进制的形式进行信息交换，传输数据。下面介绍数据通信的几个常用术语。

1. 信道

信道是信息传输的媒介或渠道，作用是把携带有信息的信号从它的输入端传递到输出端。根据传输媒介的不同，信道可分为有线信道和无线信道两类。常见的有线信道有双绞线、同轴电缆、光缆等，无线信道有地波传播、短波、超短波、人造卫星中继等。

2. 数字信号和模拟信号

通信的目的是为了传输数据，信号是数据的表现形式。对于数据通信技术来讲，它要研究的是如何将表示各类信息的二进制比特序列通过传输媒介在不同的计算机之间传输。信号可以分为数字信号和模拟信号两类。数字信号是一种离散的脉冲序列，计算机产生的电信号用两种不同的电平表示为"0"和"1"。模拟信号是一种连续变化的信号，如电话线上传输的按照声音强弱幅度连续变化所产生的电信号就是一种典型的模拟信号，可以用连续的电波表示。

3. 调制与解调

普通电话线是针对语音通话而设计的模拟信道，适用于传输模拟信号。但是计算机产生的是离散脉冲表示的数字信号，因此要利用电话交换网实现计算机的数字脉冲信号的传输，就必须首先将数字脉冲信号转换成模拟信号。将发送端数字脉冲信号转换成模拟信号的过程称为调制（Modulation），将接收端模拟信号还原成数字脉冲信号的过程称为解调（Demodulation）。将调制和解调两种功能结合在一起的设备称为调制解调器（Modem）。

4. 带宽（Bandwidth）与传输速率

在模拟信道中，以带宽表示信道传输信息的能力。带宽以信号的最高频率和最低频率之差表示，即频率的范围。频率（Frequency）是模拟信号波每秒的周期数，单位为 Hz、kHz、MHz、GHz 等。在某一特定带宽的信道中，同一时间内，数据不仅能以某一种频率传送，而且还可以用其他不同的频率传送。因此，信道的带宽越宽（带宽数值越大），其可用的频率就越多，其传输的数据量就越大。

数据传输速率是描述数据传输系统的重要技术指标之一。数据传输速率在数值上，等于每秒钟传输构成数据代码的二进制比特数，它的单位为比特/秒（bit/second），通常记做 b/s，其含义是二进制位/秒。单位为 b/s、kb/s、Mb/s、Gb/s、Tb/s。

研究表明，信道的最大传输速率与信道带宽之间存在着明确的关系，所以人们经常用"带宽"来表示信道的数据传输速率，"带宽"与"速率"几乎成了同义词。带宽与数据传输速率是通信系统的主要技术指标之一。

5. 误码率

误码率是指二进制比特在数据传输系统中被传错的概率，是通信系统的可靠性指标。数据在通信信道中传输一定会因某种原因出现错误，传输错误是正常的和不可避免的，但是一定要控制在某个允许的范围内。在计算机网络系统中，一般要求误码率低于 10^{-6}。

模块二 Internet 基础

任务 1 Internet 的概念

Internet 起源于美国的 ARPANET 网，ARPANET 建立的目的是将各地不同的主机以一种对等的通信方式连接起来，最初只有 4 台主机。此后，大量的网络、主机与用户接入 ARPANET。

20 世纪 80 年代，世界先进的工业国家纷纷接入 Internet，使之成为全球性的互联网络。20 世纪 90 年代互联网的用户数量以平均每年翻一番的速度增长。据不完全统计，全世界已有 180 多个国家和地区加入到了 Internet 中。由此可以看出，因特网是通过路由器将世界不同地区、规模大小不一、类型不一的网络互相连接起来的网络，是一个全球性的计算机互联网络，因此也称为"国际互联网"，是一个信息资源极其丰富的世界上最大的计算机网络。

我国于 1994 年 4 月正式接入因特网，从此我国的网络建设进入了大规模发展阶段。到 1996 年年初，我国的 Internet 已经形成了中国科技网（CSTNET）、中国教育和科研计算机网（CERNET）、中国公用计算机互联网（CHINANET）和中国金桥信息网（CHINAGBN）四大具有国际出口的网络体系。前两个网络主要面向科研机构，后两个网络向社会提供 Internet 服务，以经营为目的，属于商业性质。

任务 2　Internet 的组成

Internet 是由许多网络连接而成的，而这些网络之间则是以快速、稳定的主干线路（Backbone）相互连接，如图 2-13 所示。

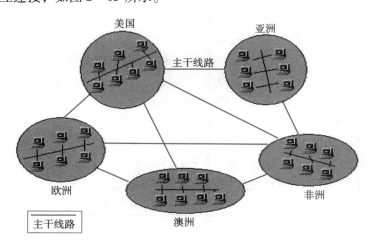

图 2-13　Internet 的组成

1. 主干线路

主干线路就像是动物的脊椎神经，是快速传递信息的神经主干道，一旦受损就会瘫痪。像中国连到国外的主干线路是铺设在中国海峡的海底光纤缆线，该缆线曾经因故受损，导致中国和国外的网络连接几乎全断，可想而知主干线路的重要性。

2. 通信协议

事实上，只是主干线路将各个网络连接起来，各网络之间还是无法通信，这是因为各网络在架设时所使用的信息传输技术各有不同，而采用不同传输技术所载送的信息并不能相互沟通，因此必须建立一个共同沟通信息的技术，并且由各个网络共同遵守使用，这种共同沟通信息的技术称为通信协议（Communication Protocol），目前因特网使用 TCP/IP（Transmission Control Protocol/Internet Protocol）通信协议。TCP/IP 协议就像胶水一样把成千上万的 Internet 上的各个网络连接起来。

3. ISP 与 ICP

ISP 是 Internet Service Provide 的缩写，是"Internet 服务提供商"的意思，它是为客户提供连接 Internet 服务的组织。基于这个目的，ISP 首先建立主干线路将自己和因特网连接起来，然后让用户通过它来访问因特网。ICP 是 Internet Content Provide 的缩写，是"Internet 信息提供商"的意思，它不为客户提供连接 Internet 的服务，而是仅提供网上信息服务。

任务 3 Internet 的 C/S 体系结构与 B/S 体系结构

在因特网的 TCP/IP 环境中，联网计算机之间进程相互通信的模式主要采用客户机/服务器（Client/Server）模式，简称 C/S 结构。在这种结构中，客户机和服务器分别代表相互通信的两个应用程序进程，所谓的 Client 和 Server 并不是人们常说的硬件中的概念，特别要注意与通常称作服务器的高性能计算机区分开。图 2-14 给出了 C/S 结构的进程通信相互作用的示意图，其中客户机向服务器发出服务请求，服务器响应客户机的请求，提供客户机所需要的网络服务。提出请求，发起本次通信的计算机进程叫作客户机进程，而响应、处理请求，提供服务的计算机进程叫作服务器进程。

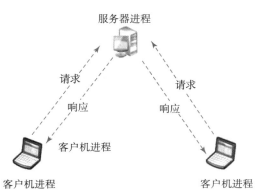

图 2-14　C/S 结构的进程通信示意图

因特网中常见的 C/S 结构的应用有 Telnet 远程登录、FTP 文件传输服务、电子邮件服务、DNS 域名解析服务、QQ 等。

B/S 结构，即 Browser/Server（浏览器/服务器）结构，就是只安装维护一个服务器（Server），而客户端采用浏览器（Browser）运行软件。它是随着 Internet 技术的兴起对 C/S 结构的一种变化和改进。主要利用了不断成熟的 WWW 浏览器技术，结合多种 Script 语言（VBScript、JavaScript 等）和 ActiveX 技术，是一种全新的软件系统构造技术。

在 B/S 体系结构系统中，用户通过浏览器向分布在网络上的许多服务器发出请求，服务器对浏览器的请求进行处理，将用户所需信息返回到浏览器。而其余如数据请求、加工、结果返回以及动态网页生成、对数据库的访问和应用程序的执行等工作全部由 Web Server 完成。随着 Windows 将浏览器技术植入操作系统内部，这种结构已成为当今应用软件的首选体系结构。显然 B/S 结构应用程序相对于传统的 C/S 结构应用程序是一个非常大的进步。

B/S 结构的主要特点是分布性强、维护方便、开发简单且共享性强、总体拥有成本低。但数据安全性问题、对服务器要求过高、数据传输速度慢、软件的个性化特点明显降低等缺点也是有目共睹的，难以实现传统模式下的特殊功能要求。例如，通过浏览器进行大量的数据输入或进行报表的应答、专用性打印输出都比较困难和不便。此外，实现复杂的应用构造有较大的困难。虽然可以用 ActiveX、Java 等技术开发较为复杂的应用，但是相对于发展已非常成熟的 C/S 一系列应用工具来说，这些技术的开发复杂，并且没有完全成熟的技术工具供使用。

任务 4　IP 地址和域名的工作原理

因特网通过路由器将成千上万个不同类型的物理网络互联在一起，是一个超大规模的网络。为了使信息能够准确地到达因特网上指定的目的节点，必须给因特网上的每个节点（主机、路由器等）指定一个全局唯一的地址标识，就像每一部电话都有一个全球唯一的电话号码一样。在因特网通信中，可以通过 IP 地址和域名实现明确的目的地指向。

1. IP 地址

IP 地址是 TCP/IP 协议中所使用的互联层地址标识。IP 协议经过近 30 年的发展，主要有两个版本：IPv4 协议和 IPv6 协议，它们的最大区别就是地址表示方式不同。IPv4 的地址位数为 32 位，IPv6 采用 128 位地址长度。目前因特网广泛使用的是 IPv4，即 IP 地址第四版本，在本书中如果不加以说明，IP 地址是指 IPv4 地址。

IPv4 地址用 32 个比特（4 个字节）表示，为了便于管理和配置，将每个 IP 地址分为四段（一个字节为一段），每一段用一个十进制数来表示，段和段之间用圆点隔开。可见，每个段的十进制数范围是 0 ~ 255。例如，219.221.16.23 和 172.16.18.11 都是合法的 IP 地址。一台主机的 IP 地址由网络号和主机号两部分组成，IP 地址的结构如图 2 - 15 所示。

网络号	主机号

图 2 - 15　IP 地址结构图

IP 地址按网络规模的大小主要分为三类：A 类地址、B 类地址、C 类地址。如图 2 - 16、表 2 - 1 所示。

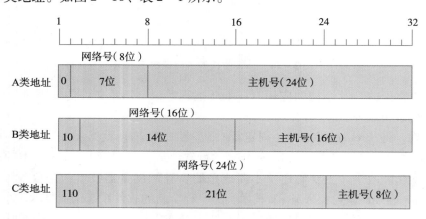

图 2 - 16　IP 地址分类

表 2 - 1　IP 地址范围及规模

地址类别	网络地址的范围	最大网络数	可连接的最大主机数
A 类	0 ~ 127	128（2 个被保留）	16 777 214（$2^{24}-2$）
B 类	128 ~ 191	16 384	65 534（$2^{16}-2$）
C 类	192 ~ 223	2 097 152	254（2^8-2）

2. 域名（Domain Name）

对于用户来说，记忆一组毫无意义的数字相当困难。为此，TCP/IP 引进了一种字符型的主机命名制，这就是域名。域名的实质就是用一组由字符组成的名字代替 IP 地址。为了避免重名，域名采用层次结构，各层次的子域名之间用圆点"."隔开。域名的格式：主机名.机构名.网络名.最高层域名。

国际上，第一级域名采用通用的标准代码，它分组织机构和地理模式两类。由于因特网诞生在美国，所以其第一级域名采用组织机构域名，美国以外的其他国家都采用主机所在地的名称为第一级域名，如 CN 中国，JP 日本、KR 韩国、UK 英国等，如表 2 – 2 所示。

表 2 – 2　常用一级域名的标准代码

域名代码	意义	域名代码	意义
COM	商业组织	NET	网络服务机构
EDU	教育机构	ORG	非营利性组织
GOV	政府机关	INT	国际机构
MIL	军事部门	< country code >	国家代码（地理域名）

根据《中国互联网络域名注册暂行管理办法》规定，我国的第一级域名是 CN，次级域名也分类别域名和地区域名，共 40 个。类别域名有：AC（科研院所及科技管理部门）、GOV（国家政府部门）、ORG（各社会团体及民间非营利性组织）、NET（互联网络、接入网络的信息和运行中心）、COM（工商和金融等企业）、EDU（教育单位），共 6 个。地区域名有 34 个，如 BJ（北京市）、SH（上海市）、TJ（天津市）、CQ（重庆市）、JS（江苏省）、ZJ（浙江省）、AH（安徽省）、FJ（福建省）等。

例如，pku. edu. cn 是北京大学的域名，其中 pku 是北京大学的英文缩写，edu 表示教育机构，cn 表示中国。又如，yale. edu 是美国耶鲁大学的域名。

3. DNS 原理

域名和 IP 地址都表示主机的地址，实际上是同一事物的不同表示。用户可以使用主机的 IP 地址，也可以使用它的域名。从域名到 IP 地址或者从 IP 地址到域名的转换由域名解析服务器 DNS（Domain Name Server）完成。

用域名访问网络上的某个资源地址时，必须获得与这个域名相匹配的真正的 IP 地址。这时用户将希望转换的域名放在一个 DNS 请求信息中，并将这个请求发送给 DNS 服务器。DNS 从请求中取出域名，将它转换为对应的 IP 地址，然后在一个应答信息中将结果地址返回给用户。

因特网中的整个域名系统是以一个大型的分布式数据库方式工作的，并不只有一个或几个 DNS 服务器。大多数具有因特网连接的组织都有一个域名服务器。每个服务器包含连向其他域名服务器的信息，这些服务器形成一个大的协同工作的域名数据库。这样，即使第一个处理 DNS 请求的 DNS 服务器没有域名和 IP 地址的映射信息，它依旧可以向其他 DNS 服务器提出请求，无论经过几步查询，最终会找到正确的解析结果，除非这个域名不存在。

任务 5　下一代 Internet

因特网影响着人类生产生活的方方面面。然而，因特网在其诞生之初并未预料到会有如此巨大的影响力，能深刻地改变人类的生活。因特网在其高速发展过程中，涌现出了无数的优秀技术。但是，因特网还存在着很多问题未能解决，如安全性、带宽、地址短缺、无法适应新应用的要求等。

前面提到的 IPv4 协议是 20 世纪 70 年代末发明的，如今已过去 40 多年，用 32 位进行编址的 IPv4 地址早已不够用了，地址已经耗尽。当然，很多科学家和工程师已经早早预见到地址耗尽的问题，他们提出了无类别域间路由 CIDR 技术，使 IP 地址分配更加合理；NAT 地址转换技术也被大量使用，以节省大量的公网 IP。然而，这些技术只是减慢 IPv4 地址耗尽的速度，并不能从根本上解决问题。于是，人们不得不考虑改进现有的网络，采用新的地址方案、新的技术，尽早过渡到下一代因特网 NGI（Next Generation Internet）。

什么是 NGI？简单地说，就是地址空间更大、更安全、更快、更方便的因特网。NGI 涉及多项技术，其中最核心的就是 IPv6（IP version 6）协议，它在扩展网络的地址容量、安全性、移动性、服务质量 QoS 以及对流的支持方面都具有明显的优势。IPv6 和 IPv4 一样仍然是网络层的协议，它的主要变化就是提供了更大的地址空间，从 IPv4 的 32 位增大到了 128 位，这意味着什么呢？如果整个地球表面都覆盖着计算机，那么 IPv6 允许每平方米分配 7×10^{23} 个地址，也就是说可以为地球上的每一粒沙子都分配一个地址。假如地址消耗速度是每微秒分配 100 万个地址，则需要 10^{19} 年的时间才能将所有可能的地址分配完毕。因此，可以说使用 IPv6 之后再也不用考虑地址耗尽的问题了。除此之外，IPv6 还提供了更加灵活的首部结构，允许协议扩展，支持自动配置地址，强化了内置安全性。

目前，全球各国都在积极向 IPv6 网络迁移。专门负责制定网络标准、政策的 Internet Society 在 2012 年 6 月 6 日宣布，全球主要互联网服务提供商、网络设备厂商、大型网站公司（包括 Google、Facebook、Yahoo、Microsoft Bing 等）于当日正式启用 IPv6 服务及产品。这意味着全球正式开展 IPv6 的部署，同时也促使广大的因特网用户逐渐适应新的变化。我国也于 2012 年 11 月在北京邮电大学进行了一次 IPv6 国际测试，未来考虑纳入 IPv6 Ready 和 IPv6 Enabled 的全球认证测试体系。

我国早在 2004 年就开通了世界上规模最大的纯 IPv6 因特网——CERNET2（第二代中国教育和科研计算机网）。在工信部正式发布的《互联网行业"十二五"发展规划》中提到"推进互联网向 IPv6 的平滑过渡。在同步考虑网络与信息安全的前提下制定国家层面推进方案，加快 IPv6 商用部署。以重点城市和重点网络为先导推进网络改造，以重点商业网站和政府网站为先导推进应用迁移，发展特色应用，积极推动固定终端和移动智能终端对 IPv6 的支持，在网络中全面部署 IPv6 安全防护系统。加快 IPv6 产业链建设，形成网络设备制造、软件开发、运营服务、应用等创新链条和大规模产业"。国家正在大力发展 IPv6 产业链，鼓励下一代因特网上的创新与实践。

任务 6　Internet 的入网方式

因特网的接入方式通常有专线连接、局域网连接、无线连接和电话拨号连接 4 种。其中使用 ADSL 方式拨号连接对众多个人用户和小单位来说是最经济、简单、采用最多的一种接入方式。无线连接也成为当前流行的一种接入方式，给网络用户提供了极大便利。

1. ADSL

目前用电话线接入因特网的主流技术是 ADSL（非对称数字用户线路），这种接入技术的非对称性体现在上下行速率的不同上，高速下行信道向用户传送视频、音频信息，速率一般在 $1.5 \sim 8$ Mb/s，低速上行速率一般在 $16 \sim 640$ Kb/s。使用 ADSL 技术接入因特网对使用宽带业务的用户来说是一种经济、快速的方法。

采用 ADSL 接入因特网，除了一台带有网卡的计算机和一条直拨电话线外，还需要向电信部门申请 ADSL 业务。由相关服务部门负责安装话音分离器、ADSL 调制解调器和拨号软件。完成安装后，即可根据提供的用户名和口令拨号上网，如图 2－17 所示。

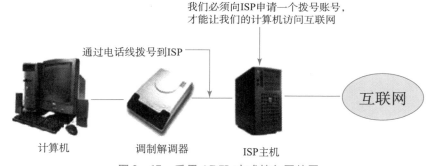

图 2－17　采用 ADSL 方式接入因特网

2. ISP

要接入因特网，寻找一个合适的 Internet 服务提供商（ISP）是非常重要的。一般 ISP 提供的功能主要有：分配 IP 地址和网关及 DNS、提供联网软件、提供各种因特网服务和接入服务。

除了前面提到的 CHINANET、CERNET、CSTNET、CHINAGBN 这四家政府资助的 ISP 外，还有大批 ISP 提供因特网接入服务，如电信、联通、网通等。

3. 无线连接

无线局域网的构建不需要布线，因此提供了极大的便捷，省时省力，并且在网络环境发生变化、需要更改的时候，也易于更改维护。那么如何架设无线网呢？首先需要一台前面介绍过的无线 AP，AP 很像有线网络中的集线器或交换机，是无线局域网络中的桥梁。有了 AP，装有无线网卡的计算机或支持 Wi-Fi 功能的手机等设备就可以与网络相连，通过 AP，这些计算机或无线设备就可以接入因特网。普通的小型办公室、家庭有一个 AP 就已经足够，甚至在几个邻居之间都可以共享一个 AP。

几乎所有的无线网络都在某一个点上连接到有线网络中，以便访问 Internet 上的文件、服务。要接入因特网，AP 还需要与 ADSL 或有线局域网连接，AP 就像一个简单的有线交换机一样将计算机和 ADSL 或有线局域网连接起来，从而达到接入因特网的目的。当然现在市面上已经有一些产品，如无线 ADSL 调制解调器，它相当于将无线局域网和 ADSI 的功能合二为一，只要将电话线接入无线 ADSL 调制解调器，即可享受无线网络和因特网的各种服务了。

模块三　Internet 的应用

任务 1　网上冲浪的必备知识

1. 相关概念

（1）万维网 WWW。

WWW 是环球信息网的缩写（亦作"Web""WWW""W3"，英文全称为"World Wide-Web"），中文名字为"万维网""环球网"等，常简称为 Web。WWW 是一种网络服务，它是建立在因特网上的全球性的、交互的、动态的、多平台的、分布式的、超文本超媒体信息查询系统。最主要的概念是超文本（Hypertext），遵循超文本传输协议（Hyper Text Transmission Protocol，HTTP）。WWW 最初是由欧洲粒子物理实验室的 Tim Berners – Lee 创建的，目的是为分散在世界各地的物理学家提供服务，以便交换彼此的想法、工作进度及有关信息。现在 WWW 的应用已远远超出了原定的目标，成为因特网上最受欢迎的应用之一。WWW 的出现极大地推动了因特网的发展。

WWW 网站中包含很多网页，又称 Web 页。网页是用超文本标记语言（Hyper Text Markup Language，HTML）编写的，并在 HTTP 协议支持下运行。一个网站的第一个 Web 页称为主页或首页，它主要体现这个网站的特点和服务项目。每一个 Web 页都由一个唯一的地址（URL）来表示。

（2）超文本和超链接。

超文本（Hypertext）中不仅包含有文本信息，而且还可以包含图形、声音、图像和视频等多媒体信息，因此称之为"超"文本，更重要的是超文本中还可以包含指向其他网页的链接，这种链接叫作超链接（Hyper Link）。在一个超文本文件里可以包含多个超链接，它们把分布在本地或远程服务器中的各种形式的超文本文件链接在一起，形成一个纵横交错的链接网。用户可以从一个网页跳转到另一个网页进行阅读。当鼠标指针移动到含有超链接的文字或图片时，指针会变成一个手形指针，文字也会改变颜色或加一下划线，表示此处有一个热点，单击它可以转到另一个相关的网页。

（3）统一资源定位器。

WWW 用统一资源定位符（Uniform Resource Locator，URL）来描述 Web 网页的地址和访问它时所用的协议。因特网上几乎所有的功能都可以通过在 WWW 浏览器里输入 URL 地址实现，通过 URL 标识因特网中网页的位置。URL 的格式如下：

协议：//IP 地址或域名/路径/文件名

其中，协议就是服务方式或获取数据的方法，常见的有 HTTP、FTP 等；协议后的冒号加双斜杠表示接下来是存放资源的主机的 IP 地址或域名；路径和文件名是用路径的形式表示 Web 页在主机中的具体位置（如文件夹、文件名等）。

例如 http：//www. sczyxy. cn/xygk/xybs. htm 就是一个 Web 页的 URL，浏览器可以通过这个 URL 得知：使用的协议是 HTTP，资源所在主机的域名为 www. sczyxy. cn，要访问的文件具体位置在文件夹 xygk 下，文件名为 xybs. htm。

（4）FTP 文件传输协议。

FTP（File Transfer Protocol，文件传输协议）是因特网提供的基本服务。FTP 在 TCP/IP 协议体系结构中位于应用层。使用 FTP 协议可以在因特网上将文件从一台计算机传送到另一台计算机，不管这两台计算机位置相距多远，使用的是什么操作系统，也不管它们通过什么方式接入因特网。FTP 使用 C/S 模式工作，它负责为客户机提供文件的上传、下载等服务。

在 FTP 服务器程序允许用户进入 FTP 站点并下载文件之前，必须使用一个 FTP 账号和密码进行登录，一般专有的 FTP 站点只允许使用特许的账号和密码登录。还有一些 FTP 站点允许任何人进入，但是用户也必须输入账号和密码，这种情况下，通常可以使用 anonymous 作为账号，使用用户的电子邮件地址作为密码，这种 FTP 站点被称为匿名 FTP 站点。

2. 浏览网页

浏览 WWW 必须使用浏览器。下面以 Windows 7 系统上的 Internet Explorer 9（IE9）为例介绍浏览器的常用功能及操作方法。本书中使用的浏览器除另作说明外，均指 IE9。

（1）IE9 的启动和关闭。

使用"开始"菜单启动 IE。单击"开始"→"所有程序"→Internet Explorer 命令即可打开 IE 浏览器。也可以在桌面及任务栏上设置 IE 的快捷方式，以后操作时即可直接单击快捷方式图标打开。实际上在 Windows 环境下 IE 就是一个应用程序，上述都是启动一个应用程序的过程。

关闭 IE9 的方法有如下 4 种：

◆ 单击 IE 窗口右上角的"关闭"按钮 ⬚。

◆ 单击 IE 窗口的左上角，在弹出菜单中选择"关闭"选项。

◆ 在任务栏的 IE 图标的右键菜单中选择"关闭窗口"选项。

◆ 选中 IE 窗口后按【Alt】+【F4】组合键。

注意：IE9 是一个选项卡式的浏览器，也就是说可以在一个窗口中打开多个网页，因此在关闭时会提示选择"关闭所有选项卡"或"关闭当前的选项卡"。

（2）IE9 的窗口。

当启动 IE 后，首先会发现该浏览器经过了简化设计，界面十分简洁。窗口内会打开一个选项卡，即默认主页。例如，图 2－18 所示是四川职业技术学院的主页，可以看出 IE9 界面上没有以往类似 Windows 应用程序窗口上的功能按钮，以便用户有更多的空间来浏览网站。

图 2－18　IE9 的窗口

如果用户使用过 IE6、IE7 等老版本浏览器，会发现 IE9 界面上没有了状态栏、菜单栏等快捷显示。在 IE9 中只需在浏览器窗口上方的空白区域单击右键或在左上角单击即可弹出一个菜单，如图 2－19 所示，可根据需要勾选。也可按【ALT】键，快捷打开 IE 菜单栏显示（此种方法如果鼠标移开后，菜单栏又自动隐藏）。

图 2 - 19　IE9 显示菜单栏

◆ 前进、后退按钮 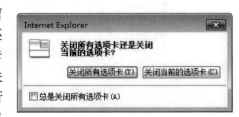：可以在浏览记录中前进或后退，可以方便地返回以前访问过的页面。

◆ 地址 http://www.sc... ：将地址栏与搜索栏合二为一，也就是说，不仅可以输入要访问的网站地址，也可以直接在地址栏中输入关键词实现搜索，并且单击打开下拉菜单时能看到收藏夹、历史记录，非常省时省力， 提供对页面的刷新或停止功能。

◆ 选项卡：显示了页面的名字，如图 2 - 19 中的标题是"四川职业技术学院"。当标题前的图标显示 时表示正在打开网页，显示完成后会显示网站的图标或 IE 的图标。单击标题右边 可以关闭当前的页面。既然是选项卡式的浏览器，就可以打开多个选项卡，当鼠标移动到选项卡右边 区域上时会变成 ，单击它就可以新建一个选项卡，与之前的选项卡并列在一行上，也可以通过快捷键【Ctrl】+【T】来新建。

◆ 主页：每次打开 IE 会打开一个选项卡，选项卡中默认显示主页。主页的地址可以在 Internet 选项中设置，并且可以设置多个主页，这样打开 IE 时就会打开多个选项卡显示多主页的内容。

◆ 收藏 ：IE9 将收藏夹、源和历史记录集成在了一起，单击收藏夹就可以展开小窗口。

◆ 工具 ：单击工具按钮，可以看到"打印""Internet 选项"等功能按钮。

◆ IE 窗口右上角是 Windows 窗口中常见的三个窗口控制按钮，依次为"最小化"按钮、"最大化/还原"按钮、"关闭"按钮。注意，如果有多个选项卡存在时，单击 IE 窗口右上角的 ，IE 会提示"关闭所有选项卡还是关闭当前的选项卡"，如图 2 - 20 所示，如果勾选"总是关闭所有选项卡"复选框，则以后都会默认关闭所有选项卡。

图 2 - 20　IE9 浏览器的关闭提示

（3）页面浏览。

【示例 2 - 1】使用 URL 地址打开 http：//www. sczyxy. cn 网站。操作步骤如下：

①启动 IE 浏览器。

②在地址栏中输入 URL 地址 "http：//www. sczyxy. cn"，按【Enter】键后即可打开 "四川职业技术学院" 的网站主页。

【示例 2 - 2】在 "四川职业技术学院" 网站的首页中以超链接方式浏览 "教务在线" 页面。操作步骤如下：

如图 2 - 21 所示，将鼠标指向 "教学管理" → "教务在线"，鼠标指针变成手形，单击鼠标左键即可进入 "教务在线" 网页。

图 2 - 21　四川职业技术学院首页导航栏

（4）Web 页面的保存和阅读。

【示例 2 - 3】打开 http：//www. sczyxy. cn 网站，打开 "学院概况" → "历史沿革" 子页面。将该页面以 "历史沿革 . htm" 名字保存在 D 盘根目录下。操作步骤如下：

①启动 IE 浏览器。在地址栏中输入 URL 地址 "http：//www. sczyxy. cn" 打开网站。

②将鼠标指向 "学院概况" → "历史沿革"，鼠标指针变成手形，单击鼠标左键即进入到 "历史沿革" 页面。

③按【Alt】键让菜单栏显示，单击 "文件" → "另存为" 命令，如图 2 - 22 所示，弹出 "保存网页" 对话框。选择要保存文件的路径，在 "文件名" 文本框内输入文件名。

图 2 - 22　保存网页对话框

④在 "保存类型" 下拉列表框中选择 "网页、全部"。

⑤单击"保存"按钮。

【示例2-4】打开【示例2-3】中保存下来的"历史沿革.htm"文件，浏览其内容。操作步骤如下：

①启动 IE 浏览器。按【Alt】键让菜单栏显示。单击"文件"→"打开"命令，弹出"打开"对话框。

②再单击"浏览"按钮，直接从 D 盘根目录中选择要打开的"历史沿革.htm"文件。

③单击"确定"按钮。

当然也可以在 D 盘根目录中，双击"历史沿革.htm"文件，直接打开。

【示例2-5】打开 http：//www.sczyxy.cn 网站，将首页中"校门全貌"的图片保存在 D 盘根目录中，文件名为"校门全貌.jpg"。操作步骤如下：

①启动 IE 浏览器。在地址栏中输入 URL 地址"http：//www.sczyxy.cn"打开网站。

②找到图片，在图片上单击，在弹出的快捷菜单中选择"图片另存为"选项，弹出"保存图片"对话框。

③在其中选择要保存的路径，在"文件名"文本框中键入"校门全貌.jpg"，"保存类型"选择 JPEG（＊.jpg）。

④单击"保存"按钮。

【示例2-6】打开 http：//www.sczyxy.cn 网站，单击"学院概况"，打开"学院简介"页面，将学院简介（含标题）中的文字复制到文本文件"四川职业技术学院简介.txt"中并保存到 D 盘根目录下。操作步骤如下：

①启动 IE 浏览器。在地址栏中输入 URL 地址"http：//www.sczyxy.cn"打开网站。

②单击"学院概况"，打开"学院简介"页面，用鼠标选定想要保存的页面文字。

③按【Ctrl】+【C】组合键将选定的内容复制到剪贴板。

④打开一个空白的记事本，按【Ctrl】+【V】组合键将剪贴板中的内容粘贴到文档中。

⑤单击"文件"→"保存"命令，为当前新建的文件命名并指定保存位置，单击"保存"按钮保存文档。

注意：保存在记事本里的文字不会保留原页面的字体和样式，超链接的文字保存在记事本里也会失效。

【示例2-7】打开 http：//www.sczyxy.cn 网站，单击"学院概况"，打开"学院简介"页面，将它以文本文件的格式保存到 D 盘根目录下，命名为"学院简介.txt"。操作步骤如下：

①打开"学院简介"页面。

②显示菜单栏，单击"文件"→"另存为"命令，选择要保存文件的路径，在"文件名"文本框内输入文件名。

③在"保存类型"下拉列表框中选择"文本文件（＊.txt）"。

④单击"保存"按钮。

3. 更改主页

【示例2-8】设置 IE 浏览器的默认主页为 http：//www.sczyxy.cn。操作步骤如下：

①启动 IE 浏览器。

②单击"工具"按钮 ⚙，弹出"Internet 选项"对话框。

③单击"常规"选项卡，如图 2 - 23 所示，在"主页"组中的地址框中输入"http：//www. sczyxy. cn"。如果希望 IE 启动时不显示任何一个网站的页面，只是显示空白窗口（这样打开 IE 的速度会比较快），则可以单击"使用空白页"按钮，还有一个按钮"使用默认值"，如果单击这个按钮，地址栏里会变成操作系统为 IE 设置的一个默认页面地址。如果想设置多个主页，可以在地址框中另起一行输入地址。

④设置好主页地址后，单击"确定"按钮关闭"Internet 选项"对话框，而单击"应用"按钮会使之前所做的更改生效，但是不关闭"Internet 选项"对话框，以便用户继续更改其他选项。

图 2 - 23　"Internet 选项"对话框

4. 历史记录的使用

IE 会自动将浏览过的网页地址按日期先后保留在历史记录中，以备查用。灵活利用历史记录也可以提高浏览效率。历史记录保留期限（天数）的长短可以设置，如果磁盘空间充裕，保留天数可以多些，否则可以少一些。用户也可以随时删除历史记录。

【示例 2 - 9】历史记录的使用，操作步骤如下：

①在 IE 窗口中单击★图标，窗口左侧会打开一个"查看收藏夹、源和历史记录"的窗格。

②选择"历史记录"选项卡。历史记录的排列方式包括按日期查看、按站点查看、按访问次数查看、按今天的访问顺序查看，也可以搜索历史记录。

③在默认的"按日期查看"方式下单击指定日期，进入下一级文件夹。

④单击希望选择的网页文件夹。

⑤单击访问过的网页地址图标即可打开此网页进行浏览。

【示例 2 - 10】历史记录的设置和删除，操作步骤如下：

①单击"工具"按钮⚙，弹出"Internet 选项"对话框。

②单击"常规"选项卡。

③单击"浏览历史记录"组中的"设置"按钮打开设置对话框，在下方输入天数，系统默认为 20 天。

④如果要删除所有的历史记录，单击"删除"按钮，在弹出的确认对话框中选择要删除的内容，勾选"历史记录"复选框即可清除所有的历史记录（注意，这个删除操作会立刻生效），如图2-24所示。

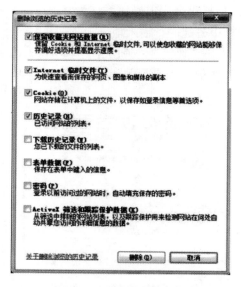

图2-24　"删除浏览的历史记录"对话框

任务2　信息的搜索

目前，因特网常用的搜索引擎，有百度（www. baidu. com）、谷歌（www. google. com）、搜狗（www. sogou. com）等。另外，在Internet上还有许多信息库，其中存储了大量的信息，供人们检索、查询，如万方、知网等，这些信息库是收费的，使用方法很简单，登录该网站后即可按分类搜索。

这里以百度为例介绍一些最简单的信息检索方法，以提高信息检索效率。

1. 拼音提示

如果只知道某个词组的发音却不知道怎么写，或者嫌某个词拼写输入太麻烦，怎么办？百度的"拼音提示"能帮助解决。只要输入查询词的汉语拼音，百度就能把最符合要求的汉字提示出来并显示在搜索结果上方。例如，输入"jiaran"，如图2-25所示。

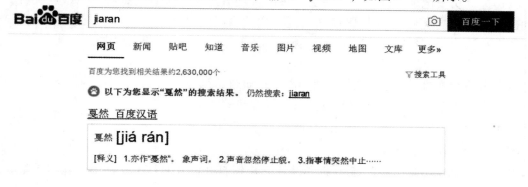

图2-25　拼音提示

2. 错别字提示

我们在搜索时经常会输入一些错别字，导致搜索结果不佳。这时，百度会给出错别字纠正提示。例如，输入"茕茕子里"，提示您要找的是不是"茕茕子立"，如图 2 - 26 所示。

图 2 - 26　错别字提示

3. 搜索框提示

在搜索内容时，百度会根据输入内容，在搜索框下方实时展示最符合的提示词。只需要鼠标单击想要的词，或者用键盘上下键选择想要的提示词并回车，就会返回该词的查询结果。例如，输入"四川职业"，搜索框提示中会显示"四川职业技术学院""四川职业学校排名"等，如图 2 - 27 所示。

图 2 - 27　搜索框提示

4. 英汉互译词典

百度搜索有英汉互译词典功能，如果想查询英文单词或词组的解释，可以在搜索框中输入"英文单词或词组" + "的意思"，搜索结果第一条就是英汉词典的解释。如果想查询某个汉字或词组的英文翻译，可以在搜索框中输入"汉字或词组" + "的英语"。

【示例 2 - 11】用百度搜索引擎的方法搜出"四川职业技术学院"站主页，操作步骤如下：

①在 IE 的地址栏中输入"http：//www. baidu. com"打开百度搜索引擎的页面。在文本框中键入关键词，如"四川职业技术学院"，如图 2 - 28 所示。

②单击文本框后面的"百度一下"按钮开始搜索，得到的搜索结果如图 2 - 29 所示。

在搜索结果页面中列出了所有包含关键词"四川职业技术学院"的网页地址，单击其中一项即可转到相应的网页查看内容。

另外，从图 2 - 29 上可以看到，关键词文本框上方除了默认选中的"网页"外，还有"新闻""知道""图片""视频"等标签。在搜索的时候，选择不同的标签可以针对不同的目标进行搜索，大大提高了搜索效率。

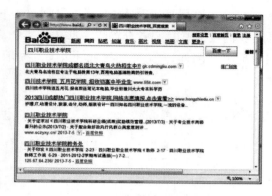

图 2-28　百度搜索引擎页面　　　　　　图 2-29　搜索结果

任务 3　使用 FTP 传输文件

通过之前的学习，了解了如何用 IE 浏览器浏览网页。浏览器还有一个功能，那就是可以以 Web 方式访问 FTP 站点，如果访问的是匿名 FTP 站点，则浏览器可以自动匿名登录。

当要登录一个 FTP 站点时，需要打开 IE 浏览器，在地址栏中输入 FTP 站点的 URL。需要注意的是，因为要浏览的是 FTP 站点，所以 URL 的协议部分应该键入 ftp，如一个完整的 FTP 站点 URL 如下（这是上海交通大学的 FTP 站点 URL）：ftp：//ftp. sjtu. edu. cn。

【示例 2-12】使用 IE 浏览器访问 ftp：//202. 103. 37. 14 站点，用户名：m10，密码：WhDxKdCs！，下载文件，操作步骤如下：

①打开 IE 浏览器，在地址栏中输入要访问的"ftp：//202. 103. 37. 14"，回车。

②IE 会提示输入用户名和密码（如果是匿名站点，IE 会自动匿名登录），然后登录。登录成功后的界面如图 2-30 所示，FTP 站点上的资源以链接的方式呈现，可以单击链接进行浏览。当需要下载某个文件时，可使用前面介绍的方法，在链接上右击，在弹出的快捷菜单中选择"目标另存为"选项，然后就可以下载到本地计算机上了。

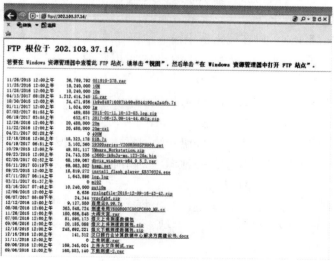

图 2-30　使用 FTP

任务4 电子邮件

1. 电子邮件概述

（1）电子邮件地址。

电子邮件地址的格式是：〈用户标识〉@〈主机域名〉。它由收件人用户标识（如姓名或缩写）、字符"@"（读作"at"）和电子邮箱所在计算机的域名三部分组成，地址中间不能有空格。例如，sczyxy@163.com 就是一个电子邮件地址，表示在 163.com 邮件主机上有一个名为 sczyxy 的电子邮件用户。

项目二

电子邮件被送到收件人的邮件服务器，存放在属于收件人的 E - mail 邮箱里。所有的邮件服务器都是 24 小时工作的，随时可以接收或发送邮件，发信人可以随时上网发送邮件，收件人也可以随时连接因特网，打开自己的邮箱阅读邮件。由此可知，在因特网上收发电子邮件不受地域或时间的限制，双方的计算机并不需要同时打开。

（2）电子邮件的格式。

电子邮件都有两个基本组成部分：信头和信体。信头相当于信封，信体相当于信件内容。信头中通常包括以下几项：

收件人：收件人的 E - mail 地址。多个收件人地址之间用分号（；）隔开。

抄送：间接收件人的 E - mail 地址。抄送者只想参考一下邮件，或者发件人觉得有必要知会抄送者。与此同时收件人知道您将这封信抄送给其他人。

密抄：在同一封邮件中，"收件人"和"抄送"的收信人看不到"密抄"的邮箱地址，即"密抄"对于"收件人"和"抄送"不可见。

主题：类似一本书的章节标题，它概括描述了邮件的主题，可以是一句话或一个词。信体就是希望收件人看到的正文内容，有时还可以包含有附件，如照片、音频、文档等都可以作为邮件的附件进行发送。

（3）申请免费邮箱。

要使用电子邮件进行通信，每个用户必须有自己的邮箱。一般大型网站，如新浪（www.sina.com.cn）、搜狐（www.sohu.com）、网易（www.163.com）等都提供免费邮箱。

2. Outlook 2010 的使用

除了在 Web 页上进行电子邮件的收发外，还可以使用电子邮件客户机软件。在日常应用中，使用后者更加方便，功能也更为强大。目前电子邮件客户机软件有很多，如 Foxmail、Outlook 等都是常用的收发电子邮件客户机软件。虽然各软件的界面各有不同，但操作方式基本相似。比如，要发电子邮件，就必须填写收件人的邮件地址以及主题和邮件体。

1）账户的设置（以添加 QQ 邮箱为例，视频演示详见"实战练习—练习 2 - 5"）

（1）单击"开始"→"所有程序"→"Microsoft Office"→"Microsoft Outlook 2010"命令启动 Outlook 2010。首次运行 Microsoft Outlook 2010 程序会弹出配置向导，如图 2 - 31 所示，单击"下一步"按钮继续。

（2）询问"是否配置电子邮件账户"，选择"是"，单击"下一步"按钮继续。

（3）选择"手动配置服务器设置或其他服务器类型"选项，单击"下一步"按钮继续。

（4）选择"Internet 电子邮件"选项，单击"下一步"按钮继续。

（5）用户信息中可填写自己的名字或者昵称，"电子邮件地址"填写 QQ 邮箱地址，如

项目二

图 2−31　配置向导

"123456@ qq. com"，账户类型，接收、发送邮件服务器，以及其他选项按照图 2−32 中选择或填写。"登录信息"中，"用户名"默认与邮件地址用户标识符相同。

　　（6）打开 QQ 邮箱客户端，单击"设置"界面中上方第二个选项"账户"，向下滚动找到如图 2−33 所示的几项服务，单击"POP3/SMTP 服务"和"IMAP/SMTP 服务"的"开启"按钮，按提示操作，使"POP"和"IMAP"保持开启状态即可。单击生成授权码，将其复制到如图 2−32 所示的密码框中。

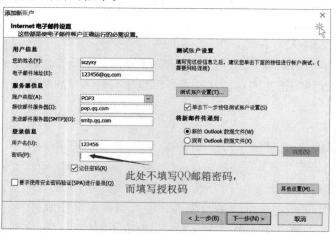

图 2−32　Internet 电子邮件设置

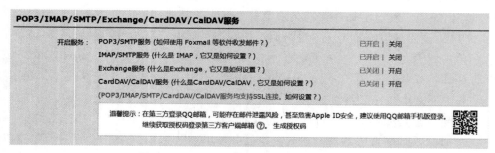

图 2−33　QQ 邮箱 POP3/SMTP 开启服务

（7）接着单击"其他设置"按钮，切换到"发送服务器"选项卡，勾选"我的发送服务器（SMTP）要求验证"复选框并选择"使用与接收邮件服务器相同的设置"，如图 2-34 所示。

（8）切换到"高级"选项卡，按如图 2-35 设置，完成后单击"确定"按钮，返回上个界面后，单击"下一步"按钮。

项目二

图 2-34 发送服务器选项卡

图 2-35 高级选项卡

（9）自动检测接收是否正常，如发现错误，单击"关闭"按钮，重新返回界面进行设置。若提示完成所有测试，表示配置成功，此时就可以用 Outlook 代理收取和发送邮件了。

2）发送电子邮件

（1）单击"开始"→"所有程序"→"Microsoft Office"→"Microsoft Outlook 2010"命令启动 Outlook 2010。

（2）单击"开始"选项卡→单击新建选项组中"新建电子邮件"按钮，打开"未命名-邮件"窗口。

（3）在该窗口中输入"收件人地址""主题"及要发送的邮件内容，根据需要可输入"抄送"地址，单击"发送"，如图 2-36 所示。

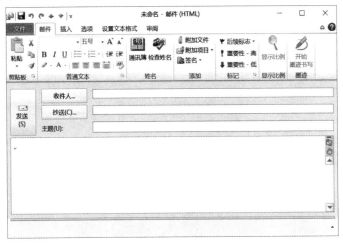

图 2-36 发送电子邮件

3）插入附件

在创建电子邮件的窗口中（见图 2 – 36），单击"添加"选项组中的"附加文件"按钮，在打开的"插入文件"对话框中选择要插入的附件，然后单击"插入"按钮，即可在邮件中插入选择的对象，如图 2 – 37 所示。

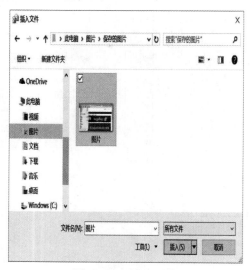

图 2 – 37　插入附件

4）接收电子邮件

在 Outlook 上单击"发送/接收"选项卡→"发送/接收所有文件夹"就可以实现收发邮件了。当然，也可以设置自动收发，依次单击"文件"→"选项"→"高级"→"接收发送"命令，弹出设置框如图2 – 38 所示，在"安排自动发送/接收的时间间隔为"的右边设置时间间隔，然后单击"关闭"按钮。

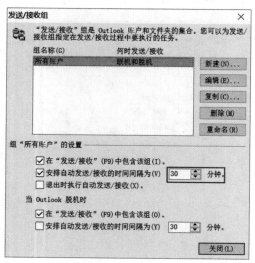

图 2 – 38　发送/接收组对话框

【示例 2 – 13】查阅、保存附件，回复、转发电子邮件。

先连接到 Internet，再启动 Outlook 2010。查看收件箱中的电子邮件，阅读完内容后，保存附件，对该邮件做出回复，再转发邮件到 123456@ qq. com。操作步骤如下：

（1）查阅邮件。单击 Outlook 窗口左侧 Outlook 栏中的"收件箱"按钮，便出现一个预览邮件窗口，如图 2 – 39 所示，该窗口左部为 Outlook 栏，中部为邮件列表区，收到的所有信件都在此列出，右部是邮件预览区。

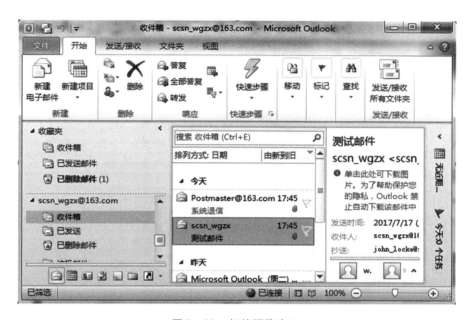

图 2 – 39　邮件预览窗口

若在邮件列表区中选择一个邮件并单击，则该邮件内容便会显示在邮件预览区中。若要详细阅读或对邮件做各种操作，可以双击它打开，将弹出阅读邮件窗口，如图 2 – 40 所示。单击窗口的"关闭"按钮，结束此邮件的阅读。

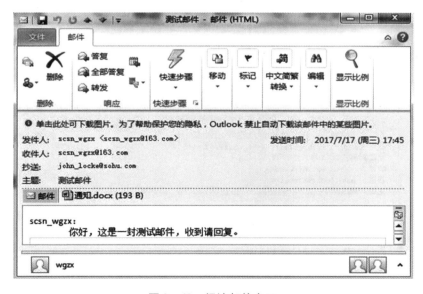

图 2 – 40　阅读邮件窗口

（2）保存附件。右击文件名，在弹出的快捷菜单中选择"另存为"选项，在弹出的"保存附件"对话框中指定保存路径，然后单击"保存"按钮，如图 2-41 所示。

图 2-41　"保存附件"对话框

（3）回复邮件。在图 2-40 所示的邮件阅读窗口中单击"答复"或"全部答复"按钮，弹出如图 2-42 所示的回信窗口，这里的发件人和收件人的地址已由系统自动填好，原信件的内容也都显示出来作为引用内容。编写回信，这里允许原信内容和回信内容交叉，以便引用原信语句。回信内容写好后，单击"发送"按钮即可完成回信。

注意：图 2-42 中的窗口更简洁，原来的剪贴板、文本编辑等功能都不见了，这是因为使用了"功能区最小化"按钮 ，需要使用这些功能时可以再单击 按钮展开功能区。

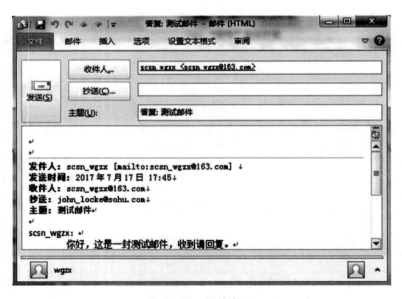

图 2-42　回信窗口

（4）转发邮件。选中收件箱中的测试邮件，单击邮件阅读窗口中的"转发"按钮，之后进入类似回复窗口那样的转发邮件窗口。填入收件人地址，在待转发的邮件之下撰写附加信息，单击"发送"按钮，完成转发。

任务 5　远程登录

远程登录服务用于在网络环境下实现资源的共享。利用远程登录，用户可以把一台主机终端变成另一台主机的远程终端，从而使该主机允许外部用户使用任何资源。它采用 TELNET 协议，可以使多台计算机共同完成一个较大的任务。（操作视频请扫旁边二维码）

项目二任务 5
远程登录

1. 开启远程登录（被远程电脑端）

（1）由于有些版本的远程桌面不允许存在空密码，因此需要对用户账户为 Administrator 用户设置一个密码。操作步骤：单击"开始"→"控制面板"→"用户账户"→"为您的账户创建密码"命令，创建一个密码。

（2）鼠标指向桌面"计算机"图标→鼠标右键单击→选择"属性"命令→选择"远程"选项卡→勾选"允许远程协助连接这台计算机"复选框，选择"允许运行任意版本远程桌面的计算机连接（较不安全）"，如图 2-43 所示。

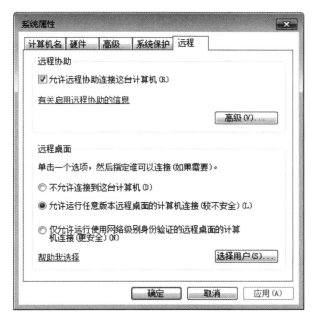

图 2-43　远程登录设置

2. 远程登录（操作电脑端）

（1）打开"远程桌面连接"对话框。

方法有两种：

①单击"开始"→"所有程序"→"附件"→"远程桌面连接"命令。

②Win + R 弹出运行对话框→输入"mstsc"→确定。

（2）在弹出的窗口中，填写被远程电脑的 IP 地址，按照提示操作即可。

实 战 练 习

练习 2−1（操作视频请扫旁边二维码）

打开"D：\ 上机文件\ 项目 2\ 实战练习\ 练习 2−1\ test. htm"文件，完成下列操作：

在 D 盘根目录下新建文本文件"剧情介绍. txt"，将页面中剧情简介部分的文字复制到文本文件"剧情介绍. txt"中并保存。将电影海报照片保存到 D 盘根目录下，命名为"电影海报. jpg"。

练习 2−1

练习 2−2（操作视频请扫旁边二维码）

打开"D：\ 上机文件\ 项目 2\ 实战练习\ 练习 2−2\ index. htm"文件，完成下列操作：

浏览"天文小知识"页面，查找"天王星"的页面内容，并将它以文本文件的格式保存到 D 盘根目录，命名为"twxing. txt"。

练习 2−2

练习 2−3（操作视频请扫旁边二维码）

打开"D：\ 上机文件\ 项目 2\ 实战练习\ 训练 2−3\ research. htm"文件，完成下列操作：

浏览"关于 2009 年度'高等学校博士学科点专项科研基金'联合资助课题立项的通知"页面，将此页面保存到 D 盘根目录下，保存类型为"网页，仅 HTML（*. htm；*. html）"，并将附件"2009 年度'高等学校博士学科点专项科研基金'联合资助课题清单"下载保存到 D 盘根目录下，文件名为"课题清单. xls"。

练习 2−3

练习 2−4（操作视频请扫旁边二维码）

打开"D：\ 上机文件\ 项目 2\ 实战练习\ 练习 2−4\ Carintro. htm"文件，完成下列操作：

找到"查看更多汽车品牌标志"链接，打开并浏览该页面，并为该页面创建桌面快捷方式，然后将该页面的桌面快捷方式保存到 D 盘根目录下，并删除桌面快捷方式。

练习 2−4

练习 2−5（操作视频请扫旁边二维码）

连接到 Internet，再启动 Outlook 2010，把 QQ 邮箱关联到 Outlook，之后发送一个电子邮件，并将"D：\ 上机文件\ 项目 2\ 实战练习\ 练习 2−5\ table. doc"作为附件一起发出去。

【收件人 E−mail 地址】：自己邮箱地址。

【主题】：统计表。

【函件内容】发出一个统计表，具体见附件。

练习 2−5

重点提示：

◆ 对比【练习 2−1】和【练习 2−2】中保存"文本文件"操作要求的不同。

◆ 电子邮件函件内容，只输入双引号内的内容（包括标点符号）。

综合训练

项目二综合练习
题参考答案

项目二

重点提示:

◆ 以下单选题涵盖了全国计算机等级考试大纲中的绝大部分知识要点,熟练掌握后有助于提高等级考试的过关率。

◆ 请扫旁边的二维码获取以下单选题的参考答案。

(1) 计算机网络最突出的优点是_____。

A. 提高可靠性   B. 提高计算机的存储容量

C. 运算速度快   D. 实现资源共享和快速通信

(2) 计算机网络的主要目标是实现_____。

A. 数据处理和网络游戏   B. 文献检索和网上聊天

C. 快速通信和资源共享   D. 共享文件和收发邮件

(3) 计算机网络的目标是实现_____。

A. 数据处理和网上聊天   B. 文献检索和收发邮件

C. 资源共享和信息传输   D. 信息传输和网络游戏

(4) 计算机网络的目标是实现_____。

A. 数据处理   B. 文献检索

C. 资源共享和信息传输   D. 信息传输

(5) 计算机网络是计算机技术和_____。

A. 自动化技术的结合   B. 通信技术的结合

C. 电缆等传输技术的结合   D. 信息技术的结合

(6) 防火墙是指_____。

A. 一个特定软件   B. 一个特定硬件

C. 执行访问控制策略的一组系统   D. 一批硬件的总称

(7) 计算机网络是一个_____。

A. 管理信息系统   B. 编译系统

C. 在协议控制下的多机互联系统   D. 网上购物系统

(8) 防火墙用于将 Internet 和内部网络隔离,因此它是_____。

A. 防止 Internet 火灾的硬件设施

B. 抗电磁干扰的硬件设施

C. 保护网线不受破坏的软件和硬件设施

D. 网络安全和信息安全的软件和硬件设施

(9) 调制解调器(Modem)的功能是_____。

A. 将计算机的数字信号转换成模拟信号

B. 将模拟信号转换成计算机的数字信号

C. 将数字信号与模拟信号互相转换

D. 为了上网与接电话两不误

(10) 拥有计算机并以拨号方式接入 Internet 网的用户需要使用_____。

A. CD – ROM　　　　B. 鼠标　　　　C. U 盘　　　　D. Modem

（11）调制解调器（Modem）的主要技术指标是数据传输速率，它的度量单位是_____。

A. MIPS　　　　B. Mb/s　　　　C. dpi　　　　D. KB

（12）Modem 是计算机通过电话线接入 Internet 时所必需的硬件，它的功能是_____。

A. 只将数字信号转换为模拟信号　　　　B. 只将模拟信号转换为数字信号

C. 为了在上网的同时能打电话　　　　D. 将模拟信号和数字信号互相转换

（13）计算机网络中传输介质传输速率的单位是 b/s，其含义是_____。

A. 字节/秒　　　　B. 字/秒　　　　C. 字段/秒　　　　D. 二进制位/秒

（14）通信技术主要是用于扩展人的_____。

A. 处理信息功能　　　　B. 传递信息功能

C. 收集信息功能　　　　D. 信息的控制与使用功能

（15）"千兆以太网"通常是一种高速局域网，其网络数据传输速率大约为_____。

A. 1 000 000 位/秒　　　　B. 1 000 000 000 位/秒

C. 1 000 000 字节/秒　　　　D. 1 000 000 000 字节/秒

（16）为了防止信息被别人窃取，可以设置开机密码，下列密码设置最安全的是_____。

A. 12345678　　　　B. nd@ YZ@ g1　　　　C. NDYZ　　　　D. Yingzhong

（17）为实现以 ADSL 方式接入 Internet，至少需要在计算机中内置或外置的一个关键硬设备是_____。

A. 网卡　　　　B. 集线器　　　　C. 服务器　　　　D. 调制解调器（Modem）

（18）Internet 最初创建时的应用领域是_____。

A. 经济　　　　B. 军事　　　　C. 教育　　　　D. 外交

（19）Internet 是目前世界上第一大互联网，它起源于美国，其雏形是_____。

A. CERNET 网　　　　B. NCPC 网　　　　C. ARPANET 网　　　　D. GBNKT

（20）一般而言，Internet 环境中的防火墙建立在_____。

A. 每个子网的内部　　　　B. 内部子网之间

C. 内部网络与外部网络的交叉点　　　　D. 其他 3 个都不对

（21）广域网中采用的交换技术大多是_____。

A. 电路交换　　　　B. 报文交换　　　　C. 分组交换　　　　D. 自定义交换

（22）目前广泛使用的 Internet，其前身可追溯到_____。

A. ARPANET　　　　B. CHINANET　　　　C. DECnet　　　　D. NOVELL

（23）在计算机网络中，英文缩写 WAN 的中文名是_____。

A. 局域网　　　　B. 无线网　　　　C. 广域网　　　　D. 城域网

（24）以太网的拓扑结构是_____。

A. 星型　　　　B. 总线型　　　　C. 环型　　　　D. 树型

（25）若网络的各个节点均连接到同一条通信线路上，且线路两端有防止信号反射的装置，这种拓扑结构称为_____。

A. 总线型拓扑　　　　B. 星型拓扑　　　　C. 树型拓扑　　　　D. 环型拓扑

（26）若网络的各个节点通过中继器连接成一个闭合环路，则称这种拓扑结构为_____。

A. 总线型拓扑　　　　B. 星型拓扑　　　　C. 树型拓扑　　　　D. 环型拓扑

（27）计算机网络中，若所有的计算机都连接到一个中心节点上，当一个网络节点需要传输数据时，首先传输到中心节点上，然后由中心节点转发到目的节点，这种连接结构称为_____。

A. 总线型结构　　　　B. 环型结构　　　　C. 星型结构　　　　D. 网状结构

（28）按照网络的拓扑结构划分以太网（Ethernet）属于_____。

A. 总线型网络结构　　　　　　　　B. 树型网络结构

C. 星型网络结构　　　　　　　　　D. 环型网络结构

（29）若要将计算机与局域网连接，至少需要具有的硬件是_____。

A. 集线器　　　　B. 网关　　　　C. 网卡　　　　D. 路由器

（30）计算机网络常用的传输介质中传输速率最快的是_____。

A. 双绞线　　　　B. 光纤　　　　C. 同轴电缆　　　　D. 电话线

（31）计算机网络中常用的有线传输介质有_____。

A. 双绞线，红外线，同轴电缆　　　　B. 激光，光纤，同轴电缆

C. 双绞线，光纤，同轴电缆　　　　　D. 光纤，同轴电缆，微波

（32）局域网硬件中主要包括工作站、网络适配器、传输介质和_____。

A. Modem　　　　B. 交换机　　　　C. 打印机　　　　D. 中继站

（33）以下有关光纤通信的说法中错误的是_____。

A. 光纤通信是利用光导纤维传导光信号来进行通信的

B. 光纤通信具有通信容量大、保密性强和传输距离长等优点

C. 光纤线路的损耗大，所以每隔 1～2 公里距离就需要中继器

D. 光纤通信常用波分多路复用技术提高通信容量

（34）主要用于实现两个不同网络互联的设备是_____。

A. 转发器　　　　B. 集线器　　　　C. 路由器　　　　D. 调制解调器

（35）在下列网络的传输介质中，抗干扰能力最好的一个是_____。

A. 光缆　　　　B. 同轴电缆　　　　C. 双绞线　　　　D. 电话线

（36）HTTP 是_____。

A. 网址　　　　B. 域名　　　　C. 高级语言　　　　D. 超文本传输协议

（37）FTP 是因特网中_____。

A. 用于传送文件的一种服务　　　　B. 发送电子邮件的软件

C. 浏览网页的工具　　　　　　　　D. 一种聊天工具

（38）在 Internet 上浏览时，浏览器和 WWW 服务器之间传输网页使用的协议是_____。

A. HTTP　　　　B. IP　　　　C. FTP　　　　D. SMTP

（39）从网上下载软件时，使用的网络服务类型是_____。

A. 文件传输　　　　B. 远程登录　　　　C. 信息浏览　　　　D. 电子邮件

（40）无线移动网络最突出的优点是_____。

A. 资源共享和快速传输信息 　　　　B. 提供随时随地的网络服务

C. 文献检索和网上聊天 　　　　　　D. 共享文件和收发邮件

（41）以下上网方式中采用无线网络传输技术的是_____。

A. ADSL 　　　　B. WiFi 　　　　C. 拨号接入 　　　　D. 全部都是

（42）Internet 实现了分布在世界各地的各类网络的互联，其最基础和核心的协议是_____。

A. HTTP 　　　　B. FTP 　　　　C. HTML 　　　　D. TCP/IP

（43）有一域名为 bit. edu. cn，根据域名代码的规定，此域名表示_____。

A. 教育机构 　　B. 商业组织 　　C. 军事部门 　　D. 政府机关

（44）下列各项中，非法的 Internet 的 IP 地址是_____。

A. 202. 96. 12. 14 　　　　　　　B. 202. 196. 72. 140

C. 112. 256. 23. 8 　　　　　　　D. 201. 124. 38. 79

（45）正确的 IP 地址是_____。

A. 202. 112. 111. 1 　　　　　　　B. 202. 2. 2. 2. 2

C. 202. 202. 1 　　　　　　　　　D. 202. 257. 14. 13

（46）域名 MH. BIT. EDU. CN 中主机名是_____。

A. MH 　　　　B. EDU 　　　　C. CN 　　　　D. BIT

（47）根据域名代码规定，表示政府部门网站的域名代码是_____。

A. . net 　　　　B. . com 　　　　C. . gov 　　　　D. . org

（48）TCP 协议的主要功能是_____。

A. 对数据进行分组 　　　　　　　B. 确保数据的可靠传输

C. 确定数据传输路径 　　　　　　D. 提高数据传输速度

（49）用"综合业务数字网"（又"一线通"）接入因特网的优点是上网通话两不误，它的英文缩写是_____。

A. ADSL 　　　　B. ISDN 　　　　C. ISP 　　　　D. TCP

（50）Internet 网中不同网络和不同计算机相互通信的协议是_____。

A. ATM 　　　　B. TCP/IP 　　　　C. Novell 　　　　D. X. 25

（51）接入因特网的每台主机都有一个唯一可识别的地址，称为_____。

A. TCP 地址 　　B. IP 地址 　　C. TCP/IP 地址 　　D. URL

（52）因特网中 IP 地址用四组十进制数表示，每组数字的取值范围是_____。

A. 0～127 　　　　B. 0～128 　　　　C. 0～255 　　　　D. 0～256

（53）Internet 中，用于实现域名和 IP 地址转换的是_____。

A. SMTP 　　　　B. DNS 　　　　C. FTP 　　　　D. HTTP

（54）IPv4 地址和 IPv6 地址的位数分别为_____。

A. 4，6 　　　　B. 8，16 　　　　C. 16，24 　　　　D. 32，128

（55）下列关于域名的说法正确的是_____。

A. 域名就是 IP 地址

B. 域名的使用对象仅限于服务器

C. 域名完全由用户自行定义

D. 域名系统按地理域或机构域分层，采用层次结构

（56）域名 ABC. XYZ. COM. CN 中主机名是_____。

A. ABC B. XYZ C. COM D. CN

（57）在因特网技术中，缩写 ISP 的中文全名是_____。

A. 因特网服务提供商 B. 因特网服务产品

C. 因特网服务协议 D. 因特网服务程序

（58）根据 Internet 的域名代码规定，域名中的_____表示商业组织的网站。

A. . net B. . com C. . gov D. . org

（59）下列关于电子邮件的说法，正确的是_____。

A. 收件人必须有 E – mail 地址，发件人可以没有 E – mail 地址

B. 发件人必须有 E – mail 地址，收件人可以没有 E – mail 地址

C. 发件人和收件人都必须有 E – mail 地址

D. 发件人必须知道收件人的邮政编码

（60）以下关于电子邮件的说法，不正确的是_____。

A. 电子邮件的英文简称是 E – mail

B. 加入因特网的每个用户通过申请都可以得到一个"电子信箱"

C. 在一台计算机上申请的"电子信箱"，以后只有通过这台计算机上网才能收信

D. 一个人可以申请多个电子信箱

（61）能保存网页地址的文件夹是_____。

A. 收件箱 B. 公文包 C. 我的文档 D. 收藏夹

（62）Internet 提供的最常用、便捷的通信服务是_____。

A. 文件传输（FTP） B. 远程登录（Telnet）

C. 电子邮件（E – mail） D. 万维网（WWW）

（63）用户名为 XUEJY 的正确电子邮件地址是_____。

A. XUEJY@ bj163. com B. XUEJY&bj163. com

C. XUEJY#bj163. com D. XUEJY@ bj163. com

（64）下列关于电子邮件的叙述中，正确的是_____。

A. 如果收件人的计算机没有打开时，发件人发来的电子邮件将丢失

B. 如果收件人的计算机没有打开时，发件人发来的电子邮件将退回

C. 如果收件人的计算机没有打开时，当收件人的计算机打开时再重发

D. 发件人发来的电子邮件保存在收件人的电子邮箱中，收件人可随时接收

（65）写邮件时，除了发件人地址之外，另一项必须要填写的是_____。

A. 信件内容 B. 收件人地址 C. 主题 D. 抄送

（66）上网需要在计算机上安装_____。

A. 数据库管理软件 B. 视频播放软件

C. 浏览器软件 D. 网络游戏软件

（67）通常网络用户使用的电子邮箱建在_____。

A. 用户的计算机上 B. 发件人的计算机上

C. ISP 的邮件服务器上 D. 收件人的计算机上

（68）电子商务的本质是_____。

A. 计算机技术　　　B. 电子技术　　　C. 商务活动　　　D. 网络技术

（69）下列各选项中，不属于 Internet 应用的是_____。

A. 新闻组　　　　　B. 远程登录　　　C. 网络协议　　　D. 搜索引擎

（70）能够利用无线移动网络上网的是_____。

A. 内置无线网卡的笔记本电脑　　　　B. 部分具有上网功能的手机

C. 部分具有上网功能的平板电脑　　　D. 全部

（71）要在 Web 浏览器中查看某一电子商务公司的主页，应知道_____。

A. 该公司的电子邮件地址　　　　　　B. 该公司法人的电子邮箱

C. 该公司的 WWW 地址　　　　　　　D. 该公司法人的 QQ 号

（72）假设邮件服务器的地址是 email. bj163. com，则用户正确的电子邮箱地址的格式是_____。

A. 用户名#email. bj163. com　　　　B. 用户名@ email. bj163. com

C. 用户名 &email. bj163. com　　　　D. 用户名 $ email. bj163. com

（73）下列各项中，正确的电子邮箱地址是_____。

A. L202@ sina. com　　　　　　　　B. TT202#yahoo. com

C. A112. 256. 23. 8　　　　　　　　　D. K201&yahoo. com. cn

（74）调制解调器（Modem）的主要功能是_____。

A. 模拟信号的放大

B. 数字信号的放大

C. 数字信号的编码

D. 模拟信号与数字信号之间的相互转换

互联网 + Windows 7 操作系统

项目任务概述

Windows 7 是微软于 2009 年继 Windows XP、Vista 之后推出的新一代操作系统，它比 Vista 性能更高、启动更快、兼容性更强，具有很多新特性和优点，如提高了屏幕触控支持和手写识别，支持虚拟硬盘，改善多内核处理器，改善开机速度和改进内核等。

本项目主要介绍 Windows 7 桌面及各类图标、Windows 7 的基本操作方法、Windows 7 文件系统、资源的管理方法、常用程序的基本使用方法、系统的基本设置方法。

项目知识要求与能力要求

知识重点	能力要求	相关知识	考核要点
认识 Windows 7	掌握 Windows 7 的基本操作	桌面及各类图标、窗口、对话框、信息框和键盘及鼠标的基本操作	各对象的基本操作
Windows 7 文件管理	掌握管理文件、资源的基本方法	文件系统、资源管理器和文件等资源的基本管理方法	资源的基本管理
常用应用程序	掌握常用应用程序的使用方法	计算器、记事本、画图软件等	常用应用程序的使用
系统设置	掌握系统设置的基本方法	显示器属性、键盘属性、鼠标属性、任务栏属性	系统属性设置

模块一　体验 Windows 7 操作系统

Windows 7 操作系统在硬件性能要求、系统性能、可靠性等方面，都颠覆了以往的 Windows 操作系统，是继 Windows XP、Vista 以来微软的另一个非常成功的产品，Windows 7 全新的架构可以将硬件的性能发挥到极致。

本模块主要介绍 Windows 7 的新特性、相关概念和基本操作。

任务1　Windows 操作系统的发展历程

操作系统发展快速，更新换代也很频繁。Windows 操作系统的发展历程如表 3 – 1 所示。

表 3 – 1　Windows 的版本号及发布时间

基于 DOS 的 Windows 版本	核心 版本号	时间	基于 NT 的 Windows 版本	核心 版本号	时间
Windows 1	1.0	1985 年 11 月	Windows NT 3.5	NT 3.5	1994 年 8 月
Windows 2	2.0	1987 年 12 月	Windows NT 3.51	NT 3.51	1995 年 5 月
Windows 3	3.0	1990 年 5 月	Windows NT 4	NT 4.0	1996 年 7 月
Windows 95	4.0	1995 年 8 月	Windows 2000	NT 5.0	2000 年 2 月
Windows 98	4.1.1998	1998 年 6 月	Windows XP	NT 5.1	2001 年 10 月
Windows 98 SE	4.10.2222A	1999 年 5 月	Windows Vista	NT 6.0	2007 年 1 月
Windows Me	4.9	2000 年 9 月	Windows 7	NT 6.1	2009 年 10 月

目前，常用的操作系统是 Windows 7 的 6.1 版本。用户可以通过 CMD 命令来查看或验证自己所使用操作系统的版本号，具体方法如下：单击"开始"→在搜索栏输入"cmd"→双击程序"cmd.exe"后即可在图 3 – 2 所示的命令行窗口查看操作系统的版本号。运行对话框如图 3 – 1 所示。

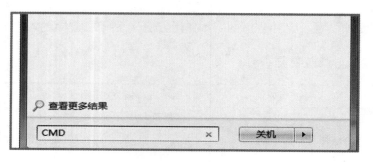

图 3 – 1　运行对话框

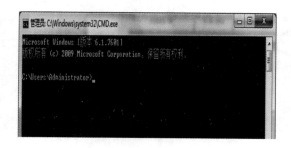

图 3 – 2　命令行窗口

任务 2　Windows 7 的新特性

1. 更加简单

Windows 7 让搜索和使用信息变得更加简单，包括本地、网络和互联网搜索功能，直观的用户体验将更加高级，还会整合自动化应用程序提交和交叉程序数据透明性。

2. 更加安全

Windows 7 包括改进的安全和功能合法性，还会把数据保护和管理扩展到外围设备，改进基于角色的计算方案和用户账户管理，在数据保护和坚固协作的固有冲突之间搭建沟通桥梁，同时也会开启企业级的数据保护和权限许可。

3. 更好的连接

Windows 7 进一步增强移动工作能力，无论何时、何地、任何设备都能访问数据和应用程序，开启坚固的特别协作体验，无线连接、管理和安全功能将会扩展。性能和当前功能以及新兴移动硬件将得到优化，多设备同步、管理和数据保护功能将被拓展。最后，Windows 7 还带来了灵活计算基础设施，包括胖、瘦、网络中心模型。

4. 更低的成本

Windows 7 将帮助企业优化它们的桌面基础设施，具有无缝操作系统、应用程序和数据移植功能，并简化 PC 供应和升级，进一步朝完整的应用程序更新和补丁方面努力。还将包括改进的硬件和软件虚拟化体验，并将扩展 PC 自身的 Windows 帮助和 IT 专业问题解决方案诊断。

任务 3　Windows 7 的运行环境

1. 硬件要求

Windows 7 具有更为强大的功能，需要有更高性能的硬件支持，具体如表 3-2 所示。

表 3-2　基本硬件要求

硬件名称	基本需求	建议与基本描述
CPU	1 GHz 及以上	安装 64 位 Windows 7 需要更高 CPU 支持
内存	1 GB 及以上	推荐 2 GB 及以上
硬盘	16 GB 以上可用空间	安装 64 位 Windows 7 需要至少 20 GB 及以上硬盘可用空间
显卡	DirectX9 显卡支持 WDDM1.0 或更高版本	如果低于此标准，Aero 主题特效可能无法实现
其他设备 DVD	R/W 驱动器	选择光盘安装时
网络支持	需要激活	未激活版本仅限于 30 天试用

2. Windows 7 的安装方法及相关知识

一般是用安装光盘进行全新安装，安装时对硬盘进行分区和格式化。Windows 7 所支持的分区格式只能是 NTF 格式。不能从 Windows XP 升级到 Windows 7 操作系统，但是可以从 Vista 升级到 Windows 7。所谓的升级只是将 Vista 原来的文件都复制到了一个名为 Windows.old 的文件夹中，而原来安装的程序全都不能使用了，只能重新安装。所以建议用户在备份好个人数据之后再进行全新的安装。而升级安装方法一般不推荐使用。

任务 4　Windows 7 的启动和退出

1. 启动 Windows 7

将 Windows 7 安装到硬盘后，以后每次开机启动计算机，Windows 7 就会自动加载，当出现登录提示时单击相应的账户，输入正确的密码才能进入 Windows 7 的桌面，如图 3 - 3 所示。

图 3 - 3　Windows 7 桌面

2. 关闭 Windows 7

使用 Windows 7 时，如果不按照正常的程序关机，很可能会造成文件损坏，导致下次计算机开机时无法正常运作。因此，学习并使用正确关机程序是很重要的。

结束 Windows 7 的正确关机步骤如下：

（1）单击"开始"→"所有程序"→"关机"选项。

（2）根据需要选定切换用户、注销、锁定、重新启动、睡眠操作，如图 3 - 4 所示，如果选择关机，则单击"关机"按钮，系统会保存设置并自动将机器关闭。

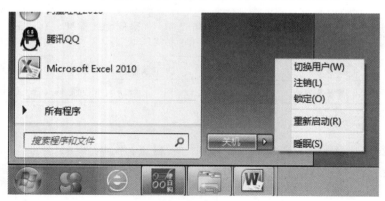

图 3 - 4　关闭 Windows 7

说明：

（1）软件关机功能。

较新规格的主板（如 ATX 规格）具有软件关机的功能，也就是正确关闭 Windows 7 后，主板会自动切断电源，不需要再按一次主机的电源开关。

（2）快捷键的使用。

按【Alt】+【F4】组合键可以用来关闭使用中的窗口，相当于"关闭"按钮 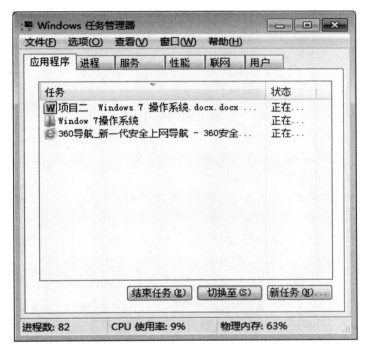 的功能。当 Windows 7 没有打开任何窗口时，这组快捷键就可以用来打开关闭 Windows 的对话框，结束 Windows 7。

（3）系统死机时的关机方法。

在 Windows 7 中工作时，若有程序停止回应的情形发生，可以按【Ctrl】+【Alt】+【Delete】组合键，弹出"Windows 安全"对话框，单击"任务管理器"按钮，弹出"Windows 任务管理器"对话框，如图 3-5 所示，选中要结束的应用程序，单击"结束任务"按钮，结束停止回应的程序。若是按【Ctrl】+【Alt】+【Delete】组合键无法打开"Windows 安全"对话框，则必须按主机上的【Reset】按钮以重新启动计算机。

图 3-5 "Windows 任务管理器"对话框

模块二 Windows 7 相关概念与基本操作

让计算机使用更简单是微软开发 Windows 7 时另一项非常重要的核心工作，易用性体现于桌面功能的操作方式上。在 Windows 7 中，一些沿用多年的基本操作方式得到了彻底改进，如任务栏、窗口控制方式的改进，半透明的 Windows Aero 外观也为用户带来了丰富实用的操作体验。

任务 1 Windows 7 的相关概念

库：系统里有一个极具特色的功能——"库"，库是 Windows 7 系统借鉴 Ubuntu 操作系统而推出的文件管理模式。库的概念并非传统意义上的存放用户文件的文件夹，它其实是一个强大的文件管理器。

库所倡导的是通过建立索引和使用搜索快速地访问文件，而不是传统的按文件路径的方式访问。建立的索引也并不是把文件真的复制到库里，而只是给文件建立了一个快捷方式而已，文件的原始路径不会改变，库中的文件也不会额外占用磁盘空间。库里的文件还会随着原始文件的变化而自动更新。这就大大提高了工作效率，管理那些散落在各个角落的文件时，我们再也不用一层一层打开它们的路径了，用户只需要把文件添加到库中即可。

桌面：Windows 7 启动完成后所显示的整个屏幕称为"桌面"，桌面上可以看到屏幕左方排列着一些小巧的图案，称之为"图标"（Icon）。在屏幕下方则是水平的"任务栏"。

图标：Windows 7 将文件、程序、打印机等对象以图案的方式呈现，称为"图标"。桌面上有许多图标，其中一些是 Windows 的系统图标，如计算机、回收站等；其他的图标则是用户根据需要添加的，如各种应用程序的快捷图标等。

窗口：Windows 7 是一个多任务的操作系统，可以同时执行多个程序。每一个程序都有自己的工作区，称为"窗口"（Window），因此每个窗口代表着一个正在处理的工作。

应用程序：是一个完成指定功能的计算机程序。

文档：是由应用程序所创建的一组相关信息的集合，是包含文件格式和所有内容的文件。它被赋予一个文件名，存储在磁盘中。

文件：是一组信息的集合，以文件名来存取。它可以是文档、应用程序、快捷方式或设备，可以说文件是文档的超集。

文件夹：用来存放各种不同类型的文件，文件夹中还可以包含下一级文件夹，相当于 MS – DOS 的目录和子目录。

选定：选定一个项目通常是指对该项目做一标记，选定操作不产生动作。

组合键：两个（或三个）键同时操作的键，键名之间常用"＋"连接表示。例如，【Ctrl】＋【Alt】＋【Delete】表示先同时按住【Ctrl】键和【Alt】键不放，再按【Delete】键，然后同时放开；又如【Ctrl】＋【C】键表示先按住【Ctrl】键不放，再按【C】键，然后同时放开。需要注意的是【Ctrl】键和【Alt】键只有与其他键配合使用才会起作用。

任务 2　Windows 7 的基本操作

1. 窗口的组成

Windows 7 中，每一个处理中的工作都会占用一个窗口，标准的窗口（见图 3 – 6）包含了以下几个部分：

（1）标题栏：用以显示窗口的名称及"小图标"。

（2）"最大化"按钮▣：单击此按钮窗口会立刻最大化并占据整个屏幕，此时"最大化"按钮▣会变成"还原"按钮▣。单击"还原"按钮▣后，窗口即可还原到原来的大小。

（3）"最小化"按钮▬：单击此按钮窗口会立刻从画面上消失，但并非结束程序，它只是缩小在任务栏上。若要重新显示窗口，只要单击任务栏上代表该窗口的"任务"按钮即可恢复原来大小的窗口。

（4）"关闭"按钮 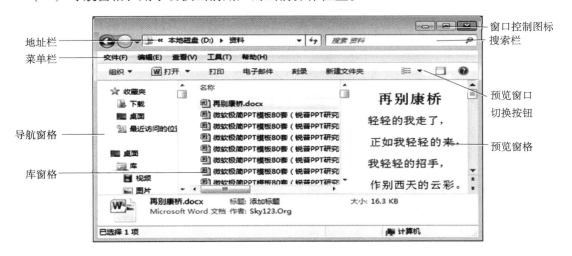：单击此按钮窗口会立刻关闭，结束程序的执行。

（5）菜单栏：Windows 7 的程序通常都会将它的命令分门别类集合成"菜单"，并且将"菜单"放在标题栏下方的"菜单栏"上。

（6）地址栏：Windows 7 默认的地址栏用按钮取代了传统的纯文本方式，并且在地址栏周围找不到传统资源管理器中的向上按钮，而仅有前进和后退按钮。Windows 7 中的地址栏与资源管理器树形文件夹的作用类似，但 Windows 7 从多方面提供快捷功能改进，用户操作能有更多的选择。

（7）库窗格：库窗格通常占据窗口最大的区域，是程序用来显示信息或进行工作的场所。库窗格内可以存放的数据包含文字、图形、图标甚至是其他窗口。Windows 7 资源管理器内提供了"收藏夹""库""计算机"和"网络"等按钮，用户可以使用这些链接快速跳转到目的结点。收藏夹中预置了几个常用的目录链接，如"下载""桌面""最近访问的位置"和"用户文件夹"。当需要添加自定义文件夹收藏时，只需要将文件夹拖曳到收藏夹的图标上或下方的空白区域即可。

（8）控制菜单：按组合键【Alt】+【Space】可以打开控制菜单，然后按【M】键选择控制菜单中的"移动"命令，在鼠标指针变为十字箭头后按上、下、左、右光标移动键移动窗口到所需位置，按【Enter】键确认，按【Esc】键则取消移动。

（9）搜索栏：可以搜索指定位置下的各种符合条件的对象，包括所有搜索条件的定制都可以通过搜索筛选器进行定制。

（10）预览窗格：可以对当前选定的对象预览相关内容。

（11）细节窗格：Windows 7 资源管理器提供更加丰富详细的文件信息，用户还可以直接在"详细信息栏"中修改文件属性并添加标记。

（12）导航窗格：用于切换当前用户的当前操作位置。

图 3-6　标准的窗口

2. 窗口操作

窗口的基本操作包括窗口的移动、滚动、放大、缩小、切换、排列和关闭等。

（1）窗口的移动。

在窗口的标题栏上按住鼠标左键拖曳可以移动整个窗口到屏幕上的任何位置。

（2）窗口的滚动。

当各个窗格中的数据过多，导致无法在窗口中全部显示出来时，我们可以适当地调整窗口的大小或滚动"工作区"内的"滚动轴"来观察"工作区"中的数据。

当数据超出窗口"工作区"所能容纳的范围时，窗口的右方或下方即会出现"滚动轴"，以利于工作区中数据的查阅，如图3－7所示。

滚动按钮：按"滚动轴"两端的"滚动按钮" ▲、▼，可以滚动"工作区"内的数据。每按一次可以滚动一行数据，若按住不放，则会连续滚动。

滚动条："滚动轴"中有一个"滚动条"，"滚动条"在"滚动轴"上的位置表示目前"工作区"所显示的数据相对于全部数据的位置。例如，"滚动条"在"滚动轴"的最下方，则表示目前"工作区"所显示的数据为全部数据的结尾部分。在"滚动条"上按住鼠标左键拖曳，可以滚动"工作区"内的数据。

滚动轴空白区：单击"滚动轴"中"滚动条"上、下方的"滚动轴空白"处，可以滚动"工作区"内的数据。但每单击一次可以滚动一页数据，若按住鼠标左键不放，则会连续滚动。

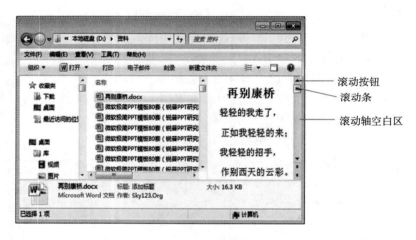

图3－7　滚动轴

除了可以利用滚动轴来滚动工作区的数据外，也可以直接按键盘上的【Page down】键或【Page up】键将工作区中的数据向下或向上滚动一页。

（3）窗口大小的调整。

窗口的大小不只可以放至最大或缩至最小，还可以依实际需要加以调整。将鼠标指针移到窗口的四边或角落，其形状会变成"↕""↔""↗"或"↘"状，此时可以用拖曳的方法调整窗口的高度、宽度或对角（高度及宽度）的大小。

（4）切换（激活）工作窗口。

Windows 7可以同时运行数个应用程序，所以在屏幕上可能会出现一个以上的窗口。但是用户每次只能对其中一个窗口进行操作，这个操作中的窗口称为工作窗口或当前窗口。工作窗口"标题栏"的颜色通常呈深色反白，非工作中的窗口"标题栏"则呈浅色。需要注意的是，当前活动窗口有且只有一个。

（5）窗口内容的复制。

若希望把整个窗口的内容复制到其他文档或图像中，可按【Alt】+【PrintScreen】组合键把内容放入剪贴板，再行粘贴。若想复制整个桌面的内容，可按【PrintScreen】键实现。

若要转换到另一个窗口工作，必须先切换工作窗口。切换工作窗口的方式有下列几种：

◆ 单击目标窗口区域。

◆ 单击任务栏上的"任务"按钮。

◆ 按【Alt】+【Tab】或【Alt】+【Esc】组合键切换。

（6）窗口的排列方式。

窗口的排列方式分别有层叠窗口、堆叠显示窗口、并排显示窗口 3 种。右击任务栏空白处，弹出如图 3 – 8 所示的快捷菜单，即可在其中选择窗口排列方式的命令。如选择"并排显示窗口"，则窗口的排列如图 3 – 9 所示。

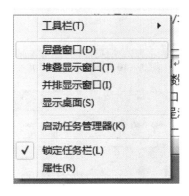

图 3 – 8　窗口排列方式

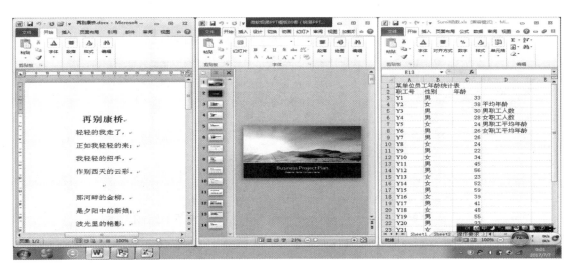

图 3 – 9　并排显示窗口

3. 菜单栏的操作

单击菜单栏的任何一个名称，就可以打开菜单。按【Esc】键或单击菜单栏外的任何地方都可以关闭菜单。菜单包含了各种命令，这些命令有的一经鼠标单击就立刻执行，有的则会显示对话框，向用户询问进一步的操作。Windows 7 在相应的命令前或后加上以下几种符号，以标记和区分这些不同性质的命令，如图 3 − 10 和图 3 − 11 所示。

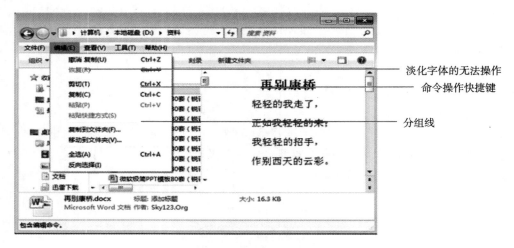

图 3 − 10　菜单说明（1）

图 3 − 11　菜单说明（2）

（1）...：表示会显示对话框向用户询问下一步的操作。

（2）✓：表示该命令目前处于启动状态（生效），可复选多个选项。

（3）●：表示该命令目前处于启动状态（生效），只可单选一个选项。

（4）淡化命令：表示在目前状况下无法执行此命令。

（5）▶：表示尚有下一层子菜单，当鼠标移至这个命令上时，子菜单会自动打开。

（6）下划线字母：命令名称后都会有一个加了下划线的英文字母，在键盘上按下代表的字母，其功能相当于用鼠标直接点选命令。

（7）菜单的分组线：有时候，菜单命令之间用线条分开，形成若干菜单命令组。这种分组是按照菜单命令的功能组合的。如图 3－11 所示，"查看"菜单下的菜单命令被分成五组，第一组与工具栏和状态栏的显隐性有关；第二组与文件和文件夹的显示形式有关；第三组与图标的排列方式有关；第四组、第五组则与其他选项有关。

（8）快捷键：命令名称之后若标记有组合键（或功能键），则表示可以不用拉下"菜单"，直接按下该组合键（或功能键），即可执行该命令。这样的组合键称为"快捷键"。例如【Ctrl】＋【C】，先按下【Ctrl】键不放，再按下字母【C】键，然后同时释放，则执行复制命令。

4. 开始菜单和任务栏

Windows 7 全新的任务栏融合了快速启动栏的特点，每个窗口的对应按钮图标都能够根据用户的需要随意排序，单击 Windows 7 任务栏中的程序图标就可以方便地预览各个窗口的内容，并进行窗口切换。或当鼠标掠过图标时，各图标会高亮显示不同的色彩，颜色选取是根据图标本身的色彩。

（1）任务栏窗口动态缩略图。通过任务栏应用程序按钮对应的窗口动态缩略预览图标，用户可轻松找到需要的窗口。

（2）自定义任务栏通知区域。在 Windows 7 中自定义任务栏通知区域图标非常简单，只需要通过鼠标的简单拖曳即可隐藏、显示和对图标进行排序。把任务栏上需要隐藏的图标拖曳到隐藏窗口中就能实现隐藏，反之则可以显示图标操作，如图 3－12 所示。

（3）快速显示桌面。固定在屏幕右下角的"显示桌面"按钮可以让用户轻松返回桌面。鼠标停留在该图标上时，所有打开的窗口都会透明化，这样可以快捷地浏览桌面，单击图标则会切换到桌面，如图 3－13 所示。

程序图标
隐藏窗口

定义通知
区域按钮

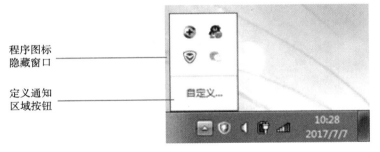

"显示桌面"按钮

图 3－12　任务栏通知区域　　　　图 3－13　"显示桌面"按钮

（4）"开始"按钮："开始"按钮是 Windows 2000 的总枢纽，许多工作都由此开始。单击"开始"按钮或按【Ctrl】＋【Esc】组合键，即可弹出"开始"菜单栏，如图 3－14 所示。单击"开始"菜单以外的区域或按【Esc】或【Alt】＋【F10】键可关闭"开始"菜单。

（5）"快速启动"按钮："快速启动"按钮的功能就像是位于任务栏上的快捷方式，按"快速启动"按钮上的图标，即可立刻运行程序。

（6）"任务"按钮：每当打开一个窗口时，任务栏上就会出现一个对应的"任务"按钮。如果同时打开多个窗口导致找不到某个特定窗口时，单击任务栏上该窗口的"任务"按钮，即可将该窗口切换到所有窗口的最前方，成为工作窗口。

5. 快捷菜单

Windows 7 设计了一种快捷菜单，可以让用户更方便地执行命令。它就像是可移动的菜单栏，随着鼠标指针的位置随处出现。各类对象的快捷菜单内容都不相同，Windows 7 会依当时鼠标指针所在位置，选择最适合的命令出现在快捷菜单中。

【示例 3 – 1】打开"网络"，在"网络"窗口中的库窗格内打开快捷菜单。

①在桌面上双击"网络"图标。

②将鼠标移到"网络"窗口中，单击右键，弹出快捷菜单，如图 3 – 15 所示。

图 3 – 14　开始菜单

图 3 – 15　快捷菜单

说明：单击快捷菜单以外的区域或按【Esc】或【Alt】键可关闭快捷菜单。

6. 对话框

Windows 是一个交互式的操作系统，用户与计算机是通过对话框进行人 – 机交互的。一般当某一菜单命令后跟一个省略号"…"，就表示 Windows 为执行此菜单命令需要询问用户，询问的方式就是通过对话框来交互。对话框有多种形式（见图 3 – 16），主要由以下一些组件构成。

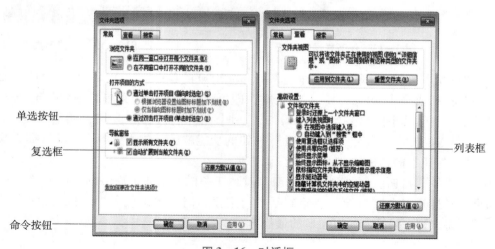

图 3 – 16　对话框

（1）命令按钮。

命令按钮一般呈现为长方形或圆角矩形。单击此类按钮即可执行某些特定功能的命令。

（2）文本框、列表框、下拉列表框。

文本框是需要用户输入信息的方框。将光标移到一个文本框时，单击框内，就可以输入信息。列表框中显示一组可用的选项，如果列表框中不能列出全部选项，可用滚动条来滚动显示。下拉列表框是一个矩形框，其右边有一个向下的箭头按钮，单击这个按钮则会弹出一个选择列表框，可从中选择一项。

（3）单选按钮和复选框。

单选按钮是一组互相排斥的选项，一次只能选中其中一项。被选中项前面的小圆圈内显示一个黑点。复选框包含一组互相包容的选项，每次可任意选中几项或全选或全不选。复选框外形为一个小正方形，方框中有"√"表示选中，否则表示未选中。

（4）增量按钮、滑杆。

增量按钮是一对上、下箭头形式的小方块。要改变数字时，可通过上、下按钮增大或减小输入值。有时也可在框中输入数值。滑杆可直观、连续地调整所控制对象的值的大小，但用滑杆表示的数值不够精确，一般用于调节快或慢、长或短等。

任务3　应用程序的启动与退出

1. 运行应用程序

单击"开始"按钮，鼠标指向"程序"项，弹出"程序"选项的一级子菜单。查看一级子菜单中是否有自己需要的应用程序或程序组。若要查找某程序组中包含的程序，则需在该程序组上双击鼠标左键打开该程序组，在它的下一级子菜单中查找所需的应用程序，单击即可运行该应用程序。

【示例3－2】运行微信程序。

打开应用程序有以下几种方法：

①常用应用程序的图标往往被放在桌面上，双击图标，即可打开微信程序。

②单击"开始"→"所有程序"→"微信"命令，如图3－17所示。

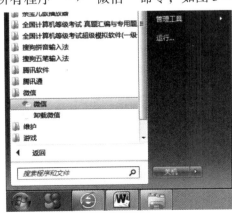

图3－17　运行微信程序

③通过"我的电脑"或"Windows 资源管理器"，找到该应用程序文件图标，双击该图标即可。

④通过"开始"→搜索栏输入"微信"命令来启动程序。

2. 查找应用程序

如果用户不知道应用程序所在位置，还可以通过下列操作查找并运行程序。

【示例3-3】查找记事本程序。

单击"开始"→搜索栏输入"记事本"，找到程序的信息就显示在搜索结果窗口中，如图3-18所示。

3. 退出应用程序

单击"文件"→"关闭"命令或标题栏中的 ✖ 按钮，或按【Alt】+【F4】组合键或双击应用程序窗口的控制菜单图标可以退出应用程序。

如果要退出的程序没有响应，可以按【Ctrl】+【Alt】+【Delete】组合键，在"Windows 安全"对话框中单击"任务管理器"按钮，在弹出的"Windows 任务管理器"对话框中选择"应用程序"标签，单击选中没有响应的程序，然后单击"结束任务"按钮，如图3-19所示。

图3-18　查找应用程序

图3-19　结束没有响应的应用程序

模块三　Windows 7 资源管理器概述

资源管理器是 Windows 系统提供的资源管理工具，用户可以使用它查看计算机中的所有资源，特别是它提供的树形文件系统结构，能够让使用者更清楚、更直观地认识计算机中的文件和文件夹。Windows 7 的资源管理器以新界面、新功能带给用户新体验。

任务1　基本概念

1. 文件和文件名

计算机对数据是以文件的形式来存储和管理的。文件是存储在外部介质上的相关数据的集合。它可以是一个程序、一组数据、一封信函、一幅图画等。操作系统按文件的名称对其进行存取。文件命名规则为：文件名称由文件名和扩展名两部分构成，扩展名为可选项，用于说明文件的类型，格式如下：

文件名［.扩展名］

常用文件类型的扩展名如表3－3所示。

表3－3　常用文件类型的扩展名

扩展名	类型	图标
.DOCX	Word 文档	
.XLSX	Excel 电子表格文件	
.PPTX	幻灯片文件	
.TXT	文本文件	
.HTM	网页文件	
.BMP	位图文件	
.BAK	备份文件	

Windows 文件名称字符长度可达255个。

2.文件名的通配符

Windows 系统允许在文件名中使用字符"?"和"＊"来替换其他字符，称为文件名的通配符。问号"?"替代该字符位置的任意一个字符；星号"＊"替代字符位置的任意多个字符（即从此位置起到下一个间隔符为止的任意一串字符）。

常用几种通配符文件名的意义：

＊.＊：全部文件。

＊.docx：所有 Word 文档。

A＊.txt：以 A 开头的所有文本文档。

B??.＊：文件名以 B 开头、长度小于或等于3的所有文件。

3.路径

在执行某文件时，若该文件所在的目录不是当前目录，就需要给出到达该目录的各级父目录名，这一系列的目录名就称为路径。路径是找到文件的途径。路径有以下两种形式。

（1）绝对路径：绝对路径是从根目录开始说明路径的方式。其形式为：

＼一级子目录名＼二级子目录名＼……＼

（2）相对路径：相对路径是从当前目录开始说明路径的方式。其形式为：

下一级子目录名＼再下一级子目录名＼……＼　（从当前目录开始说明）

任务2　资源管理器

资源管理器是 Windows 操作系统中一个用来管理文件和文件夹的工具程序，用户使用它可以迅速地对磁盘文件和文件夹进行复制、移动、删除和查找。为了方便文件的整理，资源管理器以树状结构来组织磁盘上的文件。

典型的文件路径写法如下：

D：\ 文件夹 1 \ 文件夹 2 \ …… \ 文件夹 n \ 文件名

例如：文件路径"D：\ 资料 \ 再别康桥 .docx"，表示文件再别康桥 .docx 存放在 D 驱动器的"资料"文件夹中。

1. 界面简介

可以用以下几种方法打开资源管理器：

（1）单击"开始"→"所有程序"→"附件"→"Windows 资源管理器"命令，如图 3 – 20 所示。

（2）右键单击"开始"按钮，在弹出的快捷菜单中单击"打开 Windows 资源管理器"命令，如图 3 – 20 所示。

图 3 – 20　打开 Windows 资源管理器窗口

资源管理器窗口如图 3 – 21 所示。

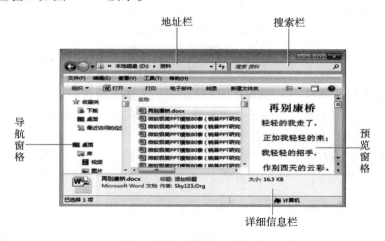

图 3 – 21　资源管理器窗口

Windows 7 默认的地址栏用按钮取代了传统的纯文本方式，并且在地址栏周围找不到传统资源管理器中的向上按钮，而仅有前进和后退按钮。

◆ 地址栏：Windows 7 资源管理器地址栏使用级联按钮取代传统的纯文本方式。Windows 7 的地址栏将不同层级路径由不同按钮分割，用户通过单击按钮即可实现目录跳转。其实 Windows 7 中的地址栏功能与资源管理器树形文件夹的作用类似，但 Windows 7 从多方面提供快捷功能改进，用户操作能有更多的选择。

◆ 搜索栏：Windows 7 资源管理器将搜索功能移植到顶部，方便用户使用。

◆ 导航窗格：Windows 7 资源管理器内提供了"收藏夹""库""计算机"和"网络"等按钮，用户可以使用这些链接快速跳转到目的节点。

"收藏夹"中预置了几个常用的目录链接，如"下载""桌面""最近访问的位置"以及"用户文件夹"。当需要添加自定义文件夹收藏时，只需要将文件夹拖曳到收藏夹的图标上或下方的空白区域即可。

◆ 详细信息栏：Windows 7 资源管理器提供更加丰富详细的文件信息，用户还可以直接在"详细信息栏"中修改文件属性并添加标记。

2. 资源管理器的基本操作

在资源管理器中，文件夹之前有 ▷ 图标，表示这个文件夹中还有子文件夹，单击 ▷ 图标，即可展开文件夹，而原来的 ▷ 图标会变成 ◢ 图标；若单击 ◢ 图标，则可将子文件夹收起，◢ 图标恢复为 ▷ 图标。

单击文件夹名称，"内容"窗口会显示这个文件夹的内容；同时，文件夹名称前的 ▷ 图标会变成 ◢ 表示文件夹已被打开。选中某个文件，会在预览窗格中显示该文件的内容。同时在"细节窗格"显示选定对象的属性。如图 3 - 21 所示，预览窗格中显示出选中的文件"再别康桥 . docx"内容。

【示例 3 - 4】在"资源管理器"中，练习以不同的方式切换浏览文件夹。

①单击"开始"→"所有程序"→"附件"→"Windows 资源管理器"命令。

②单击"导航窗格"中的"计算机"组前的 ▷ 图标，再单击"C:"前的 ▷ 图标后，单击 Windows 文件夹前的 ▷ 图标，展开 Windows 文件夹中的子文件夹。

③单击 Windows 文件夹，在右边的"库窗格"中查看 Windows 文件夹中的内容。

④单击"Boot"文件夹，查看"Boot"文件夹中的内容。

⑤单击地址栏上的 ⬅ 按钮，回到 Windows 文件夹。

⑥单击地址栏上的 ➡ 按钮，回到"Boot"文件夹。

⑦单击地址栏的下方工具栏上 ▤▤ ▼ 的向下三角形按钮，可以选择查看选定内容的显示模式。

文件或文件夹的图标有 5 种显示模式：

（1）超大、大、中等、小图标：以不同大小的图标表示，图标名称显示在图标的下方。

（2）小图标：以较小的图标表示，图标名称显示在图标的右方。

（3）内容：与"小图标"模式相似，但无法任意移动位置。

（4）详细资料：与"平铺"模式相似，只是在文件名称外，还增加了文件大小、类型及修改日期等信息。

（5）平铺：与"小图标"模式相似。

Windows 7 提供了多种切换显示模式的方法，如图 3 – 22 所示。

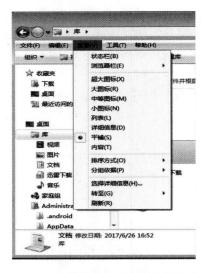

图 3 – 22　文件或文件夹的图标显示模式

【示例 3 – 5】改变"资源管理器"窗口的布局。

①单击"开始"→"所有程序"→"附件"→"Windows 资源管理器"命令，打开资源管理器窗口。

②单击"组织"按钮 **组织 ▼** 右边的向下三角形，在弹出的下拉菜单中单击"布局"→"细节窗格"命令。打开资源管理器窗口的"细节窗格"，如图 3 – 23 所示。再次单击"细节窗格"，观察资源管理器窗口，"细节窗格"已经关闭。

图 3 – 23　打开细节窗格的操作

③同样的操作方法让资源管理器窗口中的"预览窗格""导航窗格""库窗格"分别打开一次,关闭一次。

3. 文件和文件夹的新建操作

【示例 3 – 6】在 D 盘根目录上创建一个名为"考生"的文件夹,在"考生"的文件夹中创建一个名为"YAN"的文件夹。

①双击桌面上的"计算机"图标,打开"计算机"窗口。

②双击 D 盘图标打开 D 盘窗口。

③在 D 盘窗口中的空白位置右击,在弹出的快捷菜单中,将鼠标移到"新建"命令上弹出子菜单,单击"文件夹"命令,如图 3 – 24 所示。在窗口中产生一个临时名为"新建文件夹"的文件夹 **新建文件夹** (见图 3 – 25),键入"考生"后按回车键。

④双击刚建立的"考生"文件夹,打开其窗口,采用步骤③的方法,在"考生"文件夹中新建一个名字为"YAN"的文件夹。

说明:单击"文件"菜单"新建"项中的"文件夹"命令也可完成同样操作,请自己练习。

图 3 – 24 新建文件夹操作

图 3 – 25 为新建文件夹命名

【示例 3 – 7】在"考生"文件夹中新建一个名为"演讲稿.docx"的文件。

双击建立好的"考生"文件夹,打开窗口。单击"文件"→"新建"→"Microsoft Word 文档"命令,如图 3 – 26 所示;或者右击空白处,在弹出的快捷菜单中,将鼠标移到"新建"命令上弹出子菜单,单击"Microsoft Word 文档"命令,如图 3 – 24 所示。在窗口中产

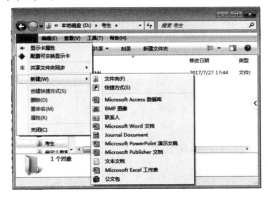

图 3 – 26 新建文件操作

生一个临时名为"新建Microsoft Word文档"的文件 （位于正文右侧图注），键入"演讲稿"后按回车键。

说明：快捷菜单"新建"命令另外一组中列出了系统中安装的部分应用程序支持的文件类型，可以用这种方式新建某种应用程序文件。

在资源管理器中，许多操作之前都必须先选取文件。选取文件的方法有下列几种：

（1）选取一个文件：单击所要选取的文件，即为选取状态。用键盘操作时，反复按【Tab】键或【Shift】+【Tab】组合键，直到文件夹内容窗口中出现虚线框或深亮条为止，然后按上、下光标移动键选定对象。

（2）选取连续文件：先选取第一个文件，在按住【Shift】键的同时点击最后一个文件。另一个方法是从连续对象区的左上角按住鼠标左键向右下角拖动鼠标，直到虚线矩形框围住所要选定的所有对象为止，然后松开左键。用键盘操作时，反复按【Tab】键或【Shift】+【Tab】组合键，直到文件夹内容窗口中出现虚线框或深亮条为止，然后按上、下光标移动键选定第一个对象；再按住【Shift】键不放，按上、下光标移动键选定其余对象。

（3）选取不连续文件：先选取第一个文件，再按住【Ctrl】键并单击所需要的其他文件。

（4）选取全部文件：单击"编辑"→"全选"命令。或按【Ctrl】+【A】快捷键。

（5）取消单一选项：在选取多个文件后，可以按住【Ctrl】键在某个已选择的文件上单击鼠标左键，可以取消对该文件的选取。

（6）取消全部文件：用鼠标在文件夹窗口中任意空白区位置单击，即可取消所有已选取的文件。

4. 文件或文件夹的复制

复制文件的操作相当于先将源文件或文件夹拷贝一份，再粘贴到目的地，而文件或文件夹不会从原来存放的位置消失。因此只要选取源文件或文件夹后，单击"编辑"→"复制"命令（或【Ctrl】+【C】），然后切换定位到目的地，单击"编辑"→"粘贴"命令（或【Ctrl】+【V】），即可完成文件或文件夹的复制操作。

【示例3-8】先在桌面上建立一个"Student. docx"的文件，然后将其复制到D盘的"考生"文件夹中。

①在桌面空白处右击，新建一个"Student. docx"的Word文档。

②选取并右击"Student. docx"，在弹出的快捷菜单中选择"复制"命令，如图3-27所示。

③切换到D盘的"考生"文件夹。

④单击"编辑"→"粘贴"命令；或者在D盘窗口中的空白位置右击，在弹出的快捷菜单中选择"粘贴"命令（见图3-28）。

5. 文件或文件夹的移动

在Windows 7中，移动文件的操作相当于先将源文件或文件夹剪切，再到目的地处粘贴，而文件或文件夹会从原来存放的位置移动到目的地处。因此只要选取源文件或文件夹后，单击"编辑"→"剪切"命令（或按下【Ctrl】+【X】），然后切换到目的地，单击

图3-27 复制操作

"编辑"→"粘贴"命令（或按下【Ctrl】+【V】），即可完成文件或文件夹的移动。

图 3-28　粘贴操作

【示例 3-9】将"D：\ 考生 \ Student. docx"文件移动到"D：\ 考生 \ YAN"文件夹中。

①打开资源管理器，选取"D：\ 考生 \ Student. docx"文件，单击"编辑"→"复制"命令；或者右击"Student. docx"文件，在弹出的快捷菜单中选择"剪切"命令。

②切换到"D：\ 考生 \ YAN"文件夹中。

③单击"编辑"→"粘贴"命令；或者在文件夹 YAN 中的空白位置右击，在弹出的快捷菜单中选择"粘贴"命令。

除了上述操作外，采用拖动方式也可以方便地实现文件的移动和复制。

注意：

（1）在拖动对象时，按住【Shift】键表示移动对象；按住【Ctrl】键为复制对象。如果在同一个磁盘驱动器的各文件夹之间拖动对象，无须按住【Shift】键，默认就是移动对象；如果在不同磁盘驱动器之间拖动对象时，默认是复制对象。

（2）如果目标文件夹和源文件夹是同一个文件夹，则复制文件的副本文件名前会加"复件"字样；如果目标文件夹和源文件夹是不同文件夹，目标文件夹中存在与复制或移动的文件名相同的文件，则在复制或移动时系统会提示用户是否替代。

（3）为了快速操作，应该熟记进行复制、剪切和粘贴对应的快捷键：【Ctrl】+【C】、【Ctrl】+【X】、【Ctrl】+【V】。如果想将当前窗口送到剪贴板可用：【Alt】+【PrintScreen】、将整个屏幕信息送到剪切板，可用：【PrintScreen】。

6. 文件或文件夹的删除与恢复

为了节省磁盘空间，删除不必要的文件或文件夹是用户常要进行的工作之一。

删除文件有下列几种方法：

（1）选定文件或文件夹后按【Delete】键。

（2）选定文件或文件夹后，单击"文件"→"删除"命令。

（3）选定文件或文件夹后右击，在弹出的快捷菜单中选择"删除"命令。

（4）将文件或文件夹直接拖放到回收站。

在 Windows 7 中，被删除的文件并非立刻从磁盘上清除，而是把文件或文件夹加上删除的记号，因此若不小心删错文件，仍然有办法可将错删的文件恢复。

【示例 3-10】删除"D：\ 考生 \ YAN \ Student. docx"文件。

①打开资源管理器，选取"D：\ 考生 \ YAN \ Student. docx"文件。

②选取"Student. docx"文件并右击，在弹出的快捷菜单中选择"删除"命令，如图 3 - 29 所示。

③单击"是"按钮，确认删除文件。

图 3 - 29 删除文件对话框

在 Windows 7 中，被删除文件或文件夹都会暂时存放在"回收站"中，等待用户进一步的指令，所以万一出现误删的情形，仍可通过"回收站"恢复错删的文件或文件夹。

【示例 3 - 11】将示例 10 中被删除的"Student. docx"文件从"回收站"恢复。

①双击桌面上的"回收站"图标 。

②在打开的"回收站"窗口中选取文件"Student. docx"。

③单击"文件"→"还原"命令，或者右击该文件，在弹出的快捷菜单中选择"还原"命令，"Student. docx"便被恢复到原来的位置了。

此外，用户也可以拖动回收站中文件或用"剪切"和"复制"的方式来恢复文件。

说明：如果想彻底删除文件，可以先将文件放入回收站，然后从回收站中将它删除，也可以用【Shift】+【Delete】组合键，不经过回收站将其彻底删除。如果删除的对象在软盘或移动存储器上，那么删除时不送入"回收站"。

7. 撤销上一次操作

单击"编辑"→"撤销"命令，或按下快捷键【Ctrl】+【Z】，可回到刚才操作前的状态，避免误操作。

8. 文件或文件夹的更名

文件或文件夹更名的方法有多种：

①使用文件菜单：选定文件或文件夹，单击"文件"→"重命名"命令，在选定对象名字周围出现的虚线框进入编辑状态后，用户直接输入新的名字或修改旧的名字。

②两次单击对象法：选定文件或文件夹对象，再单击一次该对象，在选定对象名字周围出现的虚线框进入编辑状态后，用户直接输入新的名字或修改旧的名字。

③在要更名的对象上右击，在弹出的快捷菜单中选择"重命名"命令，在选定对象名字周围出现的虚线框进入编辑状态后，用户直接输入新的名字或修改旧的名字。

按【Enter】键确认或按【Esc】键取消更名。

【示例 3 - 12】将"D：\ 考生 \ 演讲稿 . docx"文件更名为"学生成绩表 . xlsx"。

①打开资源管理器，选取"D：\ 考生 \ 演讲稿 . docx"文件。

项目三

②如果"演讲稿.docx"文件显示了扩展名 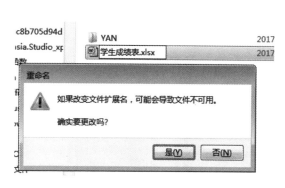 ，则直接右击该文件，在弹出的快捷菜单中选择"重命名"命令，在进入编辑状态后输入"学生成绩表.xlsx"，然后单击 是(Y) 按钮，如图 3-30 所示。

③如果"演讲稿.docx"文件隐藏了扩展名 演讲稿，则首先要将扩展名显示出来，单击"工具"→"文件夹选项"→选择"查看"选项卡→把"隐藏已知文件的扩展名"前的钩去掉→单击"确定"按钮，如图 3-31 所示，再进行"重命名"操作。

图 3-30 文件更名操作

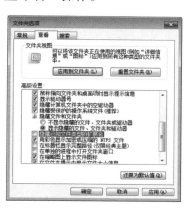

图 3-31 显示文件的扩展名

9. 更改文件或文件夹的属性

在"Windows 资源管理器"中，单击选中要更改其"属性"的文件或文件夹。单击"文件"→"属性"命令，在弹出的"属性"对话框中进行设置。

【示例 3-13】将"D:\考生\YAN\Student.docx"文件属性设置成"只读"。

①在"资源管理器"中打开"D:\考生\YAN"文件夹。

②单击并选中名字为"Student.docx"的文件。

③单击"文件"→"属性"命令，或者右击"Student.docx"文件，在弹出的快捷菜单中选择"属性"命令，弹出"Student.docx 属性"对话框。

④选中"只读"复选框，如图 3-32 所示。

图 3-32 "Student.docx 属性"对话框

⑤单击"确定"或"应用"按钮。

文件属性有 3 种："只读"属性文件只能读出，不能修改；"存档"属性与备份程序有关，只有具有存档属性的文件或文件夹在备份时才被备份，且在备份后此属性消失，一般新建或修改后的文件都有此属性；"系统"属性只有系统文件具有。

Windows 7 还可以对系统文件的属性进行高级设置，单击"属性"对话框中的"高级"按钮，打开"高级属性"对话框，如图 3-33 所示。可进行需要的设置。

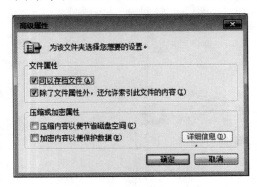

图 3-33 "高级属性"对话框

10. 快捷方式的设置和使用

Windows 设计了一种"快捷菜单"，可以让用户更方便地执行命令。它就像是可移动的菜单栏，随着鼠标指针的位置随处出现。各类对象的快捷菜单内容都不相同，Windows 7 会根据当时鼠标指针所在位置，选择最适合的命令出现在快捷菜单中。

【示例 3-14】为"D：\ 考生 \ YAN"文件夹中的"Student. docx"文件创建名为 AStudent 的快捷方式，并存放在"D：\ 考生"文件夹下。

①打开"D：\ 考生"文件夹，在空白处单击右键，弹出快捷菜单，选择"新建"，单击"快捷方式"命令，如图 3-34 所示。

图 3-34 快捷菜单

②弹出"创建快捷方式"对话框，按照路径提示在"请键入项目的位置"文本框中输入 Student. docx 的路径，或单击"浏览"按钮，在弹出的"浏览文件或文件夹"对话框中找到 Student. docx 文件，如图 3-35 所示。

③单击"下一步"按钮，在"键入该快捷方式名称"对话框中键入该快捷方式的名称为"AStudent"，如图 3-36 所示。

图 3 – 35　浏览文件或文件夹对话框　　　　　图 3 – 36　键入快捷方式名称

④单击"完成"按钮。创建的快捷方式如图 3 – 37 所示。

图 3 – 37　创建的快捷方式

11. 库的基本操作

如果用户文档主要存在 F 盘。为了日后工作方便，用户可以将 F 盘中的文件都放置到库中。在需要使用时，只要直接打开库即可，不需要再去定位到 F 盘文件目录下。

（1）库的创建。

打开资源管理器，在导航栏里我们会看到"库"，此时，可以直接单击左上角的"新建库"，也可以在"库"根目录下右击窗口空白区域，在弹出的快捷菜单中选择"新建"→"库"命令。给库取好名字，一个新的空白库就创建好了，如图 3 – 38 所示。

图 3 – 38　创建库操作

如果 Windows 7 库中默认提供的视频、图片、文档、音乐这 4 种类型无法满足需求，可以通过新建库的方式增加库中类型。

项目三

（2）添加文件类型到库。

右击需要添加的目标文件，在弹出的快捷菜单中选择"包含到库中"命令，并在其子菜单中选择一项类型相同的"库"，如图 3-39 所示。

【示例 3-15】将 D 盘下的"考生"文件夹添加到库中。

①右击 D 盘下的"考生"文件。

②在弹出的快捷菜单中选择"包含到库中"→"文档"命令，如图 3-40 所示。

图 3-39　添加文件到库

图 3-40　快捷菜单操作

③回到导航窗格中的"库"，可以看到"考生"文件夹已经添加到库中了，如图 3-41 所示。

图 3-41　添加"考生"文件夹到库中

12. 用户文件夹

在 Windows 7 中，对用户个人文件夹进行了设置和安排，打开"开始"菜单或桌面中以当前用户命名的文件夹，用户可以直接访问到"网页收藏夹""桌面""文件夹收藏"以及"下载"等目录，在一定程度上提升了管理的易用性。

特别是新增的"下载"目录,如果用户通过 Internet Explorer 8 下载文件,会自动选择保存在该目录下,便于用户集中管理,如图 3 – 42 所示。

图 3 – 42 用户文件夹

项目三

13. 搜索程序与文件

Windows 7 将搜索栏集成到了资源管理器的各种视图(窗口右上角)中,不但方便随时查找文件,更可以指定文件夹进行搜索。

(1)搜索文件。

首先,用户定位搜索范围,然后直接在搜索栏中输入搜索关键字即可。搜索完成后,系统会以高亮形式显示与搜索关键词匹配的记录,让用户更容易锁定所需结果。

库和索引机制的应用,使得搜索更快、更准。在对库里资源进行搜索时,系统是对数据库进行查询,而非直接扫描硬盘上的文件位置,从而大幅提升了搜索效率。

(2)搜索条件设置。

Windows 7 中利用搜索筛选器可以轻松设置搜索条件,缩小搜索范围。使用时,在搜索栏中直接单击搜索筛选器,选择需要设置参数的选项,直接输入恰当条件即可。另外,普通文件夹中搜索筛选器只包括"修改日期"和"大小"两个选项,而库的搜索筛选器则包括"种类""类型""名称""修改日期"和"标记"多个选项。

【示例 3 – 16】搜索出 D 盘下"考生"文件夹中在 2017 – 07 – 27 修改过的所有文件。

①将"D:\考生"定为当前文件夹。

②将光标定位在搜索栏,这时会弹出"添加搜索筛选器"设置"修改日期"和"大小"的选项。

③单击"修改日期:"会弹出设置修改日期的"日历",将其定位在"2017 – 07 – 27"。这时在"库"窗格会显示出满足条件的文件信息,如图 3 – 43 所示。

(3)组合搜索。

除了筛选器外,用户还可以通过运算符(包括空格、AND、OR、NOT、>或<)组合出任意多的搜索条件,使得搜索过程更加灵活、

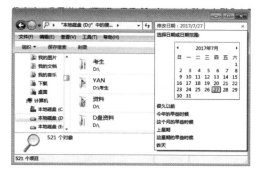

图 3 – 43 选择日期

高效。举例来说，"计算机 AND 实验"表示查找同时包含"计算机"和"实验"这两个词语的文件（即使这两个单词位于文件中的不同位置）。AND 方式与直接键入"计算机实验"所得到的结果相同。"计算机 NOT 实验"表示查找包含"计算机"但不包含"实验"的文件。"计算机 OR 实验"表示查找包含"计算机"或包含"实验"的文件。"＞"（或"＜"）表示某个条件大于（或小于）某个数值的文件（如"大小"＞300k）。注意，在使用关系运算符协助搜索时，运算符必须大写。

【示例3-17】查找出"计算机"上所有容量在 10~100 Kb 之间，文件名中包含"计算机"和"基础"这两个字符串的所有文件。

①单击"导航窗格"中的"计算机"。

②光标定位在"搜索栏"中，首先输入"计算机基础"。

③再单击筛选器上的"大小:"，设置要查找的文件大小为"小"。在工作区窗格中就会显示出结果，如图 3-44 所示。

图 3-44 显示结果

（4）模糊搜索。

"模糊搜索"是使用通配符（"＊"或"？"）代替一个或多个位置字符来完成搜索操作的方法。其中"＊"代表任意数量的任意字符，"？"仅代表某一位置上的一个字母（或数字），如"＊.jpg"表示搜索当前位置所有类型为 jpg 的文件。"win？.doc"则可用来查找文件名的前 3 个字符为"win"、第 4 位是任何数字或字母的 doc 类型文件，如"win7.doc"或"winE.doc"等。

（5）查找程序。

很多用户在打开记事本时，都会以单击"开始"→"所有程序"→"附件"→"记事本"的方式进行操作，费时费力。Windows 7 在"开始"菜单中提供"搜索程序和文件"命令，使得查找程序一键完成。"开始"菜单中的搜索主要用于对程序、控制面板和 Windows 7 小工具的查找，使用前提是知道程序全称或名称关键字。

在"搜索程序和文件"中输入"记"关键词，直接在搜索结果中打开所需程序，如图 3-45 所示。

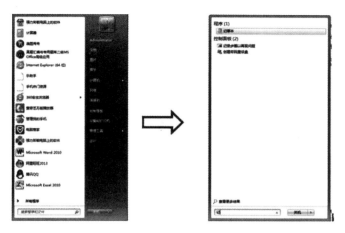

图 3 - 45 查找程序

实 战 练 习

练习 3 - 1 (操作视频请扫旁边的二维码)

题目要求：

打开"D：\ 上机文件 \ 项目 3 \ 实战练习 \ 练习 3 - 1 \ 考生"文件夹，完成下列操作。

练习 3 - 1

(1) 在考生文件夹下创建文件夹 GOOD，并设置属性为隐藏属性。

(2) 将考生文件夹下 DAY 文件夹中的文件 WORK. DOCX 移动到考生文件夹下文件夹 MONTH 中，并重命名为 REST. XLSX。

(3) 将考生文件夹下 WIN 文件夹中扩展名为 TXT 的文本文件复制到 WINTXT 文件夹中。

(4) 将考生文件夹下 WIN 文件夹中的文件 WOK. DOCX 删除。

(5) 为考生文件夹下 FAR 文件夹中的文件 START. EXE 创建一个名为 ASTART 的快捷方式，并存放在考生文件夹下。

(6) 打开资源管理器，在考生文件夹下 FIN 文件夹中新建文件 KIKK. HTML 并复制到考生文件夹下文件夹 DOIN 中。

(7) 将考生文件夹下 IBM 文件夹中的文件 CARE. TXT 删除。

(8) 将考生文件夹下 STUDT 文件夹中的文件 ANG. TXT 的"只读"属性撤销，并设置为"存档"属性。

(9) 将考生文件夹下 IBM 文件夹中以"TAS"开头的所有 Word 文件复制到 DAY 文件夹中。

(10) 将考生文件夹下 FIN 文件夹中文件 DES. TXT 的隐藏属性取消。

(11) 将考生文件夹下 IBM 文件夹下的子文件夹 VC 删除。

(12) 将考生文件夹下 WIN 文件夹中的子文件夹 SER 复制到 FIN 文件夹中。

练习 3 - 2 (操作视频请扫旁边的二维码)

题目要求：

打开"D：\上机文件\项目3\实战练习\练习3-2\考生"文件夹，完成下列操作。

练习3-2

（1）在考生文件夹下新建一个名为 GJCZ 的文件夹；然后在该文件夹下创建两个文件夹，名字分别为 GJWJ 和 GJTP。

（2）在名 GJWJ 的文件夹中建立两个文件夹，名字分别为 TUPIAN 和 ZHILIAO；在名为 GJTP 的文件夹中建立两个文件夹，分别命名为 YINGYE 和 DIANYING。

（3）在 TUPIAN 文件夹中建立名为 a1. bmp 和名为 a2. jpg 的两个文件；在 ZHILIAO 文件夹中建立名为 b1. docx 和名为 b2. xlsx 的两个文件。

（4）将 TUPIAN 中名为 a1. bmp 的文件复制到 YINGYE 中，并修改文件的扩展名为". gif"。

（5）将 TUPIAN 中名为 a2. jpg 的文件复制到 DIANYING 中，修改文件的属性为"存档"属性。同时将 TUPIAN 中的 a2. jpg 删除。

（6）搜索考生文件夹下扩展名为". docx"，文件大小为 0KB、创建日期在 2017 年的所有文件。把搜索到的文件复制到 GJCZ 下。（在库筛选器中用模糊搜索实现）

（7）增加一个名为"QQ 聊天"的库到库类型中。

（8）将（3）中建立的 TUPIAN 文件夹中的文件添加到"图片"库中。

（9）将"记事本"程序创建一个快捷方式到"考生"文件夹下。快捷方式的名称为"记事本图标"。（用"搜索程序和主件命令"先找到"记事本"程序的位置再创建快捷方式）

（10）将"考生"文件进行打包，打包成"考生. RAR"文件后。创建成快捷方式放在"桌面"上。快捷方式的名字为"考生"。

重点提示：

◆ 新建文件和文件夹的区别。

◆ 创建不常见扩展名的文件时，应先创建为常见扩展名的文件，再修改其扩展名；注意显示隐藏的文件的扩展名。

◆ "模糊搜索"使用通配符（"＊"或"？"）代替一个或多个位置字符来完成搜索操作。

模块四　Windows 7 系统环境设置

任务1　控制面板

1. 控制面板简介

控制面板是用来控制 Windows 7 的各项系统设置的一个工具集，如图 3-46 所示。而控制面板的组成项目几乎都可以通过标题看出它的功能，在图标上双击，即可执行相关的程序或对话框来做相应的设置。

打开控制面板的方法很多，常用的有：

（1）单击"开始"→"控制面板"命令。

（2）在桌面上双击 图标。

图 3 – 46　控制面板

2. 外观和个性化设置

（1）更改桌面主题。

在控制面板中单击"外观和个性化"设置中的"更改主题"项，会弹出如图 3 – 47 所示的窗口。在列表框中选择一个主题、桌面背景、窗口颜色、声音和屏幕保护程序即会变成相应的效果。

（2）自定义桌面背景。

如果需要自定义个性化桌面背景，则在"外观和个性化"设置面板下方单击"桌面背景"图标，打开"桌面背景"面板，如图 3 – 48 所示，选择单张或多张系统内置图片。

图 3 – 47　个性化设置

图 3 – 48　自定义桌面背景

当选择了多张图片作为桌面背景后，图片会定时自动切换。可以在"更改图片时间间隔"下拉菜单中设置切换间隔时间，也可以选择"无序播放"选项实现图片随机播放，还可以通过"填充"下拉列表框设置图片显示效果，单击"保存修改"按钮完成操作。

（3）更改窗口外观。

要定制个性化的窗口外观，单击如图 3 – 47 所示窗口中的"窗口颜色"图标，打开如

图 3-49 所示的窗口。在其中选择一种颜色配置直接运用到当前计算机的窗口、"开始"菜单和任务栏上。同时可以启用透明效果。单击"高级外观设置"还可以对窗口中的字体等相关属性进行进一步的设置。修改完后单击窗口中的"保存修改"按钮，退出窗口外观设置。

图 3-49　更改窗口外观

（4）屏幕保护程序设置。

单击如图 3-47 所示窗口中的"屏幕保护程序"图标，在打开的窗口中可以设置屏幕保护程序的相关属性。单击"更改电源设置"可以对计算机的相关电源配置进行设置。

（5）任务栏、"开始"菜单属性。

【示例 3-18】要求隐藏任务栏，取消"锁定任务栏"选项、"任务栏"位于左侧。设置"开始"菜单中用不显示游戏，在开始菜单中显示"运行"命令。

①单击如图 3-47 所示窗口中左下角的"任务栏和开始菜单"命令或者在状态栏上右击并选择"属性"命令，弹出"任务栏属性"对话框。

②在"任务栏"选项卡中选中"自动隐藏任务栏"复选框。

③单击"锁定任务栏"复选框，取消选中，

④单击"屏幕上的任务栏位置"按钮下拉列表框，选择"左侧"，如图 3-50 所示。

⑤单击"［开始］菜单"标签中的"自定义"按钮，在弹出的对话框中选中"运行"复选框，单击"游戏"下的"不显示此项"单选按钮，如图 3-51 所示。

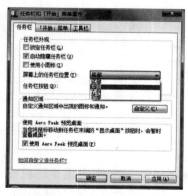

图 3-50　"任务栏"选项卡

图 3-51　"自定义［开始］菜单"对话框

⑥单击"确定"按钮。

（6）字体的安装与删除。

在 Windows 7 中安装字体有两种方法：

一种方法是直接将要安装的字体文件复制到字体文件夹，另一种方法是使用快捷方式安装字体。

方法 1：以复制的方式安装字体。

在 Windows 7 中以复制的方式安装字体就是直接将字体文件拷贝到字体文件夹中。一般默认的字体文件夹在 "C：\ Windows \ Fonts" 中。在地址栏中输入 "C：\ Windows \ Fonts"，或者单击 "控制面板" → "外观和个性化" → "字体" 命令，就可以进入 Windows 7 字体管理界面，进行字体安装了。

方法 2：用快捷方式安装字体

Windows 7 中用快捷方式安装字体的好处就是节省空间，因为使用 "复制的方式安装字体" 会将字体全部拷贝到 "C：\ Windows \ Fonts" 文件夹中，使系统盘变得特别大，使用快捷方式安装字体就可以节省空间了。在控制面板中，在 "外观和个性化" 设置面板下方单击 "字体" 图标下的 "更改字体设置"，进入 "字体设置" 界面，勾选 "允许使用快捷方式安装字体（高级）（A）" 复选框后单击 "确定" 按钮，如图 3 – 52 所示。然后，找到你的字库文件夹，选择（可以选择某个字体或者多个字体）后，单击鼠标右键，选择 "作为快捷方式安装（S）"，就可以进行 Windows 7 系统的快捷方式法安装字体了！

字体的删除很简单，直接在字体文件夹中删除即可。

图 3 – 52 "字体设置" 对话框

【示例 3 – 19】将 "F：\ 字体" 中的方正字体安装到字体库中。

选择所有的方正字体后右击，在弹出的快捷菜单中选择 "作为快捷方式安装（S）" 命令，如图 3 – 53 所示。进入 "正在安装字体" 对话框，如图 3 – 54 所示，即完成字体的安装，安装好的字体如图 3 – 55 所示。

图 3 – 53 快捷菜单

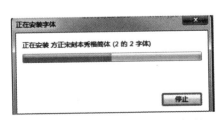

图 3 – 54 "正在安装字体" 对话框

图 3-55　安装好的字体

（7）鼠标的设置。

常用的鼠标分三键鼠标和两键鼠标。三键鼠标有左键、右键和中间按键。两键鼠标只有左键和右键两个按键。在 Windows 中只使用两键，这两个按键的不同动作是操作 Windows 的重要手段。

鼠标的 5 种基本操作如下：

①指向：指向操作就是把鼠标指针移到某一操作对象上。

②单击：单击操作就是按下并松开鼠标左键一次。

③双击：双击操作就是两次快速按下并松开鼠标左键，用于启动程序或打开文档窗口。

④拖动：拖动操作就是用鼠标将对象从屏幕上的一个位置移动或复制到另一个位置。

⑤右键单击：右键单击操作就是将鼠标指针指在该项目上，按下鼠标右键并快速松开。使用鼠标右键单击任何项目都将弹出一个"快捷菜单"，其中包含可用于该项的常规命令。

鼠标是 Windows 操作中不可缺少的输入工具，利用它可以方便地选取菜单、按下工具栏上的按钮、移动标尺、改变窗口大小等。鼠标在屏幕上的代表就是鼠标指针，鼠标控制着指针。鼠标指针标识着屏幕上的当前位置。当在鼠标垫或桌面上移动鼠标时，鼠标指针也跟着移动。

鼠标指针形状和工作状态的对应关系，如表 3-4 所示。

表 3-4　鼠标指针形状和工作状态的对应关系

指针形状	指针名称	工作状态	含义
↖	左上箭头形指针	标准选择	表示选择执行某一命令
↖?	问号形指针	求助	单击"?"按钮出现的鼠标指针，可获得帮助
↖⌛	左上箭头－沙漏形指针	后台运行	表示其处于后台运行状态
⌛	沙漏形指针	等待	正在运行，此时可转到其他窗口下工作
✛	十字形指针	精确定位	通过十字形指针可以正确定位
I	"I"形指针	选择文本	用于选择一部分文本或定位

3. 安装与卸载程序

安装中文版 Windows 7 后，可以更新某些组件，也可以删除不再需要的组件。

安装或删除 Windows 组件方法如下：

（1）打开"控制面板"窗口，单击"程序"图标，如图 3 - 56 所示，单击"打开或关闭 Windows 功能"按钮，弹出"打开或关闭 Windows 功能"对话框，如图 3 - 57 所示。

图 3 - 56　"程序"设置面板

图 3 - 57　"打开或关闭 Windows"功能对话框

（2）如果要添加 Windows 7 组件，根据要添加的程序选中"组件"列表框中原来未选中的复选框，单击"确定"按钮系统即可自动更新。

（3）如果要删除系统程序，根据要删除的程序取消"组件"列表框中原来已经选中的复选框，然后单击"确定"按钮。

卸载程序：单击图 3 - 56 中的"卸载程序"命令，弹出如图 3 - 58 所示的窗口。在该窗口中选中要卸载的程序。单击窗口上的"卸载"按钮即可。

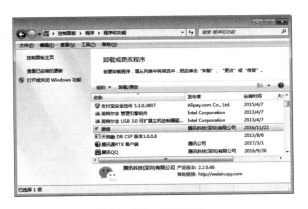
图 3 - 58　卸载程序

4. 桌面小工具

单击图 3 - 56 "桌面小工具"中的"向桌面添加小工具"命令，打开如图 3 - 59 所示的窗口，在需要添加的小工具上右击，在弹出的快捷菜单中选择"添加"命令。

5. 添加/删除输入语言

单击如图 3 - 56 窗口中"时钟、语言和区域"项，然后单击"更改键盘和其他输入法"按钮，弹出"区域和语言"对话框，选择"更改键盘"选项卡，弹出如图 3 - 60 所示的"文本服务和输入语言"对话框。

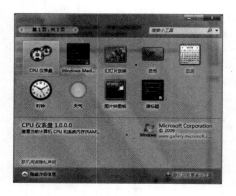

图 3-59 向桌面添加小工具

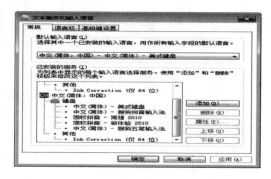

图 3-60 "文本服务和输入语言"对话框

单击"添加"按钮，弹出如图 3-61 所示的窗口，在该窗口中选中需要添加的语言后，单击"确定"按钮退出。删除输入法时则选中不需要的输入法后单击"删除"按钮。

图 3-61 "添加输入语言"对话框

任务 2　Windows 常用软件的使用

1. 提高磁盘性能

在 Windows XP 系统中，当计算机长时间运行就会导致速度越来越慢。产生该现象的很大原因是系统分区频繁地随机进行读写操作让本可以在盘片上被高速读取的数据凌乱无序，这就是磁盘碎片。在 Windows 7 中磁盘碎片整理工作是由系统自动完成的。但用户也可根据需要手动整理。

（1）在"开始"菜单的"搜索栏"中输入"磁盘"，在搜索结果中单击"磁盘碎片整理程序"选项，即可打开"磁盘碎片整理程序"界面，如图 3-62 所示。

（2）在"磁盘碎片整理程序"界面中，选中一个或多个需要整理的目标盘符，单击"确定"按钮即可。

（3）在"磁盘碎片整理程序"界面中，单击"配置计划"按钮，在打开的"修改计划"界面中可设置系统自动整理磁盘碎片的"频率""日期""时间"和"磁盘"项。一般频率间隔不要设置过久。

（a）

（b）   （c）

图 3-62   磁盘碎片整理

（a）"磁盘碎片整理程序"窗口；（b）"修改计划"对话框；

（c）"选择计划整理的磁盘"对话框

2. 画图软件

用画图软件绘制一个简单的文字图形。

（1）单击"开始"→"所有程序"→"附件"→"画图"命令，打开"画图"应用程序窗口。

（2）先在颜料盒中单击选取需要的颜色，设置好字体、字形、字号。再单击工具箱上的文本按钮，最后在画布上拖动鼠标拉出文本框，输入"中国梦"，如图 3-63 所示。

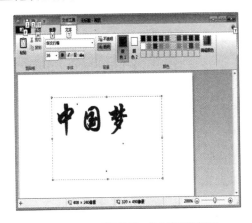

图 3-63   "画图"应用程序窗口

（3）单击"文件"菜单中的"另存为"命令，弹出"另存为"级联菜单，选择要保存的图片类型，如图3－64所示。

图3－64　保存图片

（4）在"保存在"下拉列表框中选择相应的磁盘和文件夹，在"文件名"文本框中键入文件名，然后单击"保存"按钮。

（5）单击"画图"窗口右上角的"关闭"按钮结束画图。

3. 记事本

"记事本"是纯文本文件编辑器。适用于编辑备忘录、便条等。功能比不上写字板，但是它运行速度快、占用内存小，因此比较实用。使用时注意文件长度不要超过5 KB，否则会出错。

【示例3－20】在"我的文档"上新建一个名为"中国梦"的文本文档，并在文件中输入"中国梦，我的梦。"文本内容。

①单击"开始"→"程序"→"附件"→"记事本"命令。

②在文档的文本输入区中输入"中国梦，我的梦。"。

③单击"文件"菜单中的"保存"命令后，在"另存为"对话框的"文件名"文本框中输入"中国梦"，单击"保存"按钮。

4. 计算器

计算器有"标准型"与"科学型"两种类型，"科学型"是指按一般数学法则进行混合运算的类型。单击"查看"菜单中的"标准型"或"科学型"可以进行类型选择。

单击"开始"→"所有程序"→"附件"→"计算器"命令，就可启动"计算器"应用程序。

实 战 练 习

练习3－3（操作视频请扫旁边的二维码）

题目要求：

打开"D：\上机文件\项目3\实战练习\练习3－3\考生"文件夹，完成下列操作。

练习3－3

（1）将桌面上的所有图标隐藏。

（2）打开"外观和个性化"窗口，并更改主题为"风景"。

（3）打开"任务栏和［开始］菜单属性"对话框，设置"任务栏"为"小图标"，显示在桌面右侧，同时将"任务栏"按钮设置为"从不合并"。

（4）将当前的整个桌面以扩展名为"．jpeg"的图片形式保存在"考生"文件夹中。（按下【Prtsc】键后，粘贴到画图程序中进行保存）

（5）打开"控制面板"窗口，并将当前窗口以扩展名为"．bmp"的图片形式保存在"我的文档"中。（按下【Alt】+【Prtsc】键后，粘贴到画图程序中进行保存）

（6）将本机上的"搜狗五笔输入法"从输入法面板中卸载。

（7）将考生文件夹下字体文件中的微软字体安装到字体库中。

（8）对"磁盘碎片整理程序"进行配置计划设置，配置为每周的星期三中午12点对本机上的C盘进行磁盘碎片整理。

重点提示：

◆ 保存整个桌面是按【Prtsc】键，保存当前窗口是按【Alt】+【Prtsc】键。

◆ 最好使用快捷方式安装字体。

综合训练

训练 3 – 1（操作视频请扫旁边的二维码）

题目要求：

打开"D：\ 上机文件 \ 项目3 \ 综合训练 \ 训练 3 – 1 \ 考生"文件夹，完成下列操作。

（1）在考生文件夹中分别建立 BBB 和 FFF 两个文件夹。

（2）在 BBB 文件夹中新建一个名为 BAG. TXT 的文件。

（3）删除考生文件夹下 BOX 文件夹中的 CHOU. WRI 文件。

训练 3 – 1

（4）为考生文件夹下 YAN 文件夹建立名为 YANB 的快捷方式，存放在考生文件夹下的 FFF 文件夹中。

（5）搜索考生文件夹下的 TAB. C 文件，然后将其复制到考生文件夹下的 YAN 文件夹中。

训练 3 – 2（操作视频请扫旁边的二维码）

题目要求：

打开"D：\ 上机文件 \ 项目3 \ 综合训练 \ 训练 3 – 2 \ 考生"文件夹，完成下列操作。

（1）在考生文件夹下的 XIN 文件夹中分别建立名为 JIN 的文件夹和名为 ABY. DBF 的文件。

（2）搜索考生文件夹下以 A 字母打头的 DLL 文件，然后将其复制在考生文件夹下的 HUA 文件夹中。

训练 3 – 2

（3）为考生文件夹下的 XYA 文件夹建立名为 KXYA 的快捷方式，存放在考生文件夹中。

（4）将考生文件夹下的 PAX 文件夹中的 EXE 文件夹取消隐藏属性。

（5）将考生文件夹下的 ZAY 文件夹移动到考生文件夹下的 QWE 文件夹中，重命名为 GOD。

训练 3-3（操作视频请扫旁边的二维码）

题目要求：

打开"D：\ 上机文件 \ 项目 3 \ 综合训练 \ 训练 3-3 \ 考生"文件夹，完成下列操作。

（1）将考生文件夹下"ASSIGN \ COMMON"文件夹中的文件 LOOP. IBM 移动到考生文件夹下 GOD 文件夹中，并将文件改名为 GOOD. WRI。

（2）为考生文件夹下 BUMAGA 文件夹中的文件 CIRCLE. BUT 建立名为 KCIRCLE 的快捷方式，存放在考生文件夹中。

训练 3-3

（3）将考生文件夹下 HOUSE 文件夹中的文件 BABLE. TXT 删除。

（4）将考生文件夹下 DAWN 文件夹中的文件 BEAN. PAS 的存档和隐藏属性撤销。

（5）在考生文件夹下 SPID 文件夹中建立一个新文件夹 USER。

训练 3-4（操作视频请扫旁边的二维码）

题目要求：

打开"D：\ 上机文件 \ 项目 3 \ 综合训练 \ 训练 3-4 \ 考生"文件夹，完成下列操作。

（1）将考生文件夹下 NAOM 文件夹中的 TRAVEL. DBF 文件删除。

（2）将考生文件夹下 HQWE 文件夹中的 LOCK. FOR 文件复制到同一个文件夹中，并将该文件命名为 PARK. BAK。

（3）为考生文件夹下 WALL 文件夹中的 PBOB. TXT 文件建立名为 KP-BOB 的快捷方式，存放在考生文件夹中。

训练 3-4

（4）将考生文件夹下 WETHEAR 文件夹中的 PIRACY. TXT 文件移动到考生文件夹中，并重命名为 ROSO. DOCX。

（5）在考生文件夹下 JIBEN 文件夹中建立一个新文件夹 A2TNBQ，并设置属性为隐藏。

训练 3-5（操作视频请扫旁边的二维码）

题目要求：

打开"D：\ 上机文件 \ 项目 3 \ 综合训练 \ 训练 3-5 \ 考生"文件夹，完成下列操作。

（1）在考生文件夹下的 HONG 文件夹中，新建一个 WORD 文件夹。

（2）将考生文件夹下 RED \ QI 文件夹中的文件 MAN. XLSX 移动到考生文件夹下 FAM 文件夹中，并将该文件重命名为 WOMEN. XLSX。

（3）搜索考生文件夹下的 APPLE 文件夹，然后将其删除。

训练 3-5

（4）将考生文件夹下"SEP \ DES"文件夹中的文件 ABC. BMP 复制到考生文件夹下 SPEAK 文件夹中。

（5）为考生文件夹下 BLANK 文件夹建立名为 HOUSE 的快捷方式，存放在考生文件夹下的 CUP 文件夹中。

项目四

互联网 + 文字处理 Word 2010

项目任务概述

了解 Word 2010 基本功能；掌握文档中字符的快速录入与编辑手段；掌握文档的格式与美化的方法；掌握表格的基本制作以及数据的计算与分析处理；了解图文编辑常规操作；熟练掌握文档的综合编排。

项目知识要求与能力要求

知识重点	能力要求	相关知识	考核要点
文件操作	掌握文件管理的规范性、安全性	操作系统中文件的基本管理	文件的正确保存
编辑	掌握更正错误的方法与手段	字符编辑、行段页拆分与合并、查找与替换工具	快速、准确地纠错
格式及美化	掌握规范与美化的手段和方法	字符与段落的格式方法	格式规范、外观优美
表格绘制与数据处理	掌握制表方法与数据计算及分析	制表方法、表格编辑、美化表格、计算处理、数据分析	绘制复杂表格、数据计算与分析处理
多对象混排	会艺术字、图片、文本框的插入与编辑	自选图形、多对象操作	编排艺术字、图片、文本框
版面设计	掌握页面设计及版面布局	页眉与页脚、纸张设置、四注编辑、建立目录	创建目录、文稿排版

模块一　Word 2010 简介

任务1　Word 2010 的基本功能

Word 2010 是微软公司 Office 2010 套装软件中使用最普遍的软件，具有强大的文字书写、编辑和排版功能，能快速地编排处理各种公文、信函、论文、书籍和报刊等。

Word 2010 与前期版本相比有了较大的改进，除了命令组织方式由原来的下拉式菜单改为功能区方式之外，还新增加一些功能，使整个软件系统功能更强大，结构更趋合理，操作更为方便，从而在更加易学易用的同时，还提升了事务处理能力。下面介绍 Word 2010 新增的部分功能。

1. 用导航快速查看文档

在 Word 2010 中新增了"导航窗格"，让用户方便长文档的编辑。既可以通过编号方式迅速定位，又可以通过编号方式调整文档组织结构，还可以通过搜索方式突出显示指定文本。

2. 更完美的图片编辑工具

Word 2010 图片编辑器通过更改颜色、饱和度、色调、亮度以及对比度等能渲染出更具有质感和美感的图片。

3. 拖动式窗口截屏

Word 2010 新增了屏幕截图功能。用户通过拖选方式截屏，并将所截屏幕视图快速地插入文档，丰富了屏幕拷贝功能。

4. 可以插入 SmartArt 图形

可以插入各种轻巧快捷方便的 SmartArt 图形，让文章生色不少。

5. 另存为 PDF/XPS 文件

在 Word 2010 中的"文件"→"保存并发送"选项中，新增了 PDF/XPS 文件格式，增强了 Word 软件与其他软件文件之间的共享。

任务2　Word 2010 的窗口

Word 2010 的主要功能是处理各种文字，如书写或编辑各种公文、信函、论文和简历等，要完成这些工作就必须要提供相应的操作环境，这就是人们所说的 Word 应用程序和 Word 文档窗口即基本窗口。下面介绍 Word 的基本窗口。

双击"Word 2010"图标启动 Word 应用程序后，打开如图 4-1 所示的 Word 基本窗口。窗口主要由标题栏、快速访问工具栏、功能选项卡、功能区、工作区、标尺、滚动条和状态栏等组成。

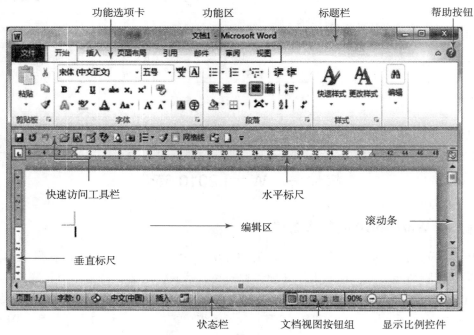

图 4-1　Word 2010 窗口组成

1. 标题栏

标题栏位于 Word 窗口的顶端，标题栏中含有 Word 控制菜单按钮、文档及程序名称、最小化、最大化（或还原）和关闭按钮、文件菜单按钮、功能选项卡、联机帮助按钮，如图 4 – 2 所示。

控制菜单按钮　　　　　　　　　文档及程序名称　　　　　　　　　窗口控制按钮

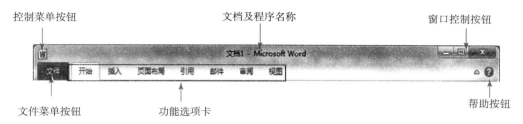

文件菜单按钮　　　　　功能选项卡　　　　　　　　　　　　　帮助按钮

图 4 – 2　标题栏组成

（1）"文件"菜单。

在标题栏的左下方是 Word 2010 文件菜单按钮，其基本功能与以前版本差不多，如新建、保存、打开、关闭、选项、打印等。但在命令组织上采用面板方式而不是级联菜单的方式。

（2）窗口控制按钮。

"最小化"按钮，单击此按钮可以将窗口最小化，缩小成一个小按钮显示在任务栏上。"最大化"按钮和"向下还原"按钮，这两个按钮不可以同时出现。当窗口不是最大化时，可以看到"最大化"按钮，单击它可以使窗口最大化，占满整个屏幕；当窗口是最大化时，可以看到"向下还原"按钮，单击它可以使窗口恢复到原来的大小。"关闭"按钮，单击它可以退出整个 Word 2010 应用程序。

项目四

（3）功能选项卡。

Word 2010 用功能选项卡取代了以前版本中的"菜单栏"。Word 基本"功能"选项卡有：开始、插入、页面布局、引用、邮件、审阅、视图等 7 个。

（4）控制菜单按钮。

控制图标 位于窗口左上角，单击此按钮会弹出一个下拉菜单，相关的命令用于控制窗口大小、位置和关闭窗口。

（5）联机帮助。

为了辅助用户快速解决操作中的现实性问题，标题栏右下方提供了 Word 联机帮助按钮 。

2. 快速访问工具栏

快速访问工具栏默认位于 Word 窗口功能区上方，但用户可以根据需要修改设置，使其位于功能区下方。

快速访问工具栏的作用是用于放置一些使用频率较高的命令，提高操作速度。默认情况下，快速访问工具栏中包含了"保存""撤销"和"恢复"三个常用的命令，用户可以根据需要，使用"自定义快速访问工具栏" 命令添加或定义自己的常用命令。

3. 功能区

Word 2010 与 Word 早期版本相比，一个最显著的区别就是用各种功能区取代了传统的下拉式菜单。在 Word 2010 功能区中，看起来像菜单的名称其实是功能区的名称（称为选项卡标签），当单击这些名称时并不会打开下拉式菜单，而是切换到与之相对应的功能区面板。每个功能区根据功能的不同又分为若干子区域（称为功能块），功能块中有若干命令按钮。全部功能区中的命令涵盖了 Word 的基本操作。功能区由选项卡、组和命令三部分组成。用户可以根据需要，通过执行"文件"→"选项"→"自定义功能区"命令来定义自己的功能区操作项或命令。

Word 默认含有 7 个功能区，分别是："开始""插入""页面布局""引用""邮件""审阅"和"视图"功能区。

◆"开始"功能区包括剪贴板、字体、段落、样式和编辑等几个组。它包含了有关文字编辑和格式设置的主要功能。

◆"插入"功能区包括页、表格、插图、链接、页眉和页脚、文本和符号等几个组。主要在文档中插入各种元素。

◆"页面布局"功能区包括主题、页面设置、稿纸、页面背景、段落、排列等几个组，主要用于设置文档页面样式。

◆"引用"功能区包括目录、脚注、引文与书目、题注、索引和引文目录等几个组，用于实现在文档中插入目录、引文、题注等索引功能。

◆"邮件"功能区包括创建、开始邮件合并、编写和插入域、预览结果和完成等几个组，该功能区主要针对文档中邮件合并方面的操作。

◆"审阅"功能区包括校对、语言、中文简繁转换、批注、修订、更改、比较和保护等几个组。主要作用是进行文档的审阅、校对和修订等操作。适用于多人、合作编辑文档。

◆"视图"功能区包括文档视图、显示、显示比例、窗口和宏等几个组。主要提供合适的外观，方便用户获得良好的视觉效果。

上述的基本功能区是常态化，另外还有动态功能区。例如，表格功能区、图片工具格式功能区等。它们是与操作对象相伴的，一般情况下是隐藏的。

4. 工作区

工作区是水平标尺以下和状态栏以上的一个呈白色的屏幕显示区域，在 Word 窗口的工作区又称编辑区，可进行文本录入、编辑、美化和排版等操作。

5. 状态栏

状态栏位于 Word 窗口的底端，用于显示文档的页数、字数，以及输入状态按钮、视图模式按钮组、显示比例调整控件。每一个按钮代表一种工作方式，单击某一按钮就可以激活它并进入该种操作方式。这几个按钮用得最多的是"插入"与"改写"切换按钮，单击该按钮就在二者之间转换。按钮名称显示"插入"表示编辑区为插入状态，输入的字符不覆盖插入点右侧已有的字符；按钮名称显示"改写"表示编辑区为改写状态，输入的字符覆盖插入点右侧已有的字符。

（1）视图切换按钮。

"视图"，即查看文档的方式。同一篇文档在不同的视图下查看，可以获得不同的编排组织方式，进而提高编排的质量和效率。Word 有 5 种视图方式：页面视图、阅读版式视图、Web 版式视图、大纲视图和草稿视图。视图之间的切换可以使用"视图"功能区中"文档视图"

组中的命令按钮组，但更简洁的方法是使用状态栏右侧的视图切换按钮组

◆ 页面视图

页面视图主要用于版面设计，页面视图显示文档的效果与打印所得的页面效果是相同的，即"所见即所得"；在页面视图下可以看到文档的外观、图形、文字、页眉、页脚等在页面上的位置，也就是文档打印在纸上的样子，该视图常用于对文本、段落、版面或文档外观进行修改；但在页面视图下占有计算机资源相应较多，使得文稿的处理速度较慢。

◆ 阅读版式视图

阅读版式视图适于阅读长篇文章，模拟书籍翻阅。阅读版式将原来的文章编辑区缩小，而文字大小保持不变，如果字数较多它会自动分成多屏。在该视图下同样可以进行文字的编辑工作，视觉效果好，眼睛不易产生疲劳。要想停止阅读文档时，请单击"阅读版式"工具栏上的"关闭"按钮或按【Esc】键，可以从阅读版式视图切换回来。

◆ Web 版式视图

使用 Web 版式视图，无须离开 Word 即可查看 Web 页在浏览器中的显示效果。

◆ 大纲视图

大纲视图适合编辑文档的组织结构，方便审阅和修改文档的结构。在大纲视图中，它将所有的标题分级显示出来，可以折叠文档以便只查看到某一级的标题或子标题，也可以展开文档查看整个文档的内容。

在大纲视图下，"大纲"工具栏替代了水平标尺。使用"大纲"工具栏中的按钮组可以容易地"折叠"或"展开"文档，对大纲中各级标题进行"上移"或"下移"、"提升"或"降低"等可调整文档层次和级别。

项目四

◆ 草稿视图

草稿视图代替了原来的普通视图。草稿视图仅显示标题和正文，最节省计算机系统资源。最适合编辑大量的文本。

（2）显示比例控件。

通过点击、拖动等操作方式能快速地调整显示比例 `80%` ，方便浏览。

6. 编辑区

编辑区显示正在编辑的文档，编辑区是用来输入和编辑文字的区域，在文档中有一闪动的竖线"｜"称为插入点（又称为光标）。插入点是输入文字、插入表格、图片等信息的位置。插入点的位置可根据用户编辑信息的需要而改变，常用的是鼠标点选。

7. 滚动条

滚动条是分别位于 Word 窗口右侧和下方的条形按钮，用来查看文档的显示位置，有垂直滚动条和水平滚动条。用鼠标指针拖动滚动条上的滑块，或者单击滚动条两端的箭头、滚动条中的空白区域，都可以在窗口中滚动文档。

8. 标尺

标尺有水平标尺与垂直标尺两种。在页面视图或草稿视图中才能显示标尺，标尺能显示文字的所在实际位置。拖动标尺上的游标可快速进行页边距、段落左右缩进、首行缩进、悬挂缩进等操作。在"显示"组中选择"标尺"复选框，将标尺显示在文档编辑区，用户也可以自己隐藏或显示标尺。

模块二　文字录入与编辑

任务1　Word 文档基本操作

1. 创建新文档

创建一个新文档，最直接的方法是建立一个空白文档。它如同一张白纸，用户可以根据自己的需要录入内容。

创建空白文档的几种常用方法：

方法一：运行 Word 2010 应用程序时自动创建。

方法二：在 Word 窗口中，执行"文件"→"新建"命令。

方法三：在 Word 窗口中，按快捷键【Ctrl】+【N】

创建的新文档，系统默认的名字为"文档1"，如果继续创建新文档，系统会自动默认为"文档2""文档3"等。但这些文档名是暂时的，用户可以在保存文档时重新命名。

用户在新建文档时，可以选择利用模板建立。所谓模板，是指具有一定样板的"文档"，新建这类文档时，Word 已经给用户规划了一定的版式、样式、格式，用户只要填写自己的内容上去就行了。例如传真、信函、报告、简历等，通过模板来创建具有某些特殊格式文档更便捷、更规范、更美观。

2. 打开 Word 文档

当用户要查看、修改、编辑或打印已经建立的 Word 文档时，首先要打开它。打开文档的类型可以是 Word 文档，也可以是 Word 文档兼容的非 Word 文档（如 WPS 文件、纯文本文件等）。

（1）打开已有的 Word 文档。

打开"磁盘"上 Word 文档的常用方法：

方法一：双击要打开的文件图标。

方法二：运用 Word 中的打开命令。操作步骤如下：

①单击"文件"→"打开"命令，或单击快速访问工具栏上的"打开"按钮，或直接按【Ctrl】+【O】快捷键，打开如图4－3所示的对话框。

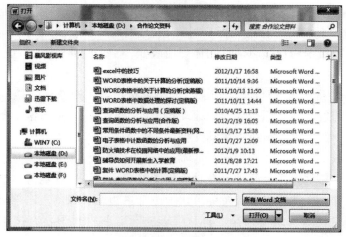

图 4－3　打开对话框

项目四

②选择文件所在的路径。

③双击选定的 Word 文档或单击选定的 Word 文档后再单击对话框"打开"按钮。

（2）打开由其他软件所创建的文件。

Word 能够识别很多其他软件创建的文件格式，并且在打开这类文档时会自动转换文档。

打开由其他软件所创建的文件步骤如下：

①只要在"打开"对话框中的"文件类型"列表框中选定要打开的文件的类型，如果不知道所要打开的文件的类型，可以选择"所有文件"。

②然后在"文件名"列表框中列出的所有该类型的文件名中，单击所需打开的文件名，再单击"打开"按钮。

（3）打开最近使用过的文档。

打开最近使用过的文档常用方法：

方法一：在"文件"选项卡中单击"最近使用文件"命令，在"最近使用列表框"中单击所需打开的文档名。

方法二：当前已打开了至少一个 Word 文档，鼠标右键单击任务栏上任一文档窗口按钮，在弹出的列表框中（最近 10 个）单击所选的文档。

3. 保存 Word 文档

保存文档非常重要，除了全文操作完毕后需要保存，而在文档输入和编辑的过程中也要随时保存当前文档内容，以免因断电、死机等意外出现丢失资料。

保存文档的常用方法：

方法一：直接保存新建文档。

Word 在建立新文档时默认为"文档 1""文档 2"等文件名的名称，一般是以"doc1""doc2"为文件名（空文档）或以文档中起始的第 1 个段落的文字作为文件名保存为"Word 文档"类型。但很多情况下，用户为了分门别类地管理文件，在保存文档的同时会给文档起一个形象、易记、易区别的名字。

【示例 4–1】将新建的空文档以"给父母的一封信"为文件名保存在 D 盘上。操作步骤如下：

①运行 Word 2010 程序。

②单击"文件"→"保存"命令，打开"另存为"对话框。

③在"另存为"对话框中，单击"保存位置"下拉列表按钮，弹出列表框。

④单击 D 盘盘符，D 盘根目录下所有的文件夹都显示在文件夹列表框中。

⑤在"文件名"栏中输入"给父母的一封信"，单击"保存"按钮。

文档保存后，仍处于编辑状态，可继续对文档进行编辑等操作，若需要保存只需要单击快速访问工具栏中"保存"按钮 就行了。

方法二：保存"磁盘"文件。

要保存打开后编辑的"磁盘"文件，只需单击快速访问工具栏的"保存"按钮 或按下组合键【Ctrl】+【S】保存。

方法三：自动存盘功能。

另外，Office 2010 提供自动存盘功能，默认的自动存盘时间间隔为 10 分钟，用户可以重新设定。自动存盘功能主要针对非法"关机"时保存为临时文件，便于文件的恢复，但它不能代替存盘操作。

【示例4-2】设置自动存盘时间，时间间隔为5分钟。操作步骤如下：

①单击"文件"→"选项"命令，打开"Word 选项"面板。

②单击"Word 选项"面板上的"保存"项目。

③选中"保存自动恢复信息时间间隔"复选框。

④单击"分钟"栏的数字调整按钮，或在文本框中输入数字5。

⑤单击"确定"按钮。

4. 文档的保护

如果所编辑的文档是一份机密的文件，不希望无关人员查看此文档，则可以给文档设置"打开权限密码"，使别人在不知道密码的情况下无法打开此文档；另外，如果所编辑的文档允许别人看但不允许编辑时，那么可以给这种文档加一个"修改权限密码"。密码的每个字符显示为"＊"，密码的长度为 1 ~ 15 个字符。密码可以是字母、数字和符号等的组合，英文字母区分大小写。

（1）设置打开权限密码。

【示例4-3】给"给父母的一封信"Word 文档设置打开权限密码"123456"。操作步骤如下：

①打开 Word 文档"给父母的一封信"。

②单击"文件"→"另存为"命令，打开"另存为"对话框。

③单击"另存为"对话框中的"工具"按钮，选择"常规选项"，打开"常规选项"对话框。

④在对话框的"打开权限密码"文本框中输入"123456"。

⑤单击"确定"按钮，打开"确认密码"对话框。

⑥在对话框中重复输入"123456"，并单击"确定"按钮，打开"另存为"对话框。

⑦在"另存为"对话框中单击"保存"按钮。

（2）设置修改权限密码。

别人可以打开并查看一个有修改权限密码的文档，但无权修改它。设置修改权限密码的步骤，除了将密码输入到"修改权限密码"的文本框中之外，其余的操作步骤与设置打开权限密码的操作一样，只不过在打开时"密码"对话框中多了一个"只读"按钮，不知道密码的人只能以只读方式打开它。

（3）设置文件属性。

由上述可见，将文件属性设置为"只读"，也是保护文件不被修改的一种方法。方法是：选择"文件"→"另存为"命令，在"另存为"对话框中单击"工具"按钮，选择"常规选项"命令，在打开的"保存"对话框中选中"建议以只读方式打开文档"复选框。

5. 关闭 Word 文档

文档操作完毕应及时地关闭 Word 文档，一方面避免打开文档过多导致操作速度下降，另一方面避免误操作导致信息的丢失。关闭 Word 文档的基本方法是：单击"文件"→"关闭"命令。若还有没有保存的新信息，会出现"Microsoft Word"对话框，点击"保存"按钮或"不保存"按钮，关闭 Word 文档。

任务 2　字符的录入与编辑

1. 光标定位

在 Word 文档的正文编辑区里，我们会看到一个闪动的竖线，这就是光标。光标即插入点，是输入字符、插入表格、艺术字等在文档中的位置。

要在文档中移动插入点，最简便的方法是移动鼠标指针到该位置单击。另外时常还需要定位的有：文件头、文件尾、行首、行尾、向上翻一页、向下翻一页，其对应的快捷键分别是：【Ctrl】+【Home】【Ctrl】+【End】【Home】【End】【Ctrl】+【Page Up】【Ctrl】+【Page Down】。

2. 输入文本

文本输入的方法很简单，只要在光标处键入要录入的文字即可。当在文档中输入文字时，光标会自动向右移动。

Word 2010 支持自动换行功能，当录入的文字到达文档的右边界时，不必按【Enter】键（回车键），光标会自动转到下一行的行首。当一个段落结束后，按【Enter】键另起一段。自动换行录入的文本在编辑时能够自动排版，否则排版时需要手动完成，费时费力。

自然段落之间是用"段落标记符"来分隔的，两个自然段落合并为一个自然段落只需删除它们之间的"段落标记符"。一个自然段落要分成两个自然段落，只需在分段处按【Enter】键就可以了。

（1）字符的输入。

一般情况下，英文是计算机默认的输入方法。输入英文，用户直接敲击键盘字母键输入。输入中文字符，首先要选择合适的中文输入法。选择中文输入法时，可以单击任务栏右边的键盘图标，会打开"输入法"列表框，单击所需输入法即可。

如果任务栏上找不到输入法图标，可按快捷键【Ctrl】+【Space】打开或关闭输入法工具栏。按快捷键【Ctrl】+【Shift】可在不同的输入法之间切换。在中文输入状态下，按快捷键【Shift】+【Space】可在全角/半角之间切换，按快捷键【Ctrl】+【.】可在中英标点符号之间切换。

（2）标点符号与特殊符号的输入。

在输入标点符号时，除了键盘上有的标点和符号之外，有时候要用到很多其他符号，如一些数字符号、数学公式等特殊符号。

插入特殊符号有两种方法：

方法一：选择"插入"选项卡中的"符号"。

单击"插入"→"符号"命令，在列表框中单击所需符号。

方法二：软键盘输入。

软键盘即软件模拟的多功能键盘。操作步骤如下：

①光标定位在要输入符号的位置。

②切换到"搜狗拼音输入法"后，单击"输入法工具栏"上的"输入方式"按钮，再单击"特殊符号"，弹出符号大全对话框，如图 4－4 所示。

③默认是 PC 键盘模式，单击"输入法工具栏"上的"输入方式"按钮，再单击"软键盘"，弹出软键盘，如图 4－5 所示。

④用鼠标单击要输入的符号，或者按相应的字母按键，该符号便被插入到文档中。

⑤输入完毕，单击软键盘按钮，关闭软键盘。

图4-4　符号列表框

图4-5　软键盘

（3）插入日期和时间。

在文件、合同等文档中经常需要标注日期、时间。用户可以直接键入日期和时间，也可以使用"插入"→"日期和时间"命令来插入日期和时间。操作步骤如下：

①把光标定位在要输入日期和时间的插入点。

②单击"插入"→"日期和时间"命令，打开"日期和时间"对话框，如图4-6所示。

③在"可用格式"列表框中点选所需的格式。若选中"自动更新"复选框，则打开文档时所插入的日期和时间会根据系统的日期和时间自动更新，否则保持原插入值。

④单击"确定"按钮，操作系统当前的日期和时间就插入文档中了。

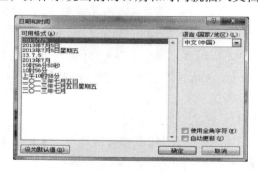

图4-6　日期和时间对话框

（4）插入另一个文档。

利用 Word 的插入文件功能，可以将几个文档连接成一个文档，这个操作又称为文件的合并。操作步骤如下：

①先把光标定位在要输入另一个文档的位置。

②单击"插入"→"对象"→"文件中的文字"，在"插入文件"对话框中点选所需文件名。

③单击"确定"按钮。

3. 选择文本

所谓选择，实际上就是告诉计算机我们要操作的对象。比如，选择一段文字，就是准备要对该段文字进行复制、移动或删除等一系列操作，这就是人们所说的"先选择后操作"方式。选择文字段的常用方法如下。

方法一：鼠标拖动选取。

将光标移动到准备要选择的文字的最左边，按住鼠标左键不放，拖动至所选文字段的最末端，松开左键。这时，被选文字背景呈深蓝色，表明该段文字被选中，如图4-7所示。

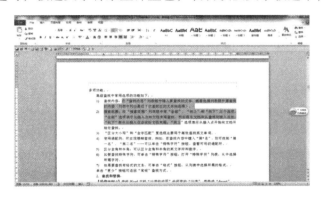

图4-7　鼠标拖动选取

方法二：鼠标单击选取。

移动鼠标至任意一行文字的左侧选择区，当鼠标形状为右倾箭头时，单击鼠标，可以选中该行文字，如图4-8所示。双击鼠标，可以选中整个段落，如图4-9所示。三击鼠标，可以选中整篇文档。

图4-8　鼠标单击选中一行文字

图4-9　鼠标双击选中整段文字

方法三：键盘选取。

当用键盘选取文本时，先将插入点移到所选文本开始处，然后选用表4-1所示的组合键。

表4-1　选定文本常用组合键

快 捷 键	功　　能
【Shift】+【↑】	选中光标所在处上面一行
【Shift】+【↓】	选中光标所在处下面一行
【Shift】+【→】	选中光标所在处右面一个字
【Shift】+【←】	选中光标所在处左面一个字

项目四

续表

快 捷 键	功　　能
【Shift】+【Home】	选中光标所在处至行首
【Shift】+【End】	选中光标所在处至行尾
【Shift】+【Page Up】	选中光标所在处至屏幕首端
【Shift】+【Page Down】	选中光标所在处至屏幕末端
【Ctrl】+【A】	选中整个文档

方法四：扩展选取。

扩展选取主要针对大段文本块的选择。先将光标定位在要选取文本的开始处，然后移动鼠标到文本末尾处，按住【Shift】后单击鼠标，大段文本块便被选中。

4. 复制、移动、粘贴和删除

在文档的编辑过程中，熟练地运用复制、移动、粘贴和删除功能，可以节省我们大量的时间。用户可以对文本、表格、图形等进行复制、移动、粘贴和删除操作，方法都是一样的。下面我们以文字为例具体介绍。

（1）复制与粘贴。

文本的复制就是把要复制的文本拷贝一份放到别的地方，而原版还保留在原来的位置。复制与粘贴常用的 4 种方法如下。

方法一：利用"开始"功能区的"复制""粘贴"命令。

①选中要复制的文本。

②单击"开始"→在剪贴板中点选"复制"按钮。

③将光标移至插入点。

④单击剪贴板中的粘贴按钮。

方法二：利用快捷菜单中的"复制""粘贴"命令。

①选中要复制的文本。

②右键单击选中的文本。

③从弹出的快捷菜单中单击"复制"命令。

④将光标移至插入点。

⑤在该插入点单击鼠标右键。

⑥在弹出的快捷菜单中单击"粘贴"命令。

方法三：利用快捷键。

①选中要复制的文本。

②按快捷键【Ctrl】+【C】。

③将光标移至插入点。

④按快捷键【Ctrl】+【V】。

方法四：鼠标拖动。

①选中要复制的文本。

②按住鼠标右键拖动到插入点的位置。

③在打开的列表框中单击"复制到此位置"命令。

或者在选中要复制的文本后，在按住【Ctrl】键的同时拖动到插入点的位置松开左键。

（2）移动与粘贴。

移动就是把文本拷贝一份放到另外的位置，而删除原来位置的文本。移动与粘贴常用的4种方法如下。

方法一：利用"开始"功能区的"剪切""粘贴"命令。

①选中要移动的文本。

②单击"开始"→在剪贴板中点选剪切按钮 ✂ 。

③将光标移动到插入点。

④单击工具栏上的粘贴按钮 📋 。

方法二：利用快捷菜单中的"剪切""粘贴"命令。

①选中要移动的文本。

②右键单击选中的文本。

③从弹出的快捷菜单中单击"剪切"命令。

④将光标移至要插入文本的位置。

⑤在该插入点右击鼠标。

⑥在弹出的快捷菜单中单击"粘贴"命令。

方法三：利用快捷键。

①选中要移动的文本。

②按快捷键【Ctrl】+【X】。

③将光标移至插入点。

④按快捷键【Ctrl】+【V】。

方法四：利用鼠标拖动。

①选中要移动的文本。

②按住鼠标右键拖动到插入点的位置。

③在打开的列表框中单击"移动到此位置"命令。

或者在选中要移动的文本后，按住鼠标左键拖动到插入点的位置松开鼠标。

（3）删除。

在文本的编辑过程中，如果要删除单个文字，将光标放在要删除文字的右边，按退格键【BackSpace】，或将光标放在要删除文字的左边，按删除键【Delete】都能删除文字。若要删除几行或大量文本，首先选定要删除的文本，再按删除键【Delete】即可。

（4）Word 2010 剪贴板的多次剪贴功能。

我们知道，当执行了复制、剪切操作以后，被复制和剪切的对象暂时存放在剪贴板里面，如图4-10所示是"剪贴板"对话框。Word 2010 剪贴板最多可以存放24个剪贴对象，这些粘贴对象具有格式选择性：保留源格式、合并格式、只保留文本。

剪贴板的内容可以多次重复使用，还可以供 Office 2010 的其他程序共享。

当剪贴板关闭时只能存放1个粘贴对象，剪贴板打开时才能存放24个粘贴对象。

打开和关闭"剪贴板"的操作是：单击"开始"→"剪贴板"右侧的展开按钮，打开"剪贴板"，再次单击该按钮"关闭""剪贴板"，如图4-11所示。

图4-10　"剪贴板"对话框　　　　图4-11　剪贴板功能块

5. 查找和替换

查找和替换在文档的输入和编辑中非常有用，特别是对于长文档。比如，在一篇几万字的文稿中查找若干相同的字符或某个格式，用查找功能即刻就能找到；如果要修改只需要在替换中输入字符或格式，这会极大地加快编辑速度。查找和替换的另一个使用技巧是可以对出现频率很高的同一词汇简化输入。

（1）查找。

【示例4-4】查找Word文档"沙漠的成因"中所有的"沙漠"。

①单击"开始"→在"编辑"功能块中单击"查找"命令右侧下拉列表按钮，在弹出的列表框中点选"高级查找"，弹出"查找和替换"对话框，如图4-12所示。

②在"查找和替换"对话框的"查找内容"文本框内输入"沙漠"。

③单击"查找下一处"按钮，系统便找到要查找的内容并以突出方式显示出来。

④再次单击"查找下一处"按钮，继续查找下一处。

在"查找和替换"对话框中，单击"更多"按钮便会弹出"搜索选项"对话框，如图4-13所示，对不确定的查找对象可以设置通配符以及查找格式的多项功能。

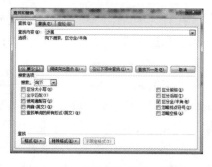

图4-12　"查找和替换"对话框　　　　图4-13　"搜索选项"对话框

高级查找中常用选项的功能如下：

◆ 查找内容：在"查找内容"列表框中键入要查找的文本，或者选择列表框中要查找的内容（列表框中列出最近7次查找过的文本供选择）。

◆ 搜索：单击"搜索"下拉列表框，出现"全部""向上"和"向下"三个选项。"全部"选项表示从插入点向文档末尾查找，然后再从文档开头查找到插入点处；"向下"选项表示从插入点查找到文档末尾；"向上"选项表示从插入点开始向文档开始处查找。

◆ "区分大小写"和"全字匹配"复选框：主要用于高效查找英文单词。

◆ 使用通配符：可在需要查找的文本中键入通配符实现模糊查找。例如，在查找内容中键入"第*名"，则可找到"第一名""第二名"……

◆ 区分全角/半角：可以区分全角和半角的英文字符和数字。

◆ 特殊格式：如要查找特殊字符，可单击"特殊格式"按钮，打开"特殊格式"列表框，从中选择所需的特殊格式字符。

◆ 格式：如要查找有格式的文本，可单击"格式"按钮，从列表框中选择所需的格式。

◆ 单击"更少"按钮可返回"常规"查找方式。

（2）替换。

【示例4-5】查找Word文档"沙漠的成因"中所有的"沙漠"，替换成"desert"。

①单击"开始"→"替换"命令，打开如图4-14所示的"查找和替换"对话框。

②在"查找内容"文本框内输入被替换的文字"沙漠"。

③在"替换为"文本框内输入替换的文字"desert"。

④单击"替换"或者"全部替换"按钮。

图4-14 替换选项

特别提醒：单击"替换"按钮只替换当前定位的内容；单击"全部替换"按钮可替换整篇文档的内容。

（3）查找和删除。

查找并删除文字或字符格式的操作步骤如下：

①单击"开始"→"查找"命令右侧下拉列表按钮，在打开的列表框中点选"高级查找"，弹出"查找和替换"对话框。

②在"查找内容"文本框中，输入文字。

③涉及格式，单击"更多"按钮。

④要搜索带有特定格式的文字，键入文本，再单击"格式"按钮，然后选择所需格式。

⑤要删除搜索文本，在"替换为"文本框中什么内容都不输入，即空值。单击"替换"

或"全部替换"则删除当前搜索文本或全文搜索文本。

⑥如果要取消指定文本的格式，只需单击"不限定格式"命令按钮即可。

6. 撤销、恢复和重复

撤销、恢复和重复功能在文档的编辑中经常用到，下面进行具体介绍。

（1）撤销。

撤销就是取消刚刚执行的一项操作。Word 2010 可以记录许多具体操作的过程，当发生误操作时，可以对其进行撤销。有两种撤销的方法：

①单击快速访问工具栏中的撤销按钮 ↶ 。单击 ↶ 旁边的下拉式箭头按钮，将打开"撤销"列表。从中可以选择希望撤销的若干步操作。

②按快捷键【Ctrl】+【Z】撤销最近执行的命令。

（2）恢复。

恢复是针对撤销而言的，大部分刚刚撤销的操作都可以恢复。如果反悔了上一步的撤销操作，也可以恢复到撤销以前的状态。恢复的方法是：

单击快速访问工具栏中的恢复按钮 ↷ 。（恢复和撤销是相辅相成的，如果没有执行撤销操作，恢复按钮是灰色的禁用状态；一旦上一步执行了撤销操作，恢复按钮就变成了深色的激活状态。）

单击 ↷ 旁边的下拉式箭头按钮，将打开"恢复"列表。从中可以选择希望恢复的若干步操作。

（3）重复。

重复是指对刚刚输入的一段文字或者一个刚操作的命令再重复执行。比如，刚刚键入一段文字，想接着再输入这段文字，那么，只需按快捷键【Ctrl】+【Y】或功能键【F4】即可，不必再键入一遍这段文字。同理，刚刚执行了一条命令，想重复执行这条命令，只需按快捷键【Ctrl】+【Y】或功能键【F4】即可。

7. 多窗口编辑技术

（1）窗口的拆分。

Word 文档窗口可以拆分为两个窗格，利用窗口拆分可以将一个位于大文档不同位置的两部分分别显示在两个窗格中，从而可以很方便地编辑文档。插入点（光标）所在的窗格称为工作窗口。将鼠标移到非工作窗口的任意位置并单击左键，就可将它切换成工作窗口。在这两个窗格间可以对文档进行各种编辑操作。拆分窗口的方法如下。

方法一：利用"视图"功能区中的拆分命令。

单击"视图"→"拆分"命令，窗口中出现一条灰色的水平横线，移动鼠标调整窗格比例，在指定位置单击鼠标确定。如果要合并成一个窗口，可以单击"视图"→"取消拆分"命令。

方法二：拖动垂直滚动条上方的拆分条。

在垂直滚动条顶端有"拆分条"按钮。将鼠标指针移到垂直滚动条顶端的一小横条处即"拆分条"按钮，当指针变为上下分裂箭头时，拖动鼠标到适当的位置释放即可拆分窗口。（双击"拆分条"或者拖动"拆分条"到文档窗口的上端或下端即可取消窗口的拆分）

（2）多个文档窗口间的编辑。

Word 允许同时打开多个文档进行编辑，每个文档有一个文档窗口。

在"视图"选项卡的"窗口"命令组中有"切换窗口"命令，单击下拉列表按钮弹出的列表框中，被打开的文档名前有一个"√"符号的表示当前正在工作的文档窗口。单击其他文档名可以切换当前文档窗口。单击"窗口"→"全部重排"命令可以将所有文档窗口排列在屏幕上。单击某个文档窗口可以使其成为当前窗口。各文档窗口间的内容可以进行移动、剪切、复制、粘贴等操作。

<h2 style="text-align:center">实 战 练 习</h2>

练习 4 - 1（操作视频及效果图请扫旁边二维码）

题目要求：

（1）在桌面上新建一个 Word 文档，插入"D：\ 上机文件 \ 项目 4 \ 实战练习 \ 练习 4 - 1 \ 4 - 1. docx"文件的内容。

（2）将插入的内容复制 3 遍，并将所有的段落连接成一个段落。

（3）将文中所有的"Data"替换成"数据"。

练习 4 - 1　　　　　效果图

（4）保存文件到 D 盘根目录下，取名"4 - 1. docx"，并设置一个修改密码"007"。

模块三　文档格式化

文档格式化的主要目的：一是提高文稿的可读性、可看性；二是符合文稿的编排规范。

任务 1　字符格式化

文本格式化是指对字符进行字体、字形、字号、下划线、颜色、边框、底纹等方面的美化。

1. 文本格式常见设置

文本格式常见的设置有：字体、字号、字形、颜色、下划线等。常用操作的方法如下。

方法一：利用"开始"功能区"字体"功能块中的命令按钮组。

选择要格式的文本，单击"开始"选项卡，在"字体"功能块中可同时进行字体、字形、字号、下划线、颜色等设置，如图 4 - 15 所示。

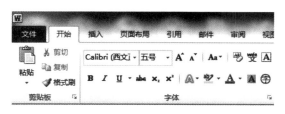

图 4 - 15　字体功能块

方法二：快捷菜单方式。

选择要格式的文本，在选择区中单击鼠标右键，弹出快捷菜单，在菜单列表框中单击

"字体"命令，打开如图 4 – 16 所示的"字体"对话框。通过"字体"对话框可同时对"字体""字形""字号""下划线""颜色""着重号""效果"等进行更全面的设置。设置完毕，单击"确定"按钮。

2. 文本格式高级设置

"高级"选项卡主要用来设置字符间距，即字符之间的距离，如图 4 – 17 所示，主要包括 5 个方面的设置。

图 4 – 16 "字体"对话框

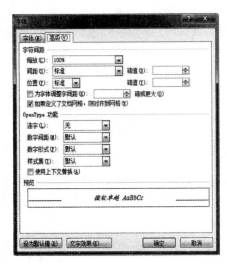

图 4 – 17 字体高级设置

◆ 缩放：用于设置把字体按比例放大或缩小，大于 100% 为放大，小于 100% 为缩小。这里设置的是把文字左右拉宽或紧缩，它和字号增大有一定的区别。

◆ 间距：分 3 种情况，即标准、加宽和紧缩。

◆ 位置：分 3 种情况，即标准、提升和降低，主要用于文字的位置相对于基准线的变化设置。

◆ 为字体调整字间距：用来调整文字或字母组合之间的距离，使文字视觉效果更加美观。

◆ 如果定义了文档网格，则对齐到网格：使每行的字符数量自动和"页面设置"对话框中的字符数保持一致。

3. 格式的复制和清除

对一部分文本设置的格式可以复制到另一部分文本中，其一风格统一，其二简洁。对设置好的格式不满意，也可以清除它。

（1）格式复制的操作步骤如下：

①选定已设置格式的文本。

②单击"开始"→"格式刷"图标 格式刷。此时鼠标指针变为刷子形。

③将鼠标指针在要复制格式的文本上拖过后释放按钮。

特别提醒：上述方法格式刷只能刷一次，如要反复刷，双击"格式刷"，此格式刷就能重复使用。如要取消"格式刷"功能，只要再单击"格式刷"即可。

（2）格式的清除方法如下：

方法一：逆向使用格式刷。

方法二：选定要清除格式的文本，按快捷键【Ctrl】+【Shift】+【Z】。

任务2 段落格式化

段落格式化是指对段落进行"首行缩进""左右缩进""对齐方式""边框和底纹"等进行规范和美化。段落格式化的常用方法如下。

方法一：利用"段落"功能块中的命令。

选择要格式在的段落，单击"开始"选项卡，在"段落"功能块中可同时进行"对齐方式""左右缩进""段行间距""边框和底纹"等设置。

方法二：在"段落"对话框中设置。

选择要格式化的一段或多段，在选择区中单击鼠标右键，弹出快捷菜单，在菜单列表框中单击"段落"命令，打开如图4-18所示的"段落"对话框。通过"段落"对话框可同时对"对齐方式""左右缩进""首行缩进""段行间距"等进行更为翔实的设置。设置完毕，单击"确定"按钮。

图4-18 "段落"对话框

方法三：拖动水平标尺上的游标。

选择要格式化的一段或多段，通过鼠标拖动水平标尺上的游标可快速地进行段落设置，如图4-19所示，拖动箭头向下的小三角就可以调整首行缩进，拖动左侧箭头向上的小三角调整悬挂缩进，拖动右侧箭头向上的小三角就可以调整段落右缩进，拖动小矩形就可以调整左缩进。

图4-19 水平标尺上的游标

1. 段落格式常见设置

（1）段落对齐方式。

段落对齐方式有："左对齐""居中""右对齐""两端对齐"和"分散对齐"五种。

◆ 两端对齐：所选的内容每一行全部向页面两边对齐，字与字之间的距离根据每一行字符的多少自动分配。

◆ 左对齐：所选的内容每一行全部向页面左边对齐。

◆ 右对齐：所选的内容每一行全部向页面右边对齐。

◆ 居中对齐：所选的内容每一行全部向页面正中间对齐。

◆ 分散对齐：排版的时候某一行文字换行后空了一大截，利用分散对齐可以让这一行文字之间的距离均匀地拉开，字体间距自动拉长，看上去就像满满地占据了这一行。

设置段落对齐的方法如下。

方法一：选定要格式化的段落，单击"开始"选项卡，单击"段落"功能块中"对齐"按钮组中的任一按钮。在"对齐"按钮组中分别提供了 5 个按钮▇▇▇▇▇。先选定所要设置对齐方式的段落，然后分别选择以上 5 个按钮之一，即可实现段落的对齐方式。

方法二：选择要格式化的段落，单击右键弹出快捷菜单，在快捷菜单列表框中单击"段落"命令打开"段落"对话框，在"段落"对话框中进行设置。

方法三：选择要格式化的段落。

◆ 按快捷键【Ctrl】+【J】，使选定的段落两端对齐。

◆ 按快捷键【Ctrl】+【L】，使选定的段落左对齐。

◆ 按快捷键【Ctrl】+【R】，使选定的段落右对齐。

◆ 按快捷键【Ctrl】+【E】，使选定的段落居中对齐。

◆ 按快捷键【Ctrl】+【Shift】+【J】，使选定的段落分散对齐。

（2）缩进。

缩进的作用主要是用来调整段落和页边距之间的距离，分为左缩进、右缩进、首行缩进、悬挂缩进 4 种。

◆ 左缩进：所选段落所有行的左边界向右缩进。

◆ 右缩进：所选段落所有行的右边界向左缩进。

◆ 首行缩进：段落的首行向右缩进。

◆ 悬挂缩进：段落中除了首行以外的所有行的左边界向右缩进。

（3）间距。

间距分段落间距和行间距。段落间距指两个段落之间的距离，分为段前间距和段后间距；而行间距指一个段落内行与行之间的距离，包括单倍行距、1.5 倍行距、2 倍行距、最小值、固定值、多倍行距。

2. 段落格式特殊设置

（1）添加边框和底纹。

有时，对文章的某些重要段落或文字加上边框或底纹，可以使其更为突出和醒目。在"开始"选项卡的"段落"组中单击"边框"下拉按钮，并在打开的菜单中选择"边框和底纹"命令，如图 4 - 20 所示。

设置边框和底纹的时候，最后都要选择应用范围是"段落"还是"文字"，两种设置是有区别的。去除边框和底纹的时候也要选对"段落"或"文字"。

底纹中的设置有两种：一种是填充，里面选择的是颜色；另一种是图案，首先选择样式，然后也可以选择颜色。

【示例 4 - 6】将 Word 文档"文字处理软件"中的第二段加上 0.75 磅的红色双线阴影边框。操作步骤如下：

图 4-20　"边框和底纹"对话框

①选定文中第二段。

②单击"开始"→"边框和底纹"命令，打开"边框和底纹"对话框。

③单击"边框"选项卡，在"设置"栏中选择"阴影"；在"线型"列表框中选择"双线"；在"颜色"列表框中选择"红色"；在"宽度"列表框中选择"0.75磅"。

④在"应用于"下拉列表框中选择"段落"。

⑤在预览框中查看结果，确认后单击"确定"按钮。

⑥如要对所选文本添加底纹，则选择"边框和底纹"对话框中的"底纹"选项卡，选择合适的"填充"颜色、"图案式样"、"应用范围"即可。操作结果如图 4-21 所示。

> 1989 年香港金山电脑公司推出的 WPS(Word Processing System),是完全针对汉字处理重新开发设计的，在当时我国的软件市场上独占鳌头。

图 4-21　设置边框后的效果图

（2）项目符号和编号。

为了使文章的内容条理更清晰，有时要用项目符号或编号来标识。项目符号表示并列关系，编号表示逻辑秩序。Word 2010 具有自动项目符号和自动编号的功能，如果不愿意手工输入编号或项目符号，就可以应用自动项目符号和编号功能。

我们可以先确定项目符号或编号，然后输入文字内容；也可以先输入文字内容，然后再为这些文字标上项目符号或者编号。在排版过程中一般都是已经输入好了文字，然后添加项目符号或编号。

添加项目符号或编号的方法是通过单击"开始"选项卡→"项目符号"或"编号"下拉式命令按钮，在"列表"中单击"项目符号"或"编号"，如图 4-22 所示。

Word 2010 提供了多种项目符号图形，如果用户不满意"项目符号和编号"对话框提供的符号形式，可以单击"定义新项目符号"（或"定义新编号格式"）命令，在打开对话框中自己选择"符号"（或"编号"），并对其设置字体格式，然后单击"确定"按钮，返回到图 4-23 所示对话框，再单击"确定"按钮，项目符号（或编号）设置完毕。

【示例 4-7】将 Word 文档"动物的寿命"中的后 6 段文字设置项目编号，起始编号为罗马"Ⅳ"，左端对齐。操作步骤如下：

①选定文中后 6 段。

②单击"格式"→"编号"下拉式命令按钮，在"编号"列表框中单击"定义新编号格式"，在如图 4 - 24 所示对话框中"编号样式"选用"罗马"。

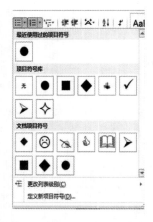

图 4 - 22 项目符号列表框

图 4 - 23 定义新项目符号

图 4 - 24 定义新编号格式

③再单击"格式"→"编号"下拉式命令按钮，在"编号"列表中单击"设置编号值"命令，在对话框中"值设置为"设置为"4"。

④单击"确定"按钮，完成设置。

项目四

实 战 练 习

练习 4 - 2（操作视频及效果图请扫旁边二维码）

题目要求：

打开"D：\ 上机文件 \ 项目 4 \ 实战练习 \ 练习 4 - 2 \ 4 - 2. docx"文件，完成下列操作。

（1）将文中所有"最低生活保障标准"替换成红色的"低保标准"，并加上着重号。

（2）将标题段文字设置成四号楷体，居中，字符间距加宽 2 磅，并对文字添加蓝色（自定义标签的红色：0、绿色：0、蓝色：240）阴影边框和黄色底纹。

练习 4 - 2　　　　效果图

（3）将正文第三自然段移到第一自然段前，使之成为第一自然段。

（4）将正文各段文字（"本报讯……7 月 1 日起执行"）设置成小五号宋体；各段落左右缩进 2 字符、首行缩进 2.5 字符，段前间距 1.5 行。正文中"本报讯"和"又讯"二词设置为五号黑体、加粗。

（5）保存文档并退出。

练习 4 - 3（操作视频及效果图请扫旁边二维码）

题目要求：

打开"D：\ 上机文件 \ 项目 4 \ 实战练习 \ 练习 4 - 3 \ 4 - 3. docx"文件，完成下列操作。

（1）将标题段"人民币汇率创新高"设置为二号黑体、加粗、倾斜，并添加红色双波浪线下划线。

（2）为正文第一段添加浅蓝色底纹和样式为15%，颜色为黄色的图案。

练习4-3　　　　效果图

（3）将正文第四段设置为悬挂缩进2字符，段前间距0.5行。

（4）为正文第二段、第三段（"外汇交易员指出……进一步扩大。"）添加项目符号"●"。

（5）保存文档并退出。

重点提示：

◆ 添加下划线时注意单下划线和字下加线的区别。

◆ 在设置边框和底纹的时候最容易犯的错误就是应用范围的使用错误。看清题目要求是给"文字"加还是给"段落"加。

◆ 项目符号的设置和插入符号的操作有很大区别，在设置时注意区分。

模块四　表格处理

作息时间表、社会调查表是用户常见的表格。表格是日常工作和生活中大量相关数据组织的最好形式。Word 2010 提供了强大而丰富的表格处理功能，可以把多种形式的表格插入到文档的任意位置，并能对表格中的数据进行各种计算分析处理。

本模块我们主要介绍怎样在文档中绘制表格以及计算分析表格中的数据等。

任务1　建立表格

1. 创建表格

（1）自动创建简单表格。

简单表格又称为规则表格，是指由多行多列组成的，其任一行或任一列的行高或列宽都是相等的表格。

制作简单表格有以下两种常用的方法。

方法一：鼠标移动创建。

在文档中插入一个5行6列的表格，操作步骤如下：

①把光标移动到要插入表格的位置单击鼠标。

②单击"插入"→"表格▦"按钮，打开列表框。

③沿网格线向右下角移动鼠标指针。被选定的行列会改变颜色，选好后单击鼠标，效果如图4-25所示。

方法二：插入表格命令。

用插入表格命令完成上例。操作步骤如下：

①把光标定位在要插入表格的位置。

②单击"插入"→"表格"→"插入表格"命令，在"插入表格"对话框中设置，如图4-26所示。

③在"列数"和"行数"栏中调整表格的列数为6和行数为5。

项目四

图 4-25　自动制表列表框　　　　　图 4-26　插入表格对话框

④在"'自动调整'操作"栏中选择"固定列宽"单选项，并在数值框中输入或单击数值按钮选择列值，或使用默认值"自动"；选择"根据窗口调整表格"单选项，可以使表格的宽度与窗口的宽度相适应，当窗口的宽度改变时，表格的宽度也随之变化；选择"根据内容调整表格"单选项，可以使列宽自动适应内容的宽度。

⑤选中"为新表格记忆此尺寸"复选框，新建表格会以这个尺寸作为默认值。

⑥单击"确定"按钮。

（2）手工绘制复杂表格。

复杂表格又称为非规则表格，是指由多行多列组成的，其任两行间列宽或单元格的多少都不尽相等的表格。可以用"插入"选项卡中"表格"命令完成。操作步骤如下：

①单击"插入"选项卡，在"表格"功能块中单击"表格"命令按钮，在打开的"插入表格"列表框中单击"绘制表格"命令，此时鼠标指针变成笔状，表明鼠标已处于"手动制表"状态。

②将铅笔形状的鼠标指针移到要绘制表格的位置，按住鼠标左键拖动鼠标绘出表格的外框虚线，放开鼠标左键后得到实线的表格外框。当绘制了第一个表格框线后，屏幕上会新增一个"表格工具"功能区并处于激活状态，如图 4-27 所示。该功能区分为"设计"和"布局"两个选项卡。

图 4-27　表格工具选项卡

③拖动鼠标笔形指针在表格中绘制水平线或垂直线，也可以将鼠标指针移到单元格的一角向其对角画斜线。

④可以利用设计组中的"擦除"按钮，使鼠标变成橡皮形，把橡皮形鼠标指针移到要擦除线条的一端，拖动鼠标到另一端，放开鼠标就可擦除选定的线段。

通过上述四步操作，可以绘制出很复杂的表格。另外，还可以利用工具栏中的"线型"

和"粗细"列表框选定线型和粗细,利用"边框""底纹"和"笔颜色"等按钮设置表格外围线或单元格线的颜色和类型,给单元格填充颜色,使表格外观变得更美观。

（3）文本转换成表格。

文本转换成表格,是指将相关的多组文本转换到表格中。可以用"插入"选项卡"表格"中"文本转换成表格"命令完成。具体操作步骤如下:

①选择要转换的文本。

②单击"插入"选项卡,在"表格"功能块中单击"表格"命令按钮,在打开的"插入表格"列表框中单击"文本转换成表格"命令,打开"将文字转换成表格"对话框。

③对话框中各个选项一般为默认值,Word 能自动识别出文本的分隔符,并计算表格列数,用户也可根据需要进行选项设置得到所需的表格。

④单击"确定"按钮。

2. 表格中输入文本

空表格建好后,需要录入相关数据。将插入点移到表格的单元格中并输入文本,因为单元格是一编辑单元,输入到单元格右边线时,单元格高度会自动增大,把输入的内容转到下一行。与编辑文本一样,如果要另起一段,则按【Enter】键。

表格中插入点的移动,按【Tab】键插入点移到下一个单元格,按【Shift】+【Tab】组合键插入点移到上一个单元格。也可按左、右、上、下光标键实现从当前单元格开始按左、右、上、下顺序进行单元格的选择。

表格单元格中的文本编辑与文档中的文本编辑方法相同。

任务 2　编辑表格

1. 调整表格行高和列宽

当数据录入表格后,原表格的设计尺寸有时不合适,需重新调整表格的行高和列宽。操作的方法有两种。

方法一:在"表格属性"对话框中精确调整。

在表格中单击右键弹出快捷菜单,在菜单列表框中单击"表格属性"命令打开"表格属性"对话框,如图 4 – 28 所示。通过各个选项卡中相应控件数据的设置,可以精确地调整整个表格及单元格的大小。

图 4 – 28　"表格属性"对话框

方法二：拖动滑块近似调整。

调整行高。鼠标移动到单元格之间的横线时，光标会变成一个上下的双向箭头，上下拖动鼠标，会看到表示表格横线的虚线在上下移动，当虚线移动到合适的位置，松开鼠标，行高就改变了。用此方法可以调整表格任一行的高度。

调整列宽。鼠标移动到单元格之间的竖线时，光标会变成一个左右的双向箭头，左右拖动鼠标，会看到表示表格竖线的虚线在左右移动，当虚线移动到合适的位置时，松开鼠标，相邻列之间宽度之比就改变了。拖动水平标尺上的"表格滑块"也能改变列宽，用此方法可以调整表格任一列的宽度。

2. 合并单元格

合并单元格就是把几个单元格合并到一起，形成一个大的单元格，用来输入表格的标题或插入图片等。

选定要合并的多个连续的单元格，在选择的区域中单击右键弹出快捷菜单，在快捷菜单列表框中单击"合并单元格"命令，或单击"表格工具 – 布局"选项卡中"合并单元格"按钮。

3. 拆分单元格

拆分单元格是把一个单元格分成若干个单元格。

选中要拆分的单元格，单击右键弹出快捷菜单，在快捷菜单列表框中单击"拆分单元格"命令打开"拆分单元格"对话框，如图 4 – 29 所示，用户单击"数值"按钮选择相应的列值和行值，最后单击"确定"按钮。

4. 插入整行或整列

操作的常见方法如下。

方法一：利用"行和列"功能块。

把光标移动到要插入行或列的单元格中，单击"布局"→在"行和列"功能块中单击"在上方插入""在下方插入""在左侧插入"和"在右侧插入"命令按钮，如图 4 – 30 所示，就可在当前单元格的"上方""下方""左侧""右侧"插入一空行或空列。

图 4 – 29 "拆分单元格"对话框

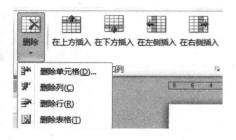

图 4 – 30 插入和删除行或列

方法二：利用快捷菜单。

把光标移动到要插入行或列的单元格中，单击右键弹出快捷菜单，单击"插入"→"在上方插入""在下方插入""在左侧插入"和"在右侧插入"按钮，就可在当前单元格的"上方""下方""左侧""右侧"插入一空行或空列。

5. 删除整行或整列

操作的常见方法如下。

方法一：利用"行和列"功能块。

选中要删除的整行或整列，单击"布局"→"删除"→"删除行"或"删除列"命令按钮。

方法二：利用快捷菜单。

选中要删除的整行或整列，单击鼠标右键弹出快捷菜单，在菜单中单击"删除行"或"删除列"命令。

6. 缩、放表格

Word 2010 提供的缩、放表格是一项非常简便实用的操作。当我们觉得插入的表格大小不合适时，可以用鼠标直接来缩小或放大表格。

将鼠标指针移动到表格中，在表格的右下角会出现一个"矩形"的调整块，拖动调整块就能调整整个表格的大小。

任务3 格式化表格

格式化表格的主要目的是规范和美化表格，以及清晰地表征数据，便于用户分析。

1. 自动套用格式

"表格自动套用格式"是指用户创建的表格可以套用 Word 提供的已定义的表格格式。

把插入单移动到要套用格式的表格中。单击"设计"选项卡，在"表格样式"功能块中点击所需的表格类型，如图 4 – 31 所示。

2. 边框和底纹的设置

方法一：

单击"设计"选项卡，在"绘图边框"功能块中，选择适宜的"线型""粗细""边框颜色"，然后单击"绘制表格"命令按钮，用鼠标拖动画线或单击 边框 下拉菜单，选择框线应用于所选单元格的什么位置即可。单元格底纹的设置可以单击

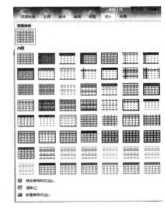

图 4 – 31　表格样式列表框

底纹 按钮实现。

方法二：

选择要格式化的单元格或区域，单击鼠标右键弹出快捷菜单，在快捷菜单列表框中单击"边框和底纹"命令，打开"边框和底纹"对话框，在"边框"选项卡选择相应的栏目，如图 4 – 32 所示，从"应用于"列表框中选择"单元格"表示应用于所选单元格，选择"表格"表示应用于整个表格。添加底纹的方法同上，只是选项卡由"边框"改为"底纹"。

3. 设置表格中的文字对齐方式

表格中对齐方式有两种，一种是表格作为一个整体在整个文档中的位置，另一种是表格中的文字的对齐方式。

表格在文档中的对齐方式设置方法：把鼠标移动到表格中任一单元格，单击右键，选择"表

格属性"命令，打开对话框后，在"表格"选项卡中选择"对齐方式"，单击"确定"按钮。

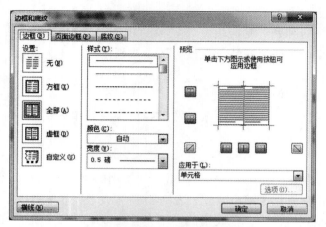

图 4–32　边框和底纹对话框

表格中文字对齐方式有两个：一个是水平方向，另一个是垂直方向。选择需要设置的文本区域，选择"表格工具–布局"选项卡，选择"对齐方式"组中的相应对齐方式。另外也可以单击右键，选择快捷菜单中的"单元格对齐方式"。

4. 表格中的文字方向

在默认的情况下，表格中的文字是横向的。我们也可以把表格中的文字设置成竖排的。操作步骤如下：

（1）选中要排列文字的单元格。

（2）单击鼠标右键弹出快捷菜单，在快捷菜单中单击"文字方向"命令，打开"文字方向–表格单元格"对话框，如图4–33所示。

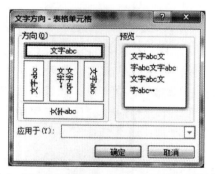

图 4–33　"文字方向–表格单元格"对话框

（3）在"方向"栏中选择需要的文字方向，然后单击"确定"按钮，文字方向改变操作完成。

5. 单元格边距

单元格中的文字与单元格边框之间的距离称为单元格边距，单元格边距设置方法有以下两种。

方法一：

选中表格后单击鼠标右键，选择"表格属性"命令，在"表格属性"对话框中单击

项目四

"表格"选项卡，单击"选项"按钮，弹出如图4-34所示的"表格选项"对话框，设置单元格上、下、左、右边距即可，此方法主要用于整个表格单元格边距的设置。

方法二：

选择需要调整的单元格后单击右键，选择"表格属性"命令，在"表格属性"对话框中单击"单元格"选项卡，单击"选项"按钮，弹出如图4-35所示的"单元格选项"对话框，取消选中"与整张表格相同"复选框，设置单元格上、下、左、右边距即可，此方法主要用于独立单元格边距的设置。

图4-34 "表格选项"对话框　　　　图4-35 "单元格选项"对话框

任务4　表格中数据的排序与计算

Word还能对表格中的资料进行排序和计算。例如，对表4-2所示的学生成绩表进行排序和计算。

表4-2　学生成绩表

学号	姓名	性别	语文	数学	英语	平均成绩
01	赵明	男	69	88	87	
02	李萌萌	女	77	83	71	
03	王林	女	73	89	89	
04	李彬彬	男	76	69	67	
05	程芳	女	88	70	78	

1. 排序

排序即重新整理记录的先后次序。排序的类型有多种：按排序的位置分有升序、降序，按列数即关键字的多少分有简单、复杂排序（一列为简单，一列以上为复杂），按选取记录的多少分有部分、全部排序（一部分连续的记录为部分，所有记录为全部）。

【示例4-8】打开Word文档"成绩表1"，将里面的数据先按"性别"递增排序，再按"语文"成绩递减排序。操作步骤如下：

①将插入点置于要排序的表格任一单元格中。

②单击"开始"选项卡，在"段落"功能块中单击"排序"命令按钮，打开"排序"对话框，如图4-36所示。

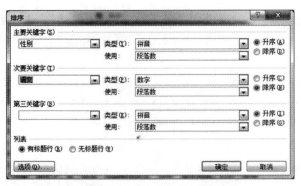

图4-36 "排序"对话框

③在"主要关键字"列表框中选择"性别"项。"类型"根据需要选择。

④在"次要关键字"列表框中选择"语文"项，再单击"降序"单选按钮。

⑤在"列表"组选中"有标题行"单选按钮，表示选择的区域中的首行作为标题行而不参与排序。其中的"无标题行"表示选择的区域中所有的行都要参与排序。

⑥单击"选项"按钮可进行其他设置，如"仅对列排序""区分大小写"等。排序后的结果如表4-3所示。

表4-3 排序结果表

学号	姓名	性别	语文	数学	英语	平均成绩
04	李彬彬	男	76	69	67	
01	赵明	男	69	88	87	
05	程芳	女	88	70	78	
02	李萌萌	女	77	83	71	
03	王林	女	73	89	89	

2. 计算

Word 提供了对表格中资料的一些诸如求和、求平均值等常用的计算功能。利用这些功能可以对表格中的数据进行简单计算。

表格中要计算就要用"公式"来完成。公式的形式是"＝表达式"，表达式由数值和算术运算符组成，如 $2+3$，$5*6$ 等。算术运算符有：＋、－、＊、／、^、（），即加、减、乘、除、乘方、圆括弧（改变运算次序）。数值的表达形式有：常量和单元格地址。单元格地址的命名方法是用英文字母"A，B，C..."从左到右表示列，用正整数"1，2，3..."从上到下表示行，每一个单元格的名字由它所在列和行的编号组合而成，如表4-4所示。

表4-4 单元格地址命名表

	A	B	C	...
1	A1	B1	C1	...
2	A2	B2	C2	...
⋮	...	...	...	...

项目四

下面列举几种典型的单元格表示方法：

B1：C2：表示由 B1、B2、C1、C2 四个单元格组成的矩形区域。

2：2：表示整个第二行。

C：C：表示整个第三列。

SUM（A1：B2，C1）：表示求 A1 + A2 + B1 + B2 + C1 的值。

表达式的特殊形式是函数，如 SUM、AVERAGE 即求和、平均值函数。函数的表达形式是：SUM（参数），即 SUM 为函数名、（）为定界符、参数为计算对象。计算对象由常量、单元格地址、区域名称等组成。常用的区域名称有：LEFT（左侧）、RIGHT（右侧）、ABOVE（上方）、BELOW（下方）。

【示例 4 - 9】打开 Word 文档"成绩表 2"，求表格中的每位学生的平均成绩，数值保留 1 位小数。操作步骤如下：

①将插入点移到存放平均成绩的单元格中。本例中是第二行最后一列。

②单击"布局"→"公式"命令按钮，打开"公式"对话框，如图 4 - 37 所示。

③在"公式"列表框中显示"= SUM（LEFT）"，表明要计算左边各列资料的总和，而本例中要求计算平均值，所以应将其改为"= AVERAGE（LEFT）"，或从"粘贴函数"列表框中选择函数名。

④在"编号格式"列表框中选择"0.00"格式，表示保留两位小数，删除最后 1 位后改为"0.0"格式。

⑤单击"确定"按钮。

⑥重复上述操作可以求得其他各行的平均值。最后结果如表 4 - 5 所示。

图 4 - 37 "公式"对话框

表 4 - 5 计算结果表

学号	姓名	性别	语文	数学	英语	平均成绩
04	李彬彬	男	76	69	67	70.7
01	赵明	男	69	88	87	81.3
05	程芳	女	88	70	78	78.7
02	李萌萌	女	77	83	71	77.0
03	王林	女	73	89	89	83.7

3. 大量数据的计算

由于表格中的运算结果是以域的形式插入到表格中的，所以当参与运算的单元格数据发生变化时，公式也需要更新计算结果，用户只需将鼠标选中插入了公式的单元格，按【F9】键即可。

用函数计算时，尽量选择 LEFT、ABOVE 等表示计算范围，然后复制、粘贴和更新（按【F9】键），可极大地简化重复计算。

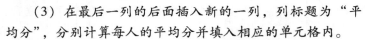

实 战 练 习

练习 4-4（操作视频及效果图请扫旁边二维码）

题目要求：

打开"D:\上机文件\项目4\实战练习\练习4-4\4-4.docx"文件，完成下列操作。

（1）将后6行文字转换成一个6行4列的表格，设置表格居中。设置表格列宽3厘米，行高0.75厘米。

（2）将表格中第二列和第三列位置互换，删除第四列。

练习 4-4   效果图

（3）在最后一列的后面插入新的一列，列标题为"平均分"，分别计算每人的平均分并填入相应的单元格内。

（4）以"平均分"为主要关键字降序对表格进行排序。

（5）表格中第一行和第一列文字水平居中，其余文字中部右对齐。

（6）设置表格外框线为1.5磅蓝色双线，内框线为1磅红色单线，第一行的底纹为"茶色，背景2，深色25%"。

（7）保存文档并退出。

练习 4-5（操作视频及效果图请扫旁边二维码）

题目要求：

打开"D:\上机文件\项目4\实战练习\练习4-5\4-5.docx"文件，按照题后效果图格式设计表格，具体要求：

（1）内框线和左右边线为1磅，上外框线为3磅，下外框线为2.25磅，最后一行设为黄色的底纹。

练习 4-5   效果图

（2）表格的最后一行行高1.5厘米，其余各行的行高均为0.7厘米；各列列宽均为2.8厘米。

（3）按样表完善表格（即插入、合并等操作），最后一行内容靠上左对齐，其余各单元格中部左对齐。

（4）将表格内文字设为小五号新宋体。

（5）表格居中对齐。

参展意向书　　　　　　年　月　日

参展单位：			
企业性质：	○国内企业	○台资企业	○独资企业
联系人：	电话：		传真：
详细通信地址：		邮编：	
申请参展类别：	○电子元器件	○电子整机仪器展	
申请展位类别：	○普通展位	○标准展位　○会外场地	○外商展位
备注：			

练习4-5　效果图

练习4-6（操作视频及效果图请扫旁边二维码）

题目要求：

打开"D：\上机文件\项目4\实战练习\练习4-6\4-6.docx"文件，完成下列操作：

①在"表格制作练习"的下一行制作一个5行4列的表格，设置表格列宽为2厘米、行高为0.8厘米。

②表格样式采用内置"浅色底纹-强调文字颜色2"，表格居中；将表标题"表格制作练习"设置为四号仿宋、居中。

练习4-6　　　效果图

③对表格进行如下修改：在第1行第1列单元格中添加一条0.5磅、"深蓝，文字2，淡色40%"、左上右下的单实线对角线；合并第2、3、4、5行的第1列单元格；将第3、4行第2、3、4列的6单元格合并，并均匀拆分为2行2列4个单元格；表格第1行添加"白色，背景1，深色15%"底纹；表格内框线为0.5磅"茶色，背景2，深色25%"单实线；设置表格外框线为1.5磅"茶色，背景2，深色25%"单实线。

项目四

重点提示：

◆ 表格中两列交换位置没有特殊的按钮可以直接完成，只有通过剪切和粘贴完成。

◆ 表格中行行交换最简单的方法就是使用组合键：【Alt】+【Shift】+【↑】向上移动或【Alt】+【Shift】+【↓】向下移动。

◆ 在表格中进行计算时，首先在公式栏中必须输入"="，否则无法计算。使用函数时所用的符号都必须是在英文半角下输入，否则会报错。

模块五　多对象处理

任务1　插入艺术字

单击"插入"选项卡"文本"工具组中"艺术字"按钮，在弹出的下拉列表中单击任意一种艺术字样式，则在文档中出现"请在此放置你的文字"文本，单击修改文本内容，在选项卡右侧便会出现"绘图工具-格式"选项卡，如图4-38所示。

图4-38 "绘图工具-格式"选项卡

通过"绘图工具-格式"选项卡可以修改艺术字的样式，包括文本填充效果、文本轮廓效果、文本效果、形状填充效果、形状轮廓效果、形状效果、文字方向、对齐文本等。

在"文本效果"下拉菜单中有一个"转换"命令，可以选择任意一种形状样式并将选中的艺术字设置成该形状样式。

【示例4-10】新建一个Word文档，插入"学校20周年庆典"的艺术字，操作步骤如下：

①把光标定位在插入点。

②单击"插入"→"艺术字"按钮，选择"填充-橙色，强调文字颜色6，暖色粗糙棱台"样式。

③在"请在此放置你的文字"文本框中输入文字"学校20周年庆典"。

④单击"形状样式"中的"细微效果-橙色，强调颜色6"样式。

⑤单击"文本效果-转换"，选择"弯曲-正三角"，效果如图4-39所示。

图4-39 艺术字效果

任务2 插入图片

在"插入"工具组中单击"图片"命令按钮，弹出"插入图片"对话框，选择插入图片的位置，选中图片，单击"插入"按钮，如图4-40所示。

图4-40 插入图片

插入的图片默认以嵌入式的方式存放在文档中，可以对该图片进行编辑修改。单击插入的图片，在功能选项卡区域会出现"图片工具-格式"选项卡，如图4-41所示。

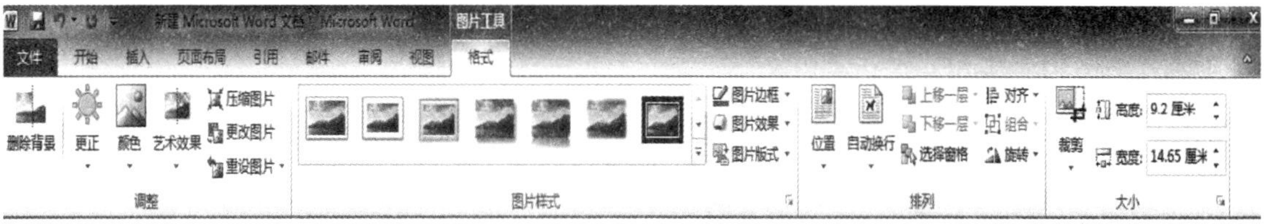

图 4－41 “图片工具－格式”选项卡

通过“图片工具－格式”选项卡，可以编辑插入图片的亮度和对比度、颜色、艺术效果、图片边框、图片效果、图片版式、排列方式、大小、裁剪、删除、背景、修改等。

文字环绕图片方式是指图文混排时，正文与图片之间的排版关系，用户可以在“排列”组中单击“自动换行”命令按钮，在打开的菜单中选择合适的文字环绕方式即可，每种文字环绕方式的含义如下所述。

◆ 四周型环绕：不管图片是否为矩形图片，文字以矩形方式环绕在图片四周。

◆ 紧密型环绕：如果图片是矩形，则文字以矩形方式环绕在图片周围，如果图片是不规则图形，则文字将紧密环绕在图片四周。

◆ 穿越型环绕：文字可以穿越不规则图片的空白区域环绕图片。

◆ 上下型环绕：文字环绕在图片上方和下方。

◆ 衬于文字下方：图片在下、文字在上分为两层，文字将覆盖图片。

◆ 浮于文字上方：图片在上、文字在下分为两层，图片将覆盖文字。

◆ 编辑环绕顶点：用户可以编辑文字环绕区域的顶点，实现更个性化的环绕效果。

也可以在“图片工具－格式”选项卡中，选择“排列”组中“自动换行”下拉菜单中的“其他布局选项”命令，在打开的“布局”对话框中设置图片的位置、文字环绕方式和大小。

【示例 4－11】打开 Word 文档“油菜花”，插入图片“风景 1. jpg”。操作步骤如下：

①把光标定位在插入点。

②单击“插入”→“图片”按钮，选中图片“风景 1. jpg”，单击“插入”命令。

③设置图片大小为：高 3. 68 厘米，宽 5. 79 厘米。

④选中图片，选择“圆形对角，白色”样式。

⑤单击“自动换行”选项，在下拉菜单中选择“四周型环绕”，效果如图 4－42 所示。

油菜花

油菜花原产地在欧洲与中亚一带，植物学上属于一年生草本植物，十字花科。在我国栽培较广，以长江流
域和以南各地为最多。 冬季至春季开放的花。雌
浆草的同类植物。色泽 鲜艳，带有芳香。油菜花
- 江西：婺源油菜有韵 味江西最美丽的油菜花
在婺源，走进婺源，漫 山的红杜鹃，满坡的绿茶，
金黄的油菜花，加上白 墙黛瓦，五种颜色，和谐
搭配，胜过世上一切的 图画。油菜花是最容易栽
培的农作物之一，农民 常于农田冬春休耕期间
在田里洒上油菜籽，播 种后约两个月便开出朵
朵黄色的小花，等到第二年春天农民再将油菜耕入土中以增加土壤的养分。

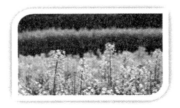

图 4－42 图片效果

任务3　插入剪贴画

剪贴画是 Word 文档中提供的一类图形文件，用户可以根据自己的需要插入相关的图片，并对这些图片进行编辑操作，操作方法和插入图片的方式是一样的。单击"插入"选项卡"插图"工具组中的"剪贴画"按钮，在文档右侧将出现"剪贴画"窗格，按图片的类型进行大致的搜索，搜索前可以把"包含 Office.com 内容"前面的复选框打钩，这样可以通过网络搜索到大量图片。在搜索出来的图片右侧有一个下拉按钮，单击下拉按钮，在弹出的下拉列表中选择"插入"命令，选中的图片即可被成功插入到 Word 文档中。

【示例 4 - 12】新建一个 Word 文档，插入有关"动物"的图片。操作步骤如下：

①单击"插入"→"剪贴画"按钮，在右侧"搜索文字"处输入"动物"。

②选中"老虎"，单击"插入"命令，如图 4 - 43 所示。

任务4　插入形状

绘图工具栏是 Word 将常见的绘图工具集中到一个工具栏上形成的。

1. 绘制形状

单击"插入"选项卡"插图"工具组中的"形状"按钮，弹出下拉列表，如图 4 - 44 所示。在面板中可以选择线条、矩形、基本形状、流程图、箭头总汇、星与旗帜、标注等图形，选择任意一个图形插入，即可在选项卡右侧出现新的"绘图工具 - 格式"选项卡。一般需要单击图形，才可以看到，不然单击空白的地方是看不到的。用户可以通过鼠标的拖动来移动图形的位置、调整图形的大小，也可以简单调节图形的形状变化，还可以调整图形的角度或方向。

项目四

图 4 - 43　插入剪贴画

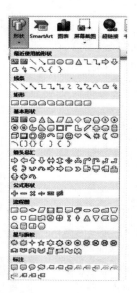

图 4 - 44　形状下拉列表

2. 添加文字

封闭的形状中可以添加文字，并设置文字格式。要添加文字，需要选中相应的形状并单击右键，在弹出的快捷菜单中选择"添加文字"命令，如图 4 - 45 所示。该形状中出现光标，即可输入文字。

3. 对象的层次关系

在已绘制的形状上再绘制形状，就会产生重叠，若要改变重叠次序，先选择要改变叠放次序的对象，选择"绘图工具－格式"选项卡，单击"排列"组中"上移一层"或"下移一层"按钮调整该形状的叠放位置，或单击右键，选择快捷菜单中的"上移一层"或"下移一层"选项，如图 4－46 所示。

图 4－45　形状中添加文字

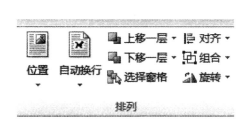

图 4－46　形状层次排列

4. 对象的组合与分解

使用自选图形工具绘制的图形一般包括多个独立的形状，当需要选中、移动和修改大小时，往往需要选中所有的独立形状，操作起来不太方便。其实用户可以借助"组合"命令将多个独立的形状组合成一个图形对象，然后即可对这个组合后的图形对象进行移动、修改大小等操作。操作方法如下：

（1）按住【Ctrl】键用鼠标左键依次选中要组合的对象。

（2）单击"排列"组中的"组合"下拉按钮，在弹出的下拉菜单中选择"组合"选项，即可完成将多个图形组合为一个整体。

（3）分解时选中需分解的组合对象后，单击"排列"组中的"组合"下拉按钮，在弹出的下拉菜单中选择"取消组合"选项即可。

任务 5　插入文本框

文本框是一个独立的对象，框中的文字和图片可以随文本框移动，它与给文字加边框是不同的概念。实际上，可以把文本框看作一个特殊的图形对象。文本框中的文字可以横排也可以竖排，还可以在文本框中插入图片，如图 4－47 所示。利用文本框不仅能将文档内容编排得更加丰富多彩，还可以进行版面辅助设计，如图 4－48 所示。

1. 绘制文本框

如果要绘制文本框，可以单击"插入"功能区"文本"功能块中的"文本框"按钮，在打开的列表框中单击所需的文本框样式，即在插入点插入一个文本框。将插入点移至文本框内，可以在文本框内录入文本、插入图片、表格、艺术字等。而文本框中文字的设置与文档中文字的设置方法相同。

图 4 – 47　文本框效果

图 4 – 48　用文本框辅助版面设计

2. 改变文本框的位置、大小和环绕方式

当文本框被选定时，框线周围出现由小斜线段标记的边框，把鼠标指针移到这边框线中时就变为十字形箭头，拖动它可以改变文本框的位置。单击文本，选定文本框，在其周围出现 8 个叫作调节手柄的小方块，可以用来调节文本框的大小，调节方法与调节图片的方法相同。文本框的环绕方式：右键单击文本框框线弹出快捷菜单，在快捷菜单列表框中单击"其他布局选项"命令打开"布局"对话框，在对话框中单击"文字环绕"选项卡，进行相关设置，如图 4 – 49 所示，单击"确定"按钮完成操作。

图 4 – 49　"布局"对话框

3. 文本框格式设置

给文本框添加底纹，改变边框线型、颜色等可提高文本框的艺术感染力。操作步骤如下：

（1）单击文本框边框，弹出快捷菜单。

（2）在快捷菜单中单击"设置形状格式"命令，打开"设置形状格式"对话框，如图 4 – 50 所示。

（3）在"填充"选项组中选择所需填充的底纹颜色和图片、纹理、图案效果等。

（4）在"线条颜色"选项组中选择边框颜色，在"线型"选项组中选择边框所需线型。

（5）单击"确定"按钮。

"设置文本框格式"对话框中还包括："位置""大小""环绕"和"文本框"等选项卡，选择"大小"和"位置"选项卡就可以精确地调整文本框的位置及大小。

图 4 – 50 "设置形状格式"对话框

任务 6　插入公式

Word 2010 提供了多种常用的公式供用户直接插入到 Word 2010 文档中，用户可以根据需要直接插入这些内置公式，以提高工作效率。操作步骤如下：

（1）把光标定位在插入点，切换到"插入"功能区。

（2）在"符号"组中单击"公式"下拉三角按钮，在打开的内置公式列表中选择需要的公式（如"二次公式"）即可，如图 4 – 51 所示。

图 4 – 51　插入公式

如果内置公式中没有所需公式，用户可以单击"插入新公式"，在弹出的"在此处键入公式"处，利用"公式工具 – 设计"选项卡中的"符号"和"结构"组中的命令编辑用户自己所需公式，如图 4 – 52 所示。

图 4 – 52　"公式工具 – 设计"选项卡

实 战 练 习

练习4-7（操作视频及效果图请扫旁边二维码）

题目要求：

打开"D：\ 上机文件 \ 项目4 \ 实战练习 \ 练习4-7\ 4-7.docx"文件，完成下列操作：

练习4-7　　　　效果图

（1）在第一段前面插入"填充-橙色，强调文字颜色6，暖色粗糙棱台"的艺术字"美丽遂宁"，并设置"文本效果-转换"为倒V形，艺术字文字环绕方式为"上下型"，水平对齐方式居中。

（2）插入"D：\ 上机文件 \ 项目4 \ 实战练习 \ 练习4-7\ a1.jpg"图片，图片大小为高5厘米，宽8厘米，图片文字环绕方式为四周型，放在第二段文字中。

（3）在第三段中插入一竖排文本框，文本框的大小为高4.5厘米，宽4.13厘米，并把第一段的文字复制进去，文字设置为10磅，华文行楷。

（4）文本框文字环绕方式为紧密型，文本框效果设置为无框线，"白色大理石"纹理。

（5）保存文档并退出。

练习4-8（操作视频及效果图请扫旁边二维码）

题目要求：

打开"D：\ 上机文件 \ 项目4 \ 实战练习 \ 练习4-8\ 4-8.docx"文件，完成下列操作：

练习4-8　　　　效果图

（1）按照图片所示公式，写出同角三角函数基本关系式。

（2）利用自选图形绘制"国旗"。

（3）插入有关"足球"的剪贴画。

（4）保存文档并退出。

重点提示：

◆ 新插入的艺术字默认悬浮在文字上方，我们需要设置文字环绕方式来调整位置。

◆ 我们在设置图片大小的时候，纵横比一般都是锁定的，即调整高度后宽度也随之发生改变，所以一定要先将纵横比锁定解除后再来设置大小。

◆ 在制作国旗五角星的时候，我们只需插入一次，调整好大小后，其他的可以复制粘贴过去。

◆ 多形状构成的图形一般需要"组合"，便于移动和大小调整。

模块六　文档综合编排

任务1　四注编辑

四注即脚注、尾注、批注和题注。其作用是使文稿的编排更快捷、传递的信息更清晰、表达的思想更准确，进而提高文稿的可读性和感染力。

1. 脚注与尾注

脚注是对文档内容注释的说明，位于页面的底端或文字下方，如添加在一篇论文首页下端的作者情况简介等。而尾注是文档内容中引用文献的说明，位于文档的结尾或节的结尾，如添加在一篇论文末尾的参考文献目录等。

（1）插入脚注和尾注。

脚注和尾注由两个关联部分组成，即注释引用标记和注释文本。因此，插入脚注和尾注之前，首先要指定标注的对象。由于脚注和尾注的基本操作相同，只是插入的位置不同，我们以插入脚注为例介绍其操作步骤：

①选择要插入脚注的文本。

②单击"引用"→在"脚注"功能块中单击"展开"按钮，打开"脚注和尾注"对话框，如图4-53所示。

③选中"脚注"单选按钮。

④在"脚注"右边的下拉列表框中，选择插入的位置，可以是页面底端或文字下方。

⑤单击"插入"按钮后，在页面底端或页面最后一行出现引用标记编号和文本编辑区。

⑥在文本编辑区输入脚注文本。

重复上述步骤，可在文档中添加多个脚注，其标记编号会根据标记在文档中的前后位置自动排序。

项目四

图4-53 "脚注和尾注"对话框

（2）编辑脚注和尾注。

在文档中插入脚注和尾注后，标记文本的右侧上方会出现标记编号。将鼠标移动到标记编号上会显示标注的文本。

①修改编号样式。

如果认为标记编号或标记文本位置不合适需要修改，则重新打开脚注和尾注对话框，选择新的编号样式和位置，然后单击"应用"按钮。

②修改标记文本。

单击标记文本区域，进入编辑状态编辑标记文本。

（3）删除脚注和尾注。

选中文档中要删除脚注和尾注的标记编号，按【Del】键即可。

2. 批注

批注是作者或审阅者为文档添加的解释或批阅。添加批注后，会在文档的页边距或"审阅窗格"中显示。

（1）插入批注。

①选中要批注的文本。

②单击"审阅"选项卡，单击"新建批注"按钮，在文档的右侧出现批注文本框。

③在文本框中录入批注文本。

④重复上述步骤，可在文档中添加多个批注，其标记编号会根据标记在文档中的前后位置自动排序。

（2）编辑批注。

修改作者或审阅者姓名。

①单击"文件"→"选项"命令。

②在"常规"选项卡重新键入"用户名"和"缩写"的文本。

③单击"确定"按钮。

（3）修改批注内容。

直接将插入点移动到批注文本中就可进行编辑。

（4）删除批注。

右键单击"批注"区域，弹出快捷菜单，单击快捷菜单中的"删除批注"命令。

3. 题注

项目四

题注就是给图片、表格、公式等项目添加的编号和名称。

（1）为已有的表格、图表、公式或其他对象添加题注，操作步骤如下：

①选择要为其添加题注的对象。

②单击"引用"→"插入题注"命令按钮，打开"题注"对话框，如图4－54所示。

③在"题注"对话框中，选择合适的标签的对象，如"图表""公式"等。如果列表未能提供适宜的标签，单击"新建标签"，在"标签"框中键入新的标签名，再单击"确定"按钮。

④选择其他所需选项后，再单击"确定"按钮。

图4－54 "题注"对话框

（2）插入表格、图表、公式或其他对象时自动添加题注，操作步骤如下：

①单击"引用"→"插入题注"命令按钮，打开"题注"对话框。

②在"题注"对话框中单击"自动插入题注"按钮，打开"插入时添加题注"对话框。

③在"插入时添加题注"列表框中，勾选要 Microsoft Word 为其插入题注的对象，如 Microsoft Word 表格、Microsoft 公式 3.0、OpenDocument 电子表格，如图 4－55 所示。

④单击"确定"按钮。

每当以后再插入这对象时，就会自动在对象的上方或下方插入相应的题注，这种方式会有效地简化这些标签的编辑。

图 4－55 "插入时添加题注"对话框

任务2 版面设计与页面设置

版面设计是指对整个文稿进行规划和编排。这项工作对需要打印的文稿十分重要，它能使打印的资料格式规范、便于阅读、利于装订。主要有以下几个方面的处理。

1. 创建目录

一篇内容丰富的文稿需要目录的检索才便于用户浏览。目录即是文档中标题的列表，用户可以通过它快速定位到指定位置浏览关心的内容。

（1）建立目录。

建立目录分为两步，第一步设置建立目录的标题为标题样式或大纲级别，即设置目录项；第二步在建立目录位置用"引用"选项卡中的"目录"命令按钮完成目录建立。

方法一：

最常用的是使用 Microsoft Word 中的内置标题样式（标题1到标题6）来创建目录，操作步骤如下：

①选中要设置成标题1的若干段落。

②单击"开始"→"标题1"命令按钮。

③选中要设置成标题2的若干段落。（以下标题是否需要根据文稿编排而定）

④单击"开始"→"标题2"命令按钮。

⑤重复上述步骤可继续设置"标题3、标题4……"

⑥移动插入点到建立目录的位置。

⑦单击"引用"→"目录"→"插入目录"按钮，打开"目录"对话框，如图 4 – 56 所示。

⑧在对话框中可进行相关设置，然后单击"确定"按钮。

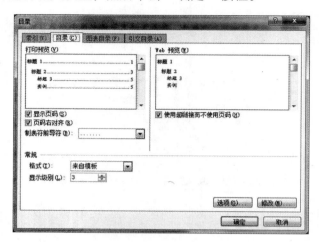

图 4 – 56 "目录"对话框

方法二：

①单击"视图"选项卡"文档视图"组中的"大纲视图"按钮，将文档显示在大纲视图中。

②切换到"大纲"选项卡，在"大纲工具"组中选择目录中显示的标题级别数。Word 2010 有 9 个段落等级。

③选择要设置为标题的各段落，在"大纲工具"组中分别设置各段落级别。

④移动插入点到建立目录的位置。

⑤单击"引用"→"目录"→"插入目录"按钮，打开"目录"对话框。

⑥在对话框中可进行相关设置，然后单击"确定"按钮。

（2）更新目录。

目录建立后，因标题文本修改或标题位置移动会导致目录标识错误，需要重新编辑目录即更新目录。操作方法是右键单击目录区，在弹出的快捷菜单中单击"更新域"命令，打开"更新目录"对话框，如图 4 – 57 所示。选中"更新整个目录"单选按钮，单击"确定"按钮即完成目录的更新。

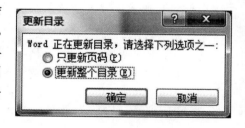

图 4 – 57 更新目录对话框

2. 首字下沉

为了使文档中重点段落更引人注目，设置"首字下沉"效果会突出。这种格式在报纸、杂志中经常见到。首字下沉就是使段落中的第一个字突出、放大。操作步骤如下：

（1）将插入点移动到要首字下沉的段落，也可选中整个段落。

（2）单击"插入"→"首字下沉"→"首字下沉选项"命令，打开如图 4 – 58 所示的"首字下沉"对话框。在"位置"栏中，选择"下沉"或"悬挂"选项。

（3）打开"首字下沉"对话框进行字体、下沉行数、距正文距离等处理。

（4）单击"确定"按钮。

图 4-58 "首字下沉"对话框

3. 分栏

分栏的功能是按实际排版需求将文本分成若干个版块，从而使版面更清晰，阅读更轻松。这种格式在报纸、杂志中用得较多。操作步骤如下：

（1）选中要分栏的段落。

（2）单击"页面布局"→"分栏"→"更多分栏"命令，打开如图 4-59 所示的"分栏"对话框。

（3）设置所需的栏数、栏宽、栏间距和分隔线等内容。

（4）在"预览"窗口中观察设置效果。

（5）单击"确定"按钮。

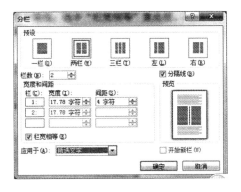

图 4-59 "分栏"对话框

4. 分页、分节

分隔符是文档中分隔页或节的符号。

（1）分页符：分页符是分隔相邻页之间的符号。如果想要在其他位置分页，可以插入手动分页符。还可以为 Word 设置规则，以便将自动分页符放在所需要的位置。如果处理的文档很长，此方法尤其有用。

（2）分节符：Word 中可以将文档分成多个节，不同的节可以有不同的页格式。通过将文档分隔成多个节，可以在一篇文档的不同部分设置不同的页格式（如页码、页眉、页脚、页眉边框、纸张大小和方向等）。

设置方法为选择"页面布局"选项卡，在"页面设置"组中单击"分隔符"选项，如图 4－60 所示。

图 4－60　分隔符

5. 页码编排

在书写和编辑一篇长文档时，要想知道页数，就需要给文档设置页码，如果不需要页码也可以删除页码。

（1）插入页码。

①单击"插入"→"页码"→"设置页码格式"命令，打开"页码格式"对话框，如图 4－61 所示。

②在对话框中的"编号格式"列表框中选择所需样式，如 1，2，3……；甲、乙、丙……。

③在"页码编号"栏中选择"续前节"即与上一节连续编号或"起始页码"即第一个页码的开始号。例如，"起始页码"设置成"5"，第一个页码就从"5"开始编起。

④单击"确定"按钮，完成页码格式设置。

⑤再次单击"页码"命令按钮，打开"页码"列表框，如图 4－62 所示。

⑥单击"页面底端"选项，在"样式列表"中单击所选的样式。

图 4－61　"页码格式"对话框

图 4－62　页码列表框

（2）编辑页码。

①双击页码区域。

②单击"页眉和页脚工具设计"→"页码"→"设置页码格式"命令。

③以下操作与插入页码步骤②～⑥相同。

对页码还可进行字体、字号等格式化。

（3）删除文档中的页码。

①双击页码区域。

②单击"页眉和页脚工具设计"→"页码"→"删除页码"命令。

6. 设置页眉和页脚

页眉和页脚是指在文档页面的顶端和底端重复出现的文字或图片等信息。在草稿视图方

项目四

式下无法看到页眉和页脚（在页面视图中看到的页眉和页脚是浅灰色的，但这不会影响打印的效果）。

前面我们介绍的是如何在文档中插入页码，实际上就是设置最简单的页眉或页脚。我们还可以编辑比页码更复杂的页眉和页脚格式，比如"日期""时间""文字"和"图形"等。

（1）创建页眉和页脚。

单击"插入"→"页眉"或"页脚"→"编辑页眉"命令按钮，出现如图 4 – 63 所示的"页眉和页脚"选项卡，在功能区进行相关设置的命令操作，就可完成"页眉和页脚"操作。

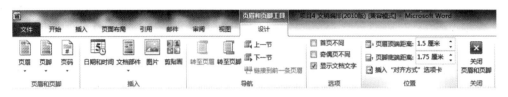

图 4 – 63　页眉和页脚选项卡

（2）编辑页眉和页脚。

将光标移动到页眉或页脚区域双击，进入页眉或页脚编辑状态，就可以按正常的文档方式编辑。

（3）删除页眉和页脚。

最简便的方法是：双击页眉和页脚区域，选中删除字符，按【Del】键。

7. 页面设置

要把文档打印在多大的纸张上，版面如何安排，每页字符数如何控制等都需要设计。通过"页面设置"就能完成这些工作。操作步骤如下：

（1）单击"页面布局"→"页面设置"右侧展开按钮，打开"页面设置"对话框，如图 4 – 64 所示。

图 4 – 64　"页面设置"对话框

（2）在"页边距"选项卡中设置"页边距"即版心，在"纸张方向"设置纸张为横或纵方向。

（3）在"纸张"选项卡中可设置"纸张大小"，如"A4"。

（4）在"版式"选项卡中可设置"页眉页脚"的模式和"页面垂直对齐方式"。

项目四

（5）在"文档网格"选项卡中可设置"每页行数"和"每行字符数"。

（6）单击"确定"按钮。

8. 页面背景设置

（1）水印设置。

水印用来在文档文本的后面打印文字或图形。水印是透明的，所有打印在水印上面的文字和对象都是可见的。

①添加文字水印。

在"页面布局"选项卡中选择"页面背景"组中"水印"按钮，在下拉列表中选择"自定义水印"命令，打开"水印"对话框，如图 4 – 65 所示，选择"文字水印"单选按钮，在"文字"文本框中输入需要显示的文字，并对其进行相关设置，然后单击"确定"按钮即可。

图 4 – 65　"水印"对话框

②添加图片水印。

在"页面布局"选项卡中选择"页面背景"组中"水印"按钮，在下拉列表中选择"自定义水印"命令，打开"水印"对话框，选择"图片水印"单选按钮，然后单击"选择图片"选项，选择所需图片，单击"插入"按钮，最后单击"确定"即可。

③删除水印。

在"水印"对话框中选择"无水印"单选按钮，或在"水印"下拉列表中选择"删除水印"命令，即可删除水印。

（2）页面颜色设置。

Word 文档背景默认是白色，通过"页面布局"选项卡中"页面背景"组中的"页面颜色"按钮设置页面背景。背景颜色可以是单色，也可以选择"填充效果"按钮，在"填充效果"对话框中，如图 4 – 66 所示，设置背景为渐变、纹理、图案、图片等。

（3）页面边框设置。

若要给整个页面加上像段落或文字一样的边框，可在"页面布局"选项卡中，选择"页面背景"组中的"页面边框"按钮，打开"页面边框"对话框，如图 4 – 67 所示，选择合适的边框类型、样式、颜色和宽度后，单击"确定"按钮即可。

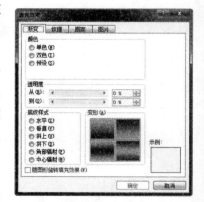

图 4 – 66　"填充效果"对话框

项目四

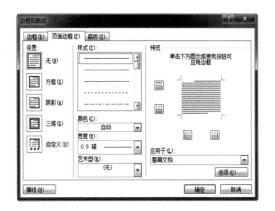

图 4 - 67　页面边框设置

任务 3　预览与打印设置

1. 文档的打印预览

打印预览是指在正式打印之前，先看一下已经设置好的版面效果。

单击"文件"选项卡打开"文件"菜单，在"文件"菜单中单击"打印"命令，在"打印"命令的右侧出现"打印设置"和"打印预览"两个窗格，如图 4 - 68 所示。在"打印预览"窗格中可通过"滚动条"操作或点击数字按钮选择页面，操作显示比例滑杆调整显示的页数。

2. 打印

在打印文档之前，需确认打印机的电源已经接通，并处于联机状态。然后根据需要进行打印设置，主要有份数、单双面、纸张方向、打印范围的设置。设置完毕后，单击"打印"按钮，打印机开始打印。

图 4 - 68　打印面板

实　战　练　习

练习 4 - 9（操作视频及效果图请扫旁边二维码）

题目要求：

打开"D：\上机文件\项目 4\实战练习\练习 4 - 9\4 - 9. docx"文件，完成下列操作：

项目四

（1）将全文中的中文句号"。"改为全角状态英文的句号"."并设置为红色，黑体。

（2）设置标题"为万虫写照为百鸟传神"为小一号，红色，空心，楷体，居中。

（3）将正文最后一段（齐白石之所以能达到……长期的观察和体验）的文字加红色双线边框和橙色的底纹，行距为固定值34磅。

练习4-9　　　　效果图

（4）正文各段：首行缩进0.75厘米；正文第二段：左、右缩进2字符。正文第一段首字下沉3行，隶书，距正文0.1厘米。

（5）将正文第二段分为等宽的两栏，间距2.5字符，加分隔线。

（6）设置页面颜色为"茶色，背景2，深色25%"；插入页眉，输入文字"我的作业"，黑体，10磅，右对齐。

（7）在页面底端插入"普通数字2"页码，并设置起始页码为"Ⅲ"。

（8）自定义纸张的大小为：宽20厘米、高28厘米；页边距是上下2.6厘米，左右3.2厘米；页眉距边界1.6厘米，页脚距边界1.8厘米；纸张方向设置为横向；以上设置均应用于整篇文档。

练习4-10（操作视频及效果图请扫旁边二维码）

题目要求：

打开"D：\上机文件\项目4\实战练习\练习4-10\4-10.docx"文件，完成下列操作：

（1）将文中所有"传输速度"替换为"传输率"；将标题段文字（"硬盘的技术指标"）设置为小二号红色黑体、加粗、居中，并添加黄色底纹；段后间距设置为1.15行。

练习4-10　　　　效果图

（2）将正文各段文字（"目前台式机中……512 KB至2 MB。"）的中文设置为五号仿宋、英文设置为五号Arial字体；各段落左右各缩进1.5字符、各段落设置为1.4倍行距。

（3）正文第一段（"目前台式机中……技术指标如下："）首字下沉两行，距正文0.1厘米；正文后五段（"平均访问时间……512 KB至2 MB。"）分别添加项目符号"■"。

（4）给"台式机"添加批注，批注内容为"已逐渐被笔记本电脑替代"。

（5）给标题"技术指标"加脚注，内容为"技术指标是依据一定的统计方法，通过计算机系统生成的某种指标值或图形曲线"。

（6）在表标题前插入分页符，设置表格列宽为2.2厘米、行高0.6厘米；设置表格居中；表格中第1行和第1列文字水平居中、其余各行各列文字中部右对齐；设置表格单元格左右边距均为0.15厘米。

（7）在"合计（元）"列中的相应单元格中，按公式（合计＝单价×数量）计算并填入右侧设备的金额合计，并按"合计（元）"降序排列。

重点提示：

◆ 空心字体的设置即为"文字效果"中填充为无，线条为实线，颜色就是文字的颜色。

◆ 在进行中文字体和西文字体设置时，选中需修改的段落，在"字体"对话框中完成相应的设置。

◆ 分栏时，一般只选到题目要求段落后的"段落标记"即可，多选会影响分栏效果。

◆ 插入批注和脚注输入文字的时候，一般指输入题目要求双引号内的内容即可。

◆ 表格中进行计算的时候，若不能使用函数，最简单的方法就是列出公式直接计算。

综合训练

为了提高用户实际操作能力，本项目提供了在日常办公和生活中，我们离不开的文字和图表处理工作。比如，编制一份简报、撰写一份文件、绘制一张表格等。本项目为用户提供了一些综合案例训练。

训练4-1（操作视频及效果图请扫旁边二维码）

题目要求：

（1）打开"D：\上机文件\项目4\综合训练\训练4-1\4-1A.docx"文件，按照文件夹中zp01.gif的表格设计出宽为14厘米、高为6厘米的方框（一行一列的表格），并填入图片上的文字，将全文设置成宋体、字号为五号，将"第二文化"字符串格式设置成加粗、倾斜和字下加线，将文中所有的"计算机"加双删除线，保存并关闭。

训练4-1　　　　效果图

（2）打开"D：\上机文件\项目4\综合训练\训练4-1\4-1B.docx"文件，插入wt01.docx文件内容，全文设置成4号楷体，居中对齐，1.4倍行距，项目符号改为●，保存并关闭。

（3）打开"D：\上机文件\项目4\综合训练\训练4-1\4-1C.docx"文件，插入wt02.docx文件内容，设置表格居中，表格列宽2厘米，行高0.67厘米，计算并填入实发工资，按实发工资降序排列，保存并关闭。

训练4-2（操作视频及效果图请扫旁边二维码）

题目要求：

打开"D：\上机文件\项目4\综合训练\训练4-2\4-2A.docx"文件，完成下列操作：

（1）将文字所有错词"贷款"替换为"宽带"；设置页面颜色为"橙色，强调文字颜色6，淡色80%"；插入内置"奥斯汀"型页眉，输入页眉内容"互联网发展现状"。

训练4-2　　　　效果图

（2）将标题段文字（"宽带发展面临路径选择"）设置为三号、黑体、红色（标准色）、倾斜、居中，并添加深蓝色（标准色）波浪下划线；将标题段设置为段后间距1行。

（3）设置正文各段（"近来，……都难以获益。"）首行缩进2字符、20磅行距、段前间距0.5行。将正文第二段（"中国出现……历史机遇。"）分为等宽的两栏；为正文第二段中的"中国电信"一词添加超链接，链接地址为"http：//www.189.cn/"。

打开"D：\上机文件\项目4\综合训练\训练4-2\4-2B.docx"文件，完成下列操作：

（1）将文中后4行文字转换为一个4行4列的表格，设置表格居中，表格各列宽2.5厘

项目四

米、各行高 0.7 厘米；在表格最右边增加一列，列标题为"平均成绩"，计算各考试的平均成绩，并填入相应单元格内，计算结果的格式为保留小数点后 1 位；按"平均成绩"列依据"数字"类型降序排列表格内容。

（2）设置表格中所有文字水平居中；设置表格外框线及第 1、2 行间的内框线为 0.75 磅紫色（标准色）双窄线、其余内框线为 1 磅红色（标准色）单实线；将表格底纹设置为"红色，强调文字颜色 2，淡色 80%"。

训练 4-3（操作视频及效果图请扫旁边二维码）

题目要求：

打开"D：\ 上机文件 \ 项目 4 \ 综合训练 \ 训练 4-3 \ 4-3A. docx"文件，完成下列操作：

（1）将全文所有"托底"替换为"拖地"；将全文中所有英文字体设置为"Times New Roman"，所有中文字体设置为仿宋。将标题段文字（"iRobot 推出全新 Braava jet 拖地机器人"）设置为三号、加粗、居中、字符间距加宽 1.5 磅，文字效果设置为"水绿色，11pt 发光，强调文字颜色 5"。

训练 4-3　　　效果图

（2）将正文各段文字（"据外媒报道……拆卸十分方便。"）设置为小四号，首行缩进 2 字符、段前间距 0.5 行；为正文中第一段中的"iRobot"建立网址为"http：// www. irobot. com"的超链接。将正文第二段（"Braava jet……造成破坏"）分为等宽的两栏、栏间距为 1 字符、栏间加分隔线。

（3）为页面添加文字为"科技创新"、颜色为"红色、强调文字颜色 2、淡色 60%"、版式为"水平"的水印。为页面插入"字母表型"页脚，文字部分为"产品介绍"，页码编号格式为"Ⅰ、Ⅱ、Ⅲ"，起始页码为"Ⅲ"。

打开"D：\ 上机文件 \ 项目 4 \ 综合训练 \ 训练 4-3 \ 4-3B. docx"文件，完成下列操作：

（1）按照文字分隔位置（制表符）将文中后 9 行文字转换为一个 9 行 3 列的表格；设置表格居中、表格各列宽为 3 厘米、各行高为 0.5 厘米。设置表格第一行底纹为"深蓝，文字 2，淡色 60%"。

（2）合并表格第一列第二至四行单元格、第五至七行单元格、第八、九行单元格；将合并后单元格中重复的厂家名称删除，只保留一个；将表格中第一行和第一列的所有单元格中的内容水平居中，其余各行各列单元格内容中部右对齐；设置表格所有外框线为红色（标准色）0.5 磅双实线，所有内框线设置为绿色（标准色）1 磅单实线。

训练 4-4（操作视频及效果图请扫旁边二维码）

题目要求：

打开"D：\ 上机文件 \ 项目 4 \ 综合训练 \ 训练 4-4 \ 4-4. docx"文件，完成下列操作：

（1）将文中所有"奥林匹克运动会"替换为"奥运会"；在页面底端按照"普通数字 2"样式插入"Ⅰ、Ⅱ、Ⅲ……"格式的页码，起始页码设置为"Ⅳ"；为页面添加"方框"

训练 4-4　　　效果图

型 0.75 磅红色（标准色）双窄线边框；设置页面颜色的填充效果样式为"纹理/蓝色面巾纸"。

（2）将标题段文字（"伦敦奥运会绚烂落幕"）设置为二号、深红色（标准色）、黑体、加粗、居中、段后间距 1 行，并设置文字效果的"发光和柔化边缘"样式为"预设/发光变体/橄榄色，11pt 发光，强调文字颜色 3"。

（3）将正文各段落（"新华社……里约热内卢。"）设置为 1.3 倍行距；将正文第一段（"新华社……在伦敦闭幕。"）起始处的文字"新华社 2012 年 8 月 14 日电"设置为黑体；设置正文第一段首字下沉 2 行，距正文 0.3 厘米；设置正文第二段（"昨晨……掌声不息。"）首行缩进 2 字符；为正文其余段落（"在闭幕式……里约热内卢。"）添加项目符号"◆"。

（4）将文中最后 9 行文字转换成一个 9 行 6 列的表格，设置表格列宽为 2.3 厘米、行高为 0.7 厘米；设置表格居中，表格中所有文字水平居中；在"总数"列分别计算各国奖牌总数（总数＝金牌数＋银牌数＋铜牌数）。

（5）设置表格外框线、第一行与第二行之间的表格线为 0.75 磅红色（标准色）双窄线，其余表格框线为 0.75 磅红色（标准色）单实线；为表格第一行添加橙色（标准色）底纹；设置表格所有单元格的左、右边距均为 0.3 厘米；按"总数"列依据"数字"类型降序排列表格内容。

训练 4 - 5（操作视频及效果图请扫旁边二维码）

题目要求：

打开"D：\ 上机文件 \ 项目 4 \ 综合训练 \ 训练 4 - 5 \ 4 - 5.docx"文件，完成下列操作：

（1）将标题段（"专业方向必修课评定成绩"）文字设置为楷体四号红色字，红色边框、绿色底纹，居中。

（2）为表格第六行第一列的"电子商务系统建设与管理"加脚注，脚注内容为"注：由于 2003 级还未开课，大部分学生都选择不确定，因而该课程的评定成绩有特殊性。"，脚注字体为小五号黑体。计算"评定成绩"列内容（平均值），删除表格下方的第一段文字。

训练 4 - 5　　　　　效果图

（3）设置表格居中，表格第一列列宽为 3 厘米、第二至六列列宽为 2.3 厘米，行高为 0.8 厘米，表格中所有文字中部居中。

（4）将文档页面的纸型设置为"A4"，页面上下边距各为 2.5 厘米，左右边距各为 3.5 厘米，页面设置为每行 41 字符，每页 40 行。页面垂直对齐方式为"居中对齐"。

（5）插入分页符，将正文倒数第一至三行放在第二页，并设置项目符号"●"；为表格下方的段落（"专业方向必修课……课程设置比较合理"）文字加红色、阴影边框，边框宽度为 3 磅。

项目五

互联网 + 电子表格 Excel 2010

项目任务概述

电子表格软件 Excel 2010 是 Office 套装软件的成员之一，用于对电子表格的格式进行设置，并对数据进行排序、筛选和分类汇总等分析和统计，还可以通过多种形式的图表来形象地表现数据。

项目知识要求与能力要求

知识重点	能力要求	相关知识	考核要点
数据的录入与编辑	掌握数值型数据、日期时间型数据和文本型数据的录入与编辑；掌握数据的自动输入方法	常量、公式、文本、数值、日期时间	数据的正确快速录入
数据的格式与美化	掌握数据区域的选择、数据编辑、工作表操作	单元格格式化、工作表格式化	单元格格式化
数据的计算	掌握公式与函数的应用	单元格的引用、运算符、函数、公式的输入与编辑	常用函数的应用和公式的编辑
数据的分析	会数据的记录单操作；掌握数据的排序、数据的分类汇总、数据的筛选；会数据的合并计算、建立数据透视表，掌握 Excel 2010 图表编辑	数据记录单、数据的排序、数据的分类汇总、数据的筛选；数据的合并计算、数据透视表、Excel 2010 图表编辑	数据排序、数据分类汇总、数据的筛选、数据透视表、Excel 2010 图表编辑
工作簿保护与输出	掌握页面设置和工作表设置，数据的保护方法	页面设置和工作表设置，数据的保护	页面设置

模块一　Excel 2010 简介

任务 1　Excel 2010 的基本功能

Excel 2010 提供了多种数据格式，可以进行复杂的数据计算和数据分析，在报表和图表的制作上更显出它的优势。此外，Excel 2010 可以非常方便地与其他 Office 组件（如 Word、Access）交换数据。它的主要功能体现在以下几方面。

1. 方便的表格制作

Excel 2010 可以快捷地建立数据表格，即工作簿和工作表，输入和编辑工作表中的数据，方便灵活地操作和使用工作表以及对工作表进行多种格式化设置。

2. 强大的计算能力

Excel 2010 提供了多种功能强大的函数，如统计函数、财务函数、数学函数等，利用这些函数，可以完成多种复杂的数据计算，提高数据处理的能力。

3. 丰富的图表表现

图表是 Excel 2010 为用户提供的强大的功能之一。Excel 2010 有柱形图、直线图、饼图等多种图表类型可供选用。通过创建各种不同类型的图表，为分析工作表中的各种数据提供更直观的表示结果。

4. 数据管理

Excel 2010 除了具有较强的数据处理外，还具有很强的数据管理能力和数据分析能力。在 Excel 2010 中，可以将工作表的行作为数据库文件中的记录，进行各种编辑、检索、排序和分类操作等。

5. 数据共享

在 Excel 2010 中可以实现多个用户共享一个工作簿文件，还允许用户利用电子邮件将工作簿或工作表发送给其他用户。

任务 2　Excel 2010 的窗口

Excel 2010 启动后，即打开 Excel 2010 应用程序工作窗口，如图 5 - 1 所示。Excel 2010 窗口主要由标题栏、快速访问工具栏、选项卡、功能区、编辑栏、工作表区、缩放滑块、滚动条和状态栏等组成。

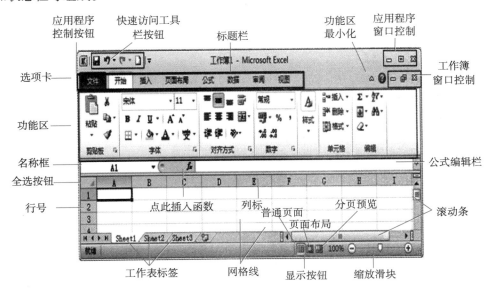

图 5 - 1　Excel 2010 应用程序工作窗口

1. 标题栏

标题栏位于 Excel 2010 窗口的顶端，标题栏中含有 Excel 2010 控制菜单按钮、文档及程

项目五

序名、最小化、最大化（或还原）和关闭按钮、文件菜单按钮、功能区选项卡，其右侧包含工作簿窗口、工作表窗口及功能区的最小化、还原、隐藏、关闭联机帮助等按钮，如图5-1所示。

拖动标题栏可以改变Excel 2010窗口的位置，双击标题栏可实现将Excel 2010应用程序窗口最大化与还原两种状态间的转换。

2. 快速访问工具栏

快速访问工具栏默认在Excel 2010窗口功能区的上方，但用户可以根据需要修改设置，使其位于功能区的下方。

快速访问工具栏的作用是让用户能快速启动经常使用的命令，提高操作速度。默认情况下，快速访问工具栏中只包含保存、撤销、重复等命令按钮，但用户可以根据需要，使用"自定义快速访问工具栏"命令添加或定义自己的常用命令。

3. 选项卡

功能区包含一组选项卡，各选项卡内均含有若干命令，主要包括文件、开始、插入、页面布局、公式、数据、审阅、视图等；根据操作对象的不同，还会增加相应的选项卡，用它们可以进行绝大多数Excel 2010操作。使用时，先单击选项卡名称，然后在命令组中选择所需命令，Excel 2010将自动执行该命令。

4. 工作表窗口

工作表窗口位于工作簿的下方，包含名称栏、数据编辑栏、工作表区、状态栏等。

数据编辑栏用来输入或编辑当前单元格的值或公式，该区的左侧为名称框，它显示当前单元格（或区域）的地址或名称，在编辑公式时显示的是公式名称。数据编辑栏和名称框之间在编辑时有3个命令按钮，分别为"取消"按钮、"输入"按钮和"插入函数"按钮。单击"取消"按钮，即撤销编辑内容；单击"输入"按钮，即确认编辑内容；单击"插入函数"按钮，则出现"插入函数"对话框，从而可编辑计算公式。

工作表区除包含单元格数据外，还包含当前工作簿所含工作表的工作表标签等相关信息，并可对其进行相应操作。

状态栏位于窗口的底部，用于显示当前窗口操作命令或工作状态的有关信息。例如，在为单元格输入数据时，状态栏显示"输入"信息，完成输入后，状态栏显示"就绪"信息，还可进行普通页面、页面布局、分页浏览和设置缩放级别等操作。

任务3　Excel 2010的工作簿、工作表和单元格

1. 工作簿与工作表

工作簿是一个Excel 2010文件（其扩展名为.xlsx），其中可以含一个或多个表格（称为工作表）。它像一个文件夹，把相关的表格或图表存在一起，便于处理。启动Excel 2010会自动新建一个名为"工作簿1"的工作簿，一个工作簿最多可以含有255个工作表，一个新工作簿默认有3个工作表，分别命名为Sheet1、Sheet2和Sheet3，也可以根据需要改变新建工作簿时默认的工作表数。

工作表的名字可以修改，工作表的个数也可以增减。工作表像一个表格，由含有数据的行和列组成。在工作表窗口中单击某个工作表标签，则该工作表就会成为当前工作表，可以对它进行编辑。若工作表较多，在工作表标签行显示不下时，可利用工作表窗口左下角的标

签滚动按钮来滚动显示各工作表名称。单击标签滚动按钮使所需工作表出现在工作表标签行，单击它，使之成为当前工作表。

2. 工作表与单元格

工作表由单元格、行号、列标、工作表标签组成。工作表中行列交汇处的区域称为单元格，它可以保存数值和文字等数据。每个工作表中用数字 1 ~ 1 048 576 作为行的标记，共有 1 048 576 行；以字母 A ~ Z，AA ~ AZ，……，XFA ~ XFD 作为列标记，共有 16 384 列。每一个单元格都有一个地址，地址由"行号"和"列标"组成，列标在前，行号在后，如最后一个单元格地址是"XFD1048576"。

按【Ctrl】+箭头键，可将当前单元格指针快速移动到当前数据区域的边缘。例如，如果数据表是空的，按【Ctrl】+【→】键移到 XFD 列，按【Ctrl】+【↓】键移到 1 048 576 行。

每个工作表都有一个标签，工作表标签是工作表的名字，如图 5 - 1 所示。单击工作表标签，该工作表即成为当前工作表。如果一个工作表在计算时要引用另一个工作表单元格中的内容，需要在引用的单元格地址前加上另一个"工作表名"和"!"符号，形式为 <工作表名>!<单元格地址>。

3. 当前单元格

用鼠标单击一个单元格，该单元格被选定为当前（活动）单元格，此时，单元格的框线变为粗黑线，粗黑框线称为单元格指针。单元格指针移到某个单元格，则该单元格就成为当前单元格。当前单元格的地址显示在名称框中，而当前单元格的内容同时显示在当前单元格和数据编辑区中。

模块二 数据的录入与编辑

任务1 数据录入

Excel 2010 工作表中的数据输入，是先选择需要输入数据的单元格，再输入数据。Excel 2010 工作表可以输入两种类型的数据，一是常量，二是公式。常量可以分为文本（字符串）、数值、日期时间和逻辑四种类型，常量被输入到单元格后不会自动改变，除非特意去修改格式。公式输入总是以等号" = "开始，后面由操作数和运算符构成。

1. 输入数据

在当前单元格输入数据后，按【Enter】键或移动光标到其他单元格或单击数据编辑区的☑按钮，即可完成该单元格的数据输入。

（1）数值型数据的输入。

数值数据一般由 0 ~ 9、+、－、E、e、$ 、¥、%和小数点（.）、千分号（,）等组成。数值数据的特点是可以对其进行算术运算。输入数值时，默认形式为常规表示法，如输入 38、112、67 等。

需注意的是：

①数值数据默认的对齐方式是单元格右对齐。

②当数值长度超过单元格宽度时，自动转换成科学计数法。如果单元格中数字被"###

#####"代替，说明单元格的宽度不够，增加单元格的宽度即可。

③如果在单元格中输入分数，须先输入零和空格，然后再输入分数。

④在单元格中输入负数时，要先输入一个减号"－"作为标识，或将数置于"（）"括号内，方可显示为负数。

（2）文本型数据的输入。

文本数据由汉字、字母、数字、特殊符号、空格等组合而成。文本数据的特点是可以进行字符串运算，不能进行算术运算（除数字串以外）。

需注意的是：

①文本数据默认的对齐方式是单元格内靠左对齐。

②如输入的内容既有数字又有汉字或字符，如输入"100 元"，默认是文本数据。

③如果文本数据出现在公式中，文本数据需用英文的双引号括起来。

④全部由数字组成的字符串，如邮政编码、电话号码等这类字符串的输入，为避免被Excel 2010 认为是数字型数据，在输入时，则必须在数字前加上单引号作前导。比如，输入身份证号"510902198810129494"，则应输入"'510902198810129494"。

⑤如果文本长度超过单元格宽度，当右侧单元格为空时，超出部分延伸到右侧单元格；当右侧单元格有内容时，超出部分隐藏。

（3）日期和时间的输入。

在单元格中输入 Excel 2010 可识别的日期或时间数据时，单元格的格式自动转换为相应的"日期"或"时间"格式，而不需要去设定该单元格为"日期"或"时间"格式，输入的日期和时间在单元格内默认为右对齐方式。

输入日期（如 2013 年 8 月 2 日）可采用的形式有：2013/08/02 或 2013—08—02 或 2 - Aug - 13；输入时间（如 18 点 30 分）可采用的形式有：18：30 或 6：30PM；输入日期与时间的组合（如 2007 年 1 月 25 日 18 点 20 分）可以采用的形式有：2007/01/25 18：20（日期和时间之间用空格分隔）。

需注意的是：

①如果不能识别输入的日期或时间格式，输入的内容将被视为文本，并在单元格中左对齐。

②如果单元格首次输入的是日期，则该单元格就格式化为日期格式，若再输入数值仍然换算成日期。如首次输入 2012/08/18，若再输入 67，将显示 1900 - 3 - 7。

③输入系统当前日期的快捷键是【Ctrl】+【；】；输入系统当前时间的快捷键是【Ctrl】+【:】。

（4）逻辑型数据的输入。

逻辑型数据有两个，"TRUE"（真值）和"FALSE"（假值）。可以直接在单元格输入逻辑值"TRUE"或"FALSE"，也可以通过输入公式得到计算的结果为逻辑值。例如，在某个单元格输入公式：=3<4，结果为"TURE"。

（5）检查数据的有效性。

使用数据有效性可以控制单元格可接受数据的类型和范围。具体操作是利用"数据"选项卡的"数据工具"命令组中的"数据有效性"命令。

【示例5-1】建立"人力资源情况表"，设置 A3：A17 单元格数据只接受 1 000 ~ 9 999

之间的整数，并设置显示信息"只可输入 1 000 ~ 9 999 之间的整数"。

操作步骤：

①建立"人力资源情况表"，并输入数据，如图 5 - 2 所示。

②选中 A3：A17 单元格区域，选择"数据"→"数据工具"→"数据有效性"命令，打开"数据有效性"对话框，单击"设置"标签。

③在"有效性条件"下方，设置允许"整数"，数据设置"介于 1 000 ~ 9 999 之间"，结果如图 5 -2 所示。

④单击对话框中的"输入信息"标签，设置显示信息为"只可输入 1 000 ~ 9 999 之间的整数"，然后单击"确定"按钮即可。

图 5 - 2 "数据有效性"对话框

（6）批注。

批注是为单元格加注释。一个单元格添加了批注后，会在单元格的右上角出现一个红色三角标志，当鼠标指针指向这个标志时，显示批注信息。

①添加批注。

选定要加批注的单元格，选择"审阅"选项卡的"批注"命令（或单击鼠标右键选择"插入批注"命令），在弹出的批注框中输入批注文字（如果不想在批注中留有用户名，可删除用户名），完成输入后，单击批注框外部的工作表区域即可退出，如图 5 -3 所示。

图 5 -3 添加批注后示意图

②编辑/删除批注。

选定有批注的单元格，选择"审阅"选项卡中的"编辑批注"或"删除批注"命令（也可单击鼠标右键在弹出的菜单中选择"编辑批注"或"删除批注"命令），即可对批注信息进行编辑或删除已有的批注信息。

2. 数据的快速输入

对于一些有规律或相同的数据，可以采用自动填充功能高效输入。

（1）利用填充柄填充数据序列。

在工作表中选择一个单元格或单元格区域，在右下角会出现一个控制柄，当光标移动至控制柄时会出现"＋"形状填充柄，拖动填充柄，可以实现快速自动填充。利用填充柄不仅可以填充相同的数据，还可以填充有规律的数据。

【示例5-2】在"课程表"工作表C3：H3单元格区域利用填充柄填上"星期"信息："星期一、星期二、星期三、星期四、星期五、星期六"，在A4：A7单元格区域填上"节次"信息：1、2、3、4"，如图5-4所示。

操作步骤：

①在C3单元格内输入"星期一"，选定C3单元格为当前单元格，移动光标至C3单元格控制柄处，当出现"＋"形状填充柄时，拖动光标至H3单元格处，即可完成填充。

②在A4和A5单元格内分别输入数字"1"和"2"，选中A4：A5单元格区域，移动光标至A5单元格填充柄处，重复步骤①的动作，拖动光标至A7单元格处，即可完成填充。

图5-4　自动填充示例

（2）利用对话框填充数据序列。

利用对话框填充数据序列有以下两种方式。

方式一，利用"开始"选项卡"编辑"命令按钮组内的"填充"命令，可进行已定义序列的自动填充，包括数值、日期和文本等类型。

具体操作方法如下：

①在需填充数据序列的单元格区域开始处的第一个单元格中输入序列的第一个数值（等比或等差数列）或文字（文本序列）。

②选定这个单元格或单元格区域，再执行"填充"命令下的"系列"选项对应的"序列"对话框，如图5-5所示。

图5-5　自动填充序列示意

方式二，利用"自定义序列"对话框定义自己要填充的序列。

具体操作方法：

①先选择"文件"选项卡下的"选项"命令，打开"Excel选项"对话框，如图5-6所

项目五

示，单击左侧的"高级"选项，在"常规"栏目下单击"编辑自定义序列"打开"自定义序列"对话框，如图 5 - 7 所示。

图 5 - 6   Excel 2010 选项对话框   图 5 - 7   "自定义序列"对话框

②在"自定义序列"对话框中选择"新序列"，在右侧"输入序列"下输入用户自定义的数据序列，单击"添加"和"确定"按钮即可（如工作表中已定义的有所需的数据序列，还可利用右下方的折叠按钮，选中工作表中已定义的数据序列，按"导入"按钮即可）。

③重复上述"方式一"所述过程。

【示例 5 - 3】在"课程表"工作表中利用"序列"对话框按等差数列填入时间序列，步长值为"0：50"，终止值为"10：30"。利用"自定义序列"定义"数学、语文、物理、英语"，再利用"序列"对话框填入到 C4：C7 单元格区域。

操作步骤：

①在 B4 单元格填入"8：00"并选中 B4：B7 单元格区域，单击"开始"→"编辑"→"填充"→"系列"命令，打开"序列"对话框，如图 5 - 5 所示。

②选择"序列产生在"栏中的"列"，"类型"为"等差序列"，"步长值"为"0：50"，"终止值"为"10：30"，然后单击"确定"按钮即完成填充，效果如图 5 - 8 所示。

图 5 - 8   自动填充序列后的效果图

③选择"文件"→"选项"命令，打开"Excel 选项"对话框，如图 5 - 6 所示，选择"高级"选项，在"常规"栏目下单击"编辑自定义列表"打开对话框，选取列表中的自定义序列，在"输入序列"下方按如图 5 - 7 所示的格式输入"数学，语文，物理，英语"，单击"添加"按钮。

④在 C4 单元格内输入"数学"，选定 C4：C7 单元格区域，利用"序列"对话框，类型选择"自动填充"完成填充，或可利用填充柄完成自动填充，如图 5 – 9 所示。

图 5 – 9　自动填充自定义序列示意

任务 2　数据编辑

编辑工作表数据是指对单元格内容的编辑，即进行修改、清除、删除，插入与删除单元格、行、列，复制和移动单元格的操作等。而工作表的基本单元是单元格，工作表的绝大多数操作是针对单元格的操作。

1. 单元格的选取

（1）单个单元格的选取。

方法一：将鼠标指针移至需选定的单元格上，单击鼠标左键，该单元格即被选定为当前单元格。

方法二：在单元格名称框中输入单元格地址，按回车键后单元格指针可直接定位到该单元格。

（2）工作表区域的选取。

工作表区域常用于公式和函数引用、复制、移动等操作，区域是指工作表中的两个或多个单元格，区域中的单元格可以相邻，也可以不相邻。

◆ 选取连续单元格：单击选取该区域的第一个单元格，然后拖动鼠标直到选取最后一个单元格即可。如果要选取的是较大的单元格区域，在单击选取该区域的第一个单元格后，先按住【Shift】键，接着移动滚动条到所需的位置，然后单击区域中最后一个单元格即可。

◆ 选取不相邻的单元格或单元格区域：先选取第一个单元格或单元格区域，然后按住【Ctrl】键，再选取其他的单元格或单元格区域。

◆ 选取行和列：单击行号可选取整行；单击列标可选取整列。

◆ 选取相邻的行或列：沿行号或列标拖动鼠标。或者先选取第一行或第一列，然后按住【Shift】键，再选取其他的行或列。

◆ 选取不相邻的行或列：先选取第一行或第一列，然后按住【Ctrl】键，再选取其他的行或列。

◆ 整个工作表单元格的选取：可以用鼠标单击行号和列号在左上角的相交处，或按【Ctrl】+【A】组合键，或按【Ctrl】+【Shift】+【Space】组合键。

项目五

（3）取消选取单元格。

要取消所选的单元格，只要单击工作区任何一个单元格即可。

2. 单元格数据的编辑

（1）编辑单元格数据。

对单元格中的数据进行编辑，最直接的方法是先单击目标单元格，再输入新的数据，按【Enter】键确认所做的修改。这样新输入的数据就代替了原来的数据。采用这种方法虽然简单可行，但效率较低。因为大多数情况下，我们只需修改单元格中的部分内容而不是全部内容。

如果仅需要修改单元格中的部分内容，可先进入编辑状态，然后再用适当的方法进行修改。进入编辑状态有以下三种方法。

方法一：双击目标单元格，此时编辑工作在单元格中进行，插入点位于双击鼠标按钮时的鼠标指针处。

方法二：选取目标单元格，再单击编辑栏上的编辑输入框。此时编辑工作在编辑输入框中进行，插入点位于单击鼠标按钮时的鼠标指针处。

方法三：选取目标单元格，再按【F2】功能键，此时编辑工作仍在单元格中进行，插入点位于单元格内容的尾部。

一旦进入编辑状态时，目标单元格四周显示的是细黑色方框，当中闪烁的细竖条是插入光标。此时，只要将插入光标移到需要编辑修改的位置处，再进行插入、删除、修改等操作（与一般文字处理方法相似）。

目标单元格的内容修改完成后，按【Enter】键或单击编辑栏的输入按钮✓，可确认所做的修改；按【Esc】键或单击编辑栏的取消按钮✗，则取消所做的修改，并退出编辑状态。

（2）清除单元格内容。

在 Excel 2010 中，数据不仅有值，而且还有数据格式及批注。清除单元格内容不是删除单元格本身，而只是删除单元格中的内容、格式、批注和超链接之一，或是全部清除。

最简便的方法是按【Delete】键，但只能删除单元格中的内容，而先选择目标单元格后，再选择"开始"选项卡，单击"编辑"命令组内的"清除"命令下某一选项，即可完成选定单元格的相应清除。

（3）删除单元格、行或列。

选定要删除的行或列或单元格，再选择"开始"选项卡，单击"单元格"命令组内的"删除"命令，即可完成行或列或单元格的删除，此时，单元格的内容和单元格将一起从工作表中消失，其位置由周围的单元格补充，如图 5-10 所示。

删除单元格不同于清除单元格，删除单元格不但删除了单元格其中的内容、格式、批注和超链接，还删除了单元格本身。

（4）插入单元格、行或列。

在编辑工作表时，遗漏了一个单元格或整行整列的数据没有输入，此时可单击插入点单元格或选择区域，再单击"开始"选项卡"单元格"命令组的"插入"命令，选择其下的"行""列""单元

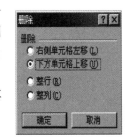

图 5-10 删除单元格对话框

格"可进行行、列与单元格的插入，选择的行数或列数即是插入的行数或列数。

【示例5-4】在"课程表"工作表的第6行前插入1行，之后在D4单元格处插入一个单元格，D4单元格内容下移。

操作步骤：

①选择第6行，单击鼠标右键选择"插入"命令，或执行"开始"→"单元格"→"插入"→"行"，即可完成在第6行前插入1行，如图5-11所示。

图5-11　插入行后的工作表

②选定D4单元格，使其成为当前单元格，单击鼠标右键选择"插入"命令，或执行"开始"→"单元格"→"插入"→"单元格"命令，弹出如图5-12所示对话框，在对话框中选中"活动单元格下移"单选按钮，单击"确定"按钮，即可完成在D4单元格处插入单元格，如图5-13所示。

图5-12　插入单元格对话框

图5-13　插入单元格后的效果图

（5）移动或复制单元格内容。

①移动或复制单元格的方法。

移动或复制单元格的方法基本相同，通常会移动或复制单元格的公式、数值、格式、批注等。

注意：在Excel 2010中，剪贴板可保留多达24个复制的信息，以方便用户选择复制所需要的信息。

方法一，利用剪贴板。

a. 选择要移动或复制的单元格。

b. 在"开始"选项卡上的"剪贴板"组中，执行下列操作之一，如图5-14所示。

图5-14　剪贴板
命令组

若要移动单元格，请单击"剪切" ✂ 按钮。键盘快捷方式为【Ctrl】+【X】。

若要复制单元格，请单击"复制" 📑 按钮。键盘快捷方式为【Ctrl】+【C】。

c. 选择位于粘贴区域左上角的单元格。

提示：若要将选定区域移动或复制到不同的工作表或工作簿，请单击另一个工作表标签名或切换到另一个工作簿，然后选择位于粘贴区域左上角的单元格。

d. 在"开始"选项卡上的"剪贴板"组中，单击按钮 📑 实施"粘贴"。键盘快捷方式为【Ctrl】+【V】。

方法二，利用鼠标拖拉。

使用拖放操作来完成对单元格的复制或移动。具体的操作过程是：将鼠标指针指向选定区域的边框线上，并看到鼠标指针变成一个四向箭头，拖动选定内容到新的位置上后释放鼠标。拖动过程中，配合【Ctrl】键操作，实现单元格的复制，否则实现移动。

②选择性粘贴。

在 Excel 2010 中除了能够复制选定的单元格外，还能够有选择地复制单元格数据，数据复制时往往只需复制它的部分特性。

"选择性粘贴"命令可用于将复制单元格中的公式或数值与粘贴区域单元格中的公式或数值合并。可在"运算"框中指定是否将复制单元格中的公式或数值与粘贴区域单元格的内容相加、相减、相乘或相除等。

图 5 - 15　"选择性粘贴"对话框

● 使用"选择性粘贴"的另一个极重要的功能就是"转置"功能。所谓"转置"就是可以完成对行、列数据的位置转换。例如，把一行数据转换成工作表的一列数据，当粘贴数据改变其方位时，复制区域顶端行的数据出现在粘贴区域左列处；左列数据则出现在粘贴区域的顶端行上。"选择性粘贴"对话框如图 5 - 15 所示。

在"粘贴"的"选择性粘贴"对话框中，各选项的含义见表 5 - 1。

表 5 - 1　选择性粘贴各选项的含义

单击此选项	目　　的
全部	粘贴全部单元格内容和格式
公式	仅粘贴编辑栏中输入的公式
数值	仅粘贴单元格中显示的值
格式	仅粘贴单元格格式
批注	仅粘贴附加到单元格的批注
有效性验证	将复制的单元格的数据有效性规则粘贴到粘贴区域
所有使用源主题的单元	使用应用于源数据的主题粘贴所有单元格内容和格式
边框除外	边框除外的全部单元格内容
列宽	将一列或一组列的宽度粘贴到另一列或一组列

续表

单击此选项	目　　的
公式和数字格式	仅粘贴选定单元格的公式和数字格式选项
值和数字格式	仅粘贴选定单元格的值和数字格式选项

使用"选择性粘贴"的操作步骤如下：

a. 先对选定区域执行复制操作并指定粘贴区域。

b. 执行"粘贴"命令中的"选择性粘贴"选项，屏幕上出现一个对话框，如图 5－15 所示。

c. 在"粘贴"列表框中设定所要的粘贴方式，单击"确定"按钮即可完成。

（6）撤销和恢复操作。

在 Excel 2010 中，也提供了"撤销"和"恢复"操作，这一功能对发生误操作时十分有用，使用户能够及时补救。使用快速访问工具栏上的撤销按钮 ↰，或者使用键盘操作按【Ctrl】+【Z】组合键可以撤销上一个操作。使用快速访问工具栏上的恢复按钮 ↱，或者使用键盘操作按【Ctrl】+【Y】组合键同样可以恢复上一个操作。

（7）命名单元格。

为了使工作表的结构更加清晰，可以为单元格命名。

【示例 5－5】将"课程表"工作表的 A2：H2 单元格区域命名为"标题"。

操作步骤：

①选定 A2：H2 单元格区域。

②在"数据编辑区"左侧的名称框中输入"标题"。（也可在"公式"选项卡下的"定义的名称"命令组中实现单元格或单元格区域的命名及管理）

③按【Enter】键即可完成命名，如图 5－16 所示。

图 5－16　单元格或单元格区域命名效果图

任务 3　工作表操作

Excel 2010 工作簿是计算和存储数据的文件，每一个工作簿一般都包含多个工作表。Excel 2010 在新建一个工作簿时，同时在该工作簿中新建了"Sheet1""Sheet2""Sheet3"三个工作表。工作表的名称显示在工作簿窗口左侧底部的工作表标签上，工作表标签的顺序是 Sheet1 Sheet2 Sheet3，对工作簿的管理实际上是通过对工作表的相关操作来实现的。

1. 选择工作表

在对工作表进行编辑时，只能对选定的工作表进行操作，选定的工作表为当前活动工作表。活动工作表的标签成反白显示，具体操作如表 5 – 2 所示。

表 5 – 2　工作表基本操作

选取范围	操　　作
整个表格	单击工作表左上角行列交叉的按钮，或按快捷键【Ctrl】+【A】
单个工作表	单击工作表标签
连续多个工作表	单击第一个工作表标签，然后按住【Shift】键，单击所要选择的最后一个工作表标签
不连续多个工作表	按住【Ctrl】键，分别单击所需选择的工作表标签
选定全部工作表	鼠标右键单击工作表标签，选择"选定全部工作表"命令

需说明的是：如果同时选定了多个工作表，它们就构成了一个"工作表组"，但其中只有一个工作表是当前工作表，对当前工作表的编辑操作会作用到其他被选定的工作表。如在当前工作表的某个单元格输入了数据，或者进行了格式设置操作，相当于对所有选定工作表同样位置的单元格做同样的操作。

2. 重命名工作表

为了更好地识别和操作工作簿中的各工作表，工作表的名称尽量能起到见名称就知其内容的作用，因此有必要对工作表进行重命名。双击工作表标签，输入新的名字即可，或者鼠标右键单击要重新命名的工作表标签，在弹出的菜单中选择"重命名"命令，输入新的名字即可，如图 5 – 17 所示。

图 5 – 17　工作表标签的快捷菜单

3. 插入工作表

根据实际的需要，有时要在工作簿中添加工作表。插入工作表的方法如下。

方法一：最快速的方法就是单击工作表标签最右的"插入工作表（Shift + F11）"按钮。

方法二：选定一个或多个工作表标签，单击鼠标右键，在弹出的菜单中选择"插入"命令，即可插入与所选定数量相同的新工作表。Excel 2010 默认在选定的工作表左侧插入新的工作表，如图 5 – 18 所示。

项目五

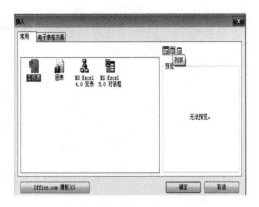

图 5-18 插入工作表对话框

方法三：单击"开始"→"单元格"→"插入"→"插入工作表"命令来完成在当前工作表之前插入一个空白的工作表。

4. 删除工作表

对于一个不再有任何用途的工作表，应及时将其删除，这样既节省了磁盘空间，又有利于对文件进行管理。工作表的删除是比较慎重的工作，它将数据彻底删除，所以删除时要进行确认。删除工作表的方法有以下两种。

方法一：选中待删除的工作表标签或成组工作表的其中一个工作表标签，单击"开始"→"单元格"→"删除"→"删除工作表"命令。

方法二：右击待删除工作表标签，选择快捷菜单中的"删除"菜单命令，也可删除当前工作表。

5. 复制和移动工作表

工作表可以在工作簿内部或工作簿之间进行复制和移动。复制和移动工作表有两种方法，一种是用菜单命令，一种是直接用鼠标拖曳，拖曳的方法只适用于在同一工作簿中进行。

方法一：利用对话框在不同的工作簿之间移动或复制工作表。

利用"移动或复制工作表"对话框，可以实现一个工作簿内工作表的移动或复制，也可以实现不同的工作簿之间工作表的移动或复制。若要在两个不同的工作簿之间移动或复制工作表，要求两个工作簿文件都必须在同一个 Excel 2010 应用程序下打开。在移动或复制操作中，允许一次移动、复制多个工作表。具体操作是：

（1）在一个 Excel 2010 应用程序窗口下，分别打开两个工作簿（源工作簿和目标工作簿）。

（2）使源工作簿成为当前工作簿。

（3）在当前工作簿选定要复制或移动的一个或多个工作表标签。

（4）单击鼠标右键，在弹出的菜单中选择"移动或复制工作表"命令，弹出"移动或复制工作表"对话框，如图 5-19 所示。

（5）在"工作簿"下拉列表框中选择要复制或移动到的目标工作簿。

（6）在"下列选定工作表之前"下拉列表框中选择要插入的位置。

（7）如果移动工作表，清除"建立副本"选项；如果复制工作表，选中"建立副本"选项，单击"确定"按钮即可完成将工作表移动或复制到目标工作簿操作。

项目五

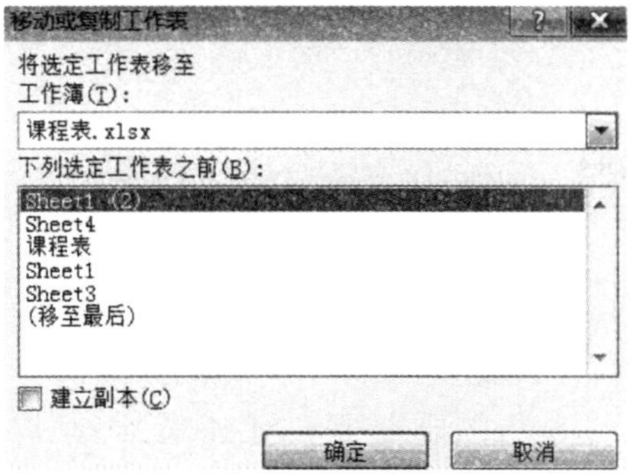

图 5-19 "移动或复制工作表" 对话框

方法二：利用鼠标在工作簿内移动或复制工作表。

（1）首先单击要复制或移动的工作表标签，并按下鼠标左键拖动要移动的工作表，这时鼠标位置出现一个图标口，同时在表的标签名间也出现一个小箭头 Sheet1 Sheet2 Sheet3 。

（2）然后沿着标签行拖动鼠标使小箭头指到合适的位置，松开鼠标，则把工作表移动到了新的位置。

复制与移动工作表的不同之处仅在于在拖动标签的同时按住【Ctrl】键，松开鼠标则可将选取的工作表复制到目的地。

6. 工作表窗口的拆分和冻结

（1）拆分窗口。

一个工作表窗口可以拆分为两个窗口或四个窗口，如图 5-20 所示，分隔条将窗格拆分为四个窗格。窗口拆分后，可同时浏览一个较大工作表的不同部分。拆分窗口的具体操作是：

方法一：将鼠标指针指向水平滚动条（或垂直滚动条）上的"拆分条"，拖曳拆分条到目标位置即可，如图 5-21 所示。还可继续拖动分隔条，调整分隔后窗格的大小。

项目五

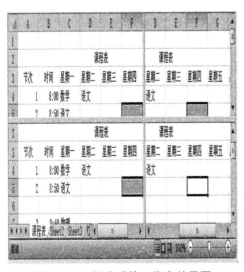

图 5-20 拆分后的工作表效果图

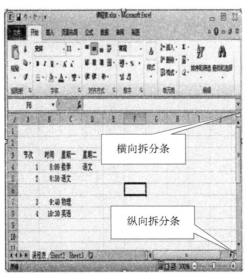

图 5-21 工作表拆分条

237

方法二：用鼠标单击要拆分的行或列的位置，单击"视图"→"窗口"→"拆分"命令，则一个窗口被拆分为两个窗口。

（2）取消拆分。

将拆分条拖回到原来的位置或单击"视图"→"窗口"→"取消拆分"命令。

（3）冻结窗口。

工作表较大时，在向下或向右滚动浏览时将无法始终在窗口中显示前几行或前几列，采用"冻结"行或列的方法可以始终显示表的前几行或前几列。

只冻结第一行（或列）的方法：选定第二行（或列），选择"视图"→"窗口"→"冻结窗格"→"冻结首行"或"冻结首列"命令。

冻结前多行多列的方法：选定目的单元格，单击"视图"→"窗口"→"冻结窗格"→"冻结拆分窗格"命令。

（4）取消冻结。

单击"视图"→"窗口"→"冻结窗格"→"取消冻结拆分窗格"命令。

7. 设置工作表标签颜色

选定工作表，单击鼠标右键，在弹出的菜单中选择"工作表标签颜色"菜单命令，可设置工作表标签颜色。

实 战 练 习

练习 5-1（操作视频及效果图请扫旁边二维码）

打开"D：\ 上机文件 \ 项目 5 \ 实战练习 \ 练习 5-1. xlsx"文件，操作要求如下：

（1）在数据区域右边增加一列作总分字段，并填入每人的总分。

（2）在李红后面插入一条记录（行），该记录内容同第一条（张红）记录内容，然后删除第一条记录。

（3）在姓名后面添加一列学号，分别录入 001，002，003…

练习 5-1　　　　　效果图

（4）参照效果图给数据添上标题"成绩统计表"，楷体，加粗，15 号。

（5）给刘红单元格加上批注：该生数学成绩优秀。

（6）将数据中所有的"80"字体设为红色的 80。

（7）在标题行的下方增加一行录入当天的日期，格式效果参见效果图。

（8）为三门课程的数据区建立"数据有效性"：各科成绩介于 0 至 100 间的整数。

（9）增加一张工作表，将工作表命名为"成绩表备份"。

（10）将"成绩表"工作表中的前 5 人的数据（包括列标题）复制到"成绩表备份"中，但取消原有的格式设置。

重点提示：

◆ 注意将数值型数据作为文本型数据的输入方法。

◆ 注意日期型数据和数值型数据之间的联系，明白格式设置方法。

◆ 注意区分 Excel 中的"查找与替换"与 Word 中的"查找与替换"有何异同。

项目五

模块三　数据的格式化

工作表建立后，还可以对表格进行格式化操作，使表格更加直观和美观。Excel 2010 可利用"开始"选项卡内的命令组对表格字体、对齐方式和数据格式等进行设置，还可以完成工作表的格式化设置。

任务 1　设置单元格的格式

1. 利用功能区命令按钮对单元格数据进行常用格式设置

选择"开始"选项卡的"字体""对齐方式"和"数字"命令组内的命令可快速完成某些单元格格式化工作，如图 5－22 所示。

图 5－22　"开始"选项卡

2. 利用"设置单元格格式"对话框对单元格数据进行格式设置

选择"开始"选项卡，单击"字体"或"对齐方式"或"数字"命令组右下的小按钮，在弹出的"设置单元格格式"对话框中有"数字""对齐""字体""边框""填充"和"保护"6 个选项卡，如图 5－23 所示。利用这些选项卡，可以设置单元格的格式。

图 5－23　"设置单元格格式"对话框中的"数字"选项卡

（1）设置数字格式。

利用"设置单元格格式"对话框中的"数字"选项卡，如图 5－23 所示，可以改变数字（包括日期）在单元格中的显示形式，但是不改变在编辑区的显示形式。数字格式的分类主要有：常规、数值、分数、日期和时间、货币、会计专用、百分比、科学记数、文本和自定义等，用户可以设置小数点后的位数，详见表5-3。默认情况下，数字格式是"常规"格式。

表5-3　Excel 2010数字格式分类

分类	举例	简单说明
常规	5700	默认的数字格式，数字以输入的形式出现
数值	5,700.00	可用作一般目的的数字，包括千位分隔符，小数位数
货币	￥5,700	用于一般的货币值，与数值格式一样，只是多了货币符号
会计专用	￥ 5,700	与货币一样，只是小数或货币符号是对齐的
日期	2008-4-21	显示日期数字
时间	15：37：02	显示时间格式
百分比	570000%	与数字格式一样，只是乘以100，并有百分号
分数	2/9	以分数显示
科学记数	5.70E+03	以科学记数表示
文本	57min00	在一个单元格中显示的文本和数字都作为文本
特殊	629000	用来在列表或数据中显示邮政编码、电话号码和账单号等
自定义	00.0%	用于创建自己的数字格式

（2）设置对齐方式。

在默认的情况下，Excel 2010是根据数据类型来确定数据是靠左边、靠右边还是居中对齐。利用"设置单元格格式"对话框中"对齐"标签下的选项卡，如图5-24所示，可以设置单元格中内容的水平对齐、垂直对齐和文字方向，还可以完成相邻单元格的合并。

图5-24　"设置单元格格式"对话框中的"对齐"选项卡

"水平对齐"包括"常规""靠左""靠右""居中""填充""两端对齐""分散对齐""跨列居中"。其中"跨列居中"是指文本数据在单元格内不能完全显示时，如果左右单元格内没有数据，分别向左右单元格延伸，而常规情况下是只向右单元格延伸。

"垂直对齐"包括"靠上""靠下""居中""分散对齐""两端对齐"。

"文本控制"包括"自动换行""缩小字体填充""合并单元格"。"自动换行"是指在输入文本数据超出单元格宽度时以换行方式来显示；"缩小字体填充"是在字符超过单元格宽度时用缩小字体的方式来显示完整的数据；"合并单元格"是将相邻的多个单元格合并为一个单元格来显示数据。值得注意的是如果有多个数据的单元格合并，合并后只有选定区域左上角的内容放到合并后的单元格中。如果要取消合并单元格，则选定已合并的单元格，清除"对齐"标签选项卡下的"合并单元格"复选框即可。

"方向"选项用于设置数据在单元格中按一定角度显示，如图5-25所示。设置方式是"对齐"选项卡中拖曳"方向"中的"文本"指针来完成或在"度"文本框中输入数据（也可以调整微调按钮）完成。

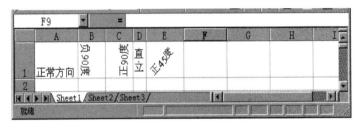

图5-25 单元格中字符的方向示意图

【示例5-6】在工作表中输入如图5-26所示的数据，然后将A1：E1单元格合并且水平、垂直居中，D2单元格中数据在C2：E2区域内设置为跨列居中，表中货币数据加上"$"货币符，各国总投资比例设置成百分比保留2位小数。

操作步骤：

①启动 Excel 2010，在工作表中输入如图5-26所示的数据。

②选择A1到E1单元格区域，单击"开始"→"对齐"命令组右下的小按钮"设置对齐格式"命令。

③在"设置单元格格式"对话框中选择"对齐"选项卡，在"水平对齐"和"垂直对齐"列表框中选择"居中"，再选中"合并单元格"复选框，然后单击"确定"按钮。

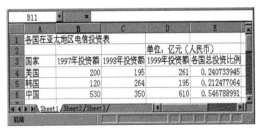

图5-26 原始数据

④选择C2：E2单元格，在"设置单元格格式"对话框中选择"对齐"选项卡，在"水平对齐"列表框中选择"跨列居中"选项，然后单击"确定"按钮。

⑤选择B4：D6单元格区域，在"设置单元格格式"对话框中选择"数字"选项卡，在"分类"列表框中选择"货币"选项，在"货币符号"下拉列表框中选择"$"，然后单击"确定"按钮。

⑥选择 E4：E6 单元格区域，在"设置单元格格式"对话框中选择"数字"选项卡，在"分类"列表框中选择"百分比"选项，在"小数位数"文本框中输入 2，然后单击"确定"按钮。设置后的效果如图 5-27 所示。

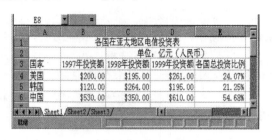

图 5-27　格式设置后的效果

（3）设置字体。

字体格式设置是通过"设置单元格格式"对话框中的"字体"选项卡来完成的，包括设置字体类型、字体形状、字体大小、下划线和颜色等，与 Word 设置相似。

（4）设置边框线。

工作表中的网格线是为了输入、编辑时的方便而预设的，在打印和显示时需要重新设置，以强调工作表中有数据的部分。"设置单元格格式"对话框的"边框"选项卡如图 5-28 所示，通过"样式"栏确定待设置单元格的框线的形状和线条的粗细，通过"颜色"栏来设置框线除预设的黑色以外的其他颜色，通过"预置"栏和"边框"栏对单元格的上、下、左、右、内、外框线进行设置。

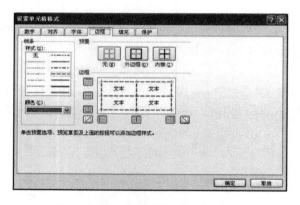

图 5-28　设置单元格格式对话框中的边框选项卡

（5）设置图案。

利用"设置单元格格式"对话框中"填充"选项卡，可以为这些单元格设置背景色和图案。设置图案，实际上是对单元格或单元格区域加颜色和底纹，使工作表更加生动和美观。

（6）设置单元格列宽和行高。

Excel 2010 中默认所有单元格都有相同的宽度和高度，标准行高为 14.4 磅，标准列宽为 8.11 个标准字符宽度。输入的数据长短不一，设置合适的宽度和高度，可以使工作表更加美观，能清楚地表达工作表中的数据。

改变行宽和列高有以下方法：

①使用鼠标操作，将鼠标移到待改变的行、列的标签处的行标下边、列标右边边缘处，鼠标成↕或↔形状时，拖曳鼠标到适合的行高、列宽时，松开鼠标完成设置。

②通过"开始"选项卡下的"单元格"命令按钮组的"格式"命令下的相应命令来操作，如图 5−29 所示。

图 5−29　"格式"菜单

选择待设置行高和列宽的单元格或单元格区域，单击"开始"→"单元格"→"格式"→"行高"或"列宽"命令，在弹出的如图 5−30 所示的"行高"或"列宽"对话框中输入需设置的高度或宽度，单击"确定"按钮即可。

图 5−30　行高和列宽对话框

③单击"开始"→"单元格"→"格式"菜单中的"自动调整行高"或"自动调整列宽"命令，根据数据自动调整行高、列宽。其中的"隐藏和取消隐藏"命令用来实现对行、列的隐藏，或取消隐藏，如图 5−29 所示。

【示例5−7】现有工作表中的"销售数量统计表"数据表，如图 5−31 所示。设置如下单元格格式：合并 A1：E1 单元格区域且内容水平居中，合并 A7：C7 单元格区域且内容靠

	A	B	C	D	E
1	销售数量统计表				
2	产品型号	销售量	单价（元）	总销售额（元）	百分比
3	A11	267	33.23	8872.41	0.210786
4	A12	273	33.75	9213.75	0.218896
5	A13	271	45.67	12376.57	0.294036
6	A14	257	45.25	11629.25	0.276282
7	总计			42091.98	

图 5−31　欲进行格式设置的数据表

项目五

右；A3：A6 单元格区域设置图案颜色为"白色，背景 1，深色 35%"，样式为"25% 灰色"；E3：E6 单元格区域设置数字分类为百分比，保留小数点后两位；A1：E7 单元格区域设置样式为黑色细单实线的内部和外部边框。

操作步骤：

①选中 A1：E1 单元格区域，单击"开始"→"对齐方式"命令右下的小按钮，打开"设置单元格格式"对话框，在"对齐"标签下的"水平对齐"列表框中选择"居中"，"文本控制"下选中"合并单元格"复选框，单击"确定"按钮；选定 A7：C7 单元格区域，重复以上操作，"水平对齐"方式选择"靠右"，"文本控制"下选中"合并单元格"复选框，然后单击"确定"按钮。

②选定 A3：A6 单元格区域，打开"设置单元格格式"对话框，选择"填充"标签，"图案颜色"为"白色，背景 1，深色 35%"，"图案样式"为"25% 灰色"，然后单击"确定"按钮。

③选定 E3：E6 单元格区域，打开"设置单元格格式"对话框，选择"数字"标签，选择"分类"为"百分比"，"小数位数"为"2"，然后单击"确定"按钮。

④选定 A1：E7 单元格区域，打开"设置单元格格式"对话框，选择"边框"标签，"线条"样式为细单实线，"颜色"为"自动"，预置"外边框"和"内部"，然后单击"确定"按钮。格式设置后的工作表如图 5-32 所示。

图 5-32　格式设置后的工作表

任务 2　自动套用格式

工作表的自动格式化，是指工作表进行快速的格式设置，在 Excel 2010 中快速格式化有四种方法：一是使用格式刷；二是使用自动套用表格格式；三是使用样式；四是使用模板。

1. 格式刷

使用格式刷是将现有的格式应用到其他单元格或单元格区域中的一种快速格式的方法，具体操作方法是先选择现有格式的单元格，然后单击"开始"选项卡下"剪贴板"按钮组的⬛按钮，当光标变成刷子加空心粗十线形状时，在目标单元格或单元格区域按住鼠标左键拖曳，则格式就应用到了所有的目标单元格。如果想连续应用格式刷，则双击格式刷按钮，选择的格式就可以连续应用，直到不使用时再单击格式刷。

2. 套用表格格式

自动套用表格格式是把 Excel 2010 提供的显示格式自动套用到用户指定的单元格区域，可以使表格更加美观，易于浏览，主要有浅色、中等深浅和深色三类格式。自动套用格式是利用"开始"选项卡内的"样式"命令组完成的，如图 5 – 33 所示。

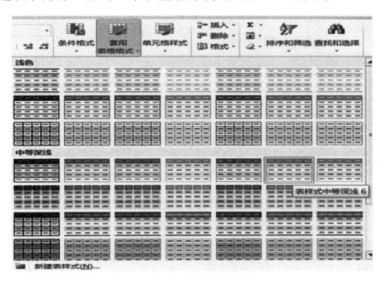

图 5 – 33 自动套用格式选项

【示例 5 – 8】将图 5 – 32 所示数据表中的 A2：E7 单元格区域设置为"表样式中等深浅 6"表格格式。

操作步骤：

①选定 A2：E7 单元格区域，选择"开始"→"样式"→"套用表格格式"命令。

②在弹出的"样式"选择中，选择"中等深浅"类的"表样式中等深浅 6"表格格式，如图 5 – 33 所示。

③单击"确定"按钮，结果如图 5 – 34 所示。

项目五

	A	B	C	D	E
1	销售数量统计表				
2	产品型号	销售量	单价（元）	总销售额（元）	百分比
3	A11	267	33.23	8872.41	21.08%
4	A12	273	33.75	9213.75	21.89%
5	A13	271	45.67	12376.57	29.40%
6	A14	257	45.25	11629.25	27.63%
7	总计			42091.98	

图 5 – 34 利用自动套用表格格式的效果示意图

3. 单元格样式

样式是单元格字体、字号、对齐、边框和图案等一个或多个设置特性的组合，将这样的组合加以命名和保存供用户使用。应用样式即应用样式名的所有格式设置。

样式包括内置样式和自定义样式。

（1）内置样式。

内置样式为 Excel 2010 内部定义的样式，用户可以直接使用，选择"开始"选项卡下的"样式"命令组，单击"单元格样式"命令，如图 5-35 所示。

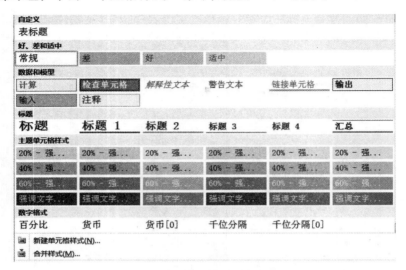

图 5-35　单元格样式选项

（2）自定义样式。

自定义样式是用户根据需要自定义的格式组合设置，需定义样式名。

【示例 5-9】对图 5-32 所示的"销售数量统计表"，利用"样式"对话框自定义样式名为"表标题"，包括"数字"为通用格式，"对齐"为水平居中和垂直居中，"字体"为华文彩云 11，"边框"为左右上下边框，"图案颜色"为标准色浅绿色。设置合并后的 A1：E1 单元格区域为"表标题"样式；利用"货币"样式设置 C3：D7 单元格区域的数值。

操作步骤：

①选择"开始"→"样式"→"单元格样式"→"新建单元格样式"命令，弹出"样式"对话框，如图 5-36 所示。

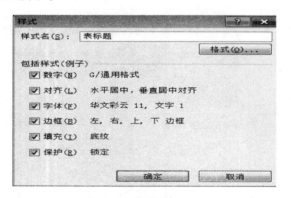

图 5-36　新建单元格样式对话框

②在"样式"对话框的"样式名"栏内输入"表标题"，单击"格式"按钮，弹出"单元格格式"对话框。

③在"单元格格式"对话框中完成"数字""对齐""字体""边框""图案"的设置，

单击"确定"按钮。

④选定 A1：E1 单元格区域，选择"开始"→"样式"→"单元格样式"→自定义下的"表标题"。

⑤选定 C3：D7 单元格区域，选择"单元格样式"命令，在"数字格式"下选择"货币"项，单击"确定"按钮，结果如图 5-37 所示。

	A	B	C	D	E
1	销售数量统计表				
2	产品型号	销售量	单价（元）	总销售额（元）	百分比
3	A11	267	¥ 33.23	¥ 8,872.41	21.08%
4	A12	273	¥ 33.75	¥ 9,213.75	21.89%
5	A13	271	¥ 45.67	¥ 12,376.57	29.40%
6	A14	257	¥ 45.25	¥ 11,629.25	27.63%
7			总计	¥ 42,091.98	

图 5-37　利用样式完成的格式设置效果

（3）"自定义样式"的编辑与删除。

Excel 2010 中如果自定义了样式，鼠标移至"单元格样式"选项（见图 5-35）中自定义的样式名称上右击，就可以利用弹出的快捷菜单命令来实现修改样式或删除已定义的样式。

4. 使用模板

使用模板是在新建工作簿时，套用系统提供或自己建立的模板，使得新建工作簿与模板具有相同的风格。

（1）创建模板。

如果对某个工作簿非常满意，可以建立为模板，建立模板的方法是选择"文件"选项卡中的"另存为"命令，在"另存为"对话框的"保存类型"中选择"模板"，在"另存为"对话框的"文件名"中输入模板名称，单击"确定"按钮即可完成。

（2）使用模板。

用户可以使用模板来创建工作簿，具体操作是：单击"文件"选项卡内的"新建"命令，在弹出的"新建"窗口中，单击所需的模板文件名称即可。

任务 3　条件格式

条件格式可以对含有数值或其他内容的单元格或者含有公式的单元格应用某种条件来决定数值的显示格式。条件格式的设置是利用"开始"选项卡下"样式"命令组中的"条件格式"命令来完成。

【示例 5-10】对图 5-37 所设置的"销售数量统计表"数据表设置条件格式：将 D3：D6 单元格区域的数值大于 10 000 的字体设置成"红色文本"。

操作步骤：

①选定 D3：D6 单元格区域，选择"开始"→"样式"→"条件格式"→"突出显示单元格规则"命令，打开"大于"对话框，如图 5-38 所示。

②在"大于"对话框中，输入"10000"，选择"红色文本"。

图 5-38　条件格式使用方法示例

实 战 练 习

练习 5-2（操作视频及效果图请扫旁边二维码）

打开"D：\ 上机文件 \ 项目 5 \ 实战练习 \ 练习 5-2.xlsx"文件，操作要求如下：

（1）第一行标题：楷体、14 号、加粗、跨列居中、红色、浅绿色底纹。

（2）第二行文字（学号、姓名……）：宋体、12 号、加粗、居中（水平方向居中）。

（3）其他各行文字：宋体、12 号、右对齐。

（4）数值型数据（英语、计算机、数学、写作的分值）保留 1 位小数。

练习 5-2　　　　效果图

（5）调整行高为：第一行 20 磅，其余行 15 磅；列宽为：9 字符。

（6）表格边框（标题行除外）：外框双细线、内框单细线。

重点提示：

◆ 注意合并居中与跨列居中的区别。

◆ 单元格内容居中与单元格内容水平居中的区别。

◆ Excel 中的边框和底纹设置与 Word 中的边框和底纹设置操作方法有何异同。

练习 5-3（操作视频及效果图请扫旁边二维码）

打开"D：\ 上机文件 \ 项目 5 \ 实战练习 \ 练习 5-3.xlsx"文件，操作要求如下：

（1）在编号列依次输入 XL-0101，XL-0102，……，XL-0108，要求先定义好格式，只需输入后四位数字就可实现数据的录入，并且利用填充功能实现快速输入该列数据。

（2）在"姓名"列的右边添加"性别"列，采用下拉列表只能输入"男"或"女"，并按效果图录入具体值。

（3）将标题行行高设为 40 磅，合并 A1：F1 区域并将内

练习 5-3　　　　效果图

容设为上下左右均居中，字体加粗 16 磅，其余区域的数据内容水平居中。

（4）将各列的宽度设置为"最合适的列宽"。

（5）将各科不及格的成绩以红色字体显示出来。

（6）将单元格 A2：F10 区域套用表格格式"表样式浅色 4"。

（7）对所有的数值型数据保留 1 位小数。

（8）将工作表改名为"化工 2 班 3 组成绩表"。

重点提示：

◆ 掌握单元格格式的"自定义"方法并体会它给现实应用带来的优势。

◆ 体会"数据有效性"的意义。

◆ 明确"条件格式"的含义，注意"格式"与"条件格式"的区别。

模块四　数据的计算

公式和函数是 Excel 2010 的重要组成部分，是 Excel 2010 的魅力所在，使用公式可以对工作表中的数据进行计算、统计、筛选等处理，函数是电子表格的主要功能之一，运用函数可以简化运算的步骤。

任务 1　Excel 2010 中的运算符

运算符用来对公式中的元素进行特定类型的运算，运算符包括算术运算符、文本运算符、比较运算符和引用运算符等。

1. 算术运算符

算术运算符能完成基本的算术运算，如加、减、乘、除、乘方，可以连接数字，并产生数字结果，其功能如表 5 - 4 所示。

表 5 - 4　算术运算符

运算符	含义	举例
-	负号	- 10，- d5
%	百分数	12%（即 0. 12）
^	乘方	4^3（即 4^3）
*，/	乘、除	12 * 3，23/4
+，-	加、减	21 + 13，24 - 31

算术运算符的优先级为：括号、负号、乘方、乘除、加减。

2. 文本运算符

文本运算是指文本的连接运算，使用的是"&"（连字符），可以将一个或多个文本，连接为一个组合文本。例如"中文"&"Excel 2010"产生"中文 Excel 2010"。

【示例 5 - 11】如图 5 - 39 所示，A2 单元格中数据为"好好学习"，B2 单元格中数据为"天天向上"，在 C3 中录入"= A2&B2"，则 C3 单元格的数据为"好好学习天天向上"。

3. 比较运算符

比较运算符用于对两个运算数或两个运算表达式进行比较并产生逻辑值 TRUE（真）或

FALSE（假），其功能如表 5 – 5 所示。

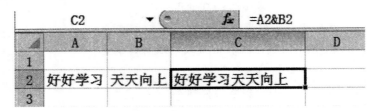

图 5 – 39　文本运算示例

表 5 – 5　比较运算符

运算符	含义	举例
=	等于	7 = 4 的值为假，3 = 3 的值为真
< ， < =	小于，小于等于	7 < 3 的值为假，3 < = 8 的值为真
> ， > =	大于，大于等于	3 > = 7 的值为假，6 > 5 的值为真
< >	不等于	2 < > 2 的值为假，4 < > 9 的值为真

所有比较运算符的优先级相同。

4. 引用运算符

引用运算符用于对单元格或单元格区域进行运算，运算结果是单元格或单元格区域，其功能如表 5 – 6 所示。

表 5 – 6　引用运算符

运算符	功能	举例
：	区域引用运算符	SUM（C2：D7），即以 C2，D7 为对角线顶点的矩形区域之和
，	联合运算符	SUM（A1：A7，C3：D5，E2：F10），即三区域数据之和
空格	相交运算符	SUM（C1：C14　A5：F6），即只有 C5 和 C6 两个单元格之和

5. 运算符的优先级

在 Excel 2010 环境中，不同的运算符号具有不同的优先级，如表 5 – 7 所示。如果要改变这些运算符号的优先级可以使用括号，在 Excel 2010 中规定所有的运算符号都遵从"由左到右"的次序来运算。

表 5 – 7　运算符号的次序表图

顺序	运算符号	说明
1	：，空格	引用运算
2	–	负号
3	%	百分号
4	* 和 /	乘法与除法
5	+ 和 –	加减法
6	&	连接符号
7	= 、 < 、 > 、 < = 、 > = 、 < >	比较符号

在公式中输入负数时，只需在数字前面添加"−"即可，而不能使用括号。

任务2　Excel 2010 中的公式

1. 自动计算

利用"公式"选项卡下的自动求和命令Σ或在状态栏上单击鼠标右键，通过自定义状态栏，无须公式即可自动得出一组数据的累加和、平均值、统计个数、求最大值和求最小值等。自动计算既可以计算相邻的数据区域，也可以计算不相邻的数据区域；既可以一次进行一个公式的计算，也可以一次进行多个公式的计算。

【示例 5 – 12】对"销售数量统计表"工作表（见图 5 – 40）进行自动计算。（1）计算 A001 型号产品三个月的销售总和（置 E3 单元格）；（2）计算 A001，A002，A003，A004 四个型号产品各自三个月的销售总和（置 E3：E6 单元格区域）以及每个月四个型号产品销售的合计（置 B7：E7 单元格）；（3）计算一月份和三月份销售四种产品的平均值（置 F8 单元格）。

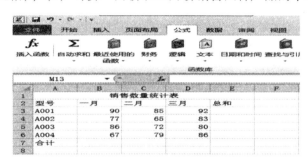

图 5 – 40　欲进行自动计算的工作表

操作步骤：

①选定 B3：E3 单元格区域，单击"公式"选项卡Σ命令的向下箭头，选择"求和"命令，计算结果显示在 E3 单元格，如图 5 – 41 所示，此时，单击 E3 单元格，编辑区显示公式：SUM（B3：D3）。

图 5 – 41　自动求和示例 1

②选定 B3：E7 单元格区域，单击工具栏Σ命令的向下箭头，选择"求和"命令，计算结果显示在 E3：E6 单元格区域和 B7：E7 单元格区域，如图 5 – 42 所示，此时，单击 E3：E6 和 B7：E7 区域任一单元格，数据编辑区均有求和公式显示。

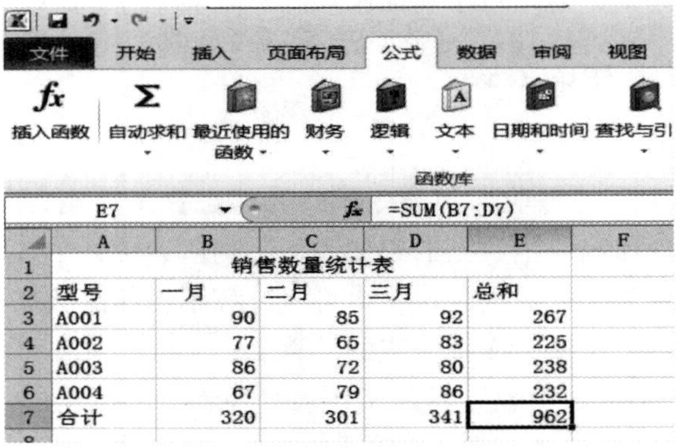

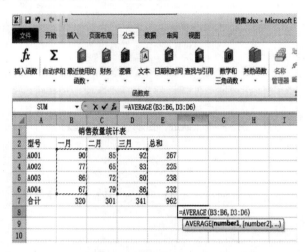

图 5-42 自动求和示例 2

③选定 F8 单元格，单击工具栏 Σ 命令的向下箭头，选择"求平均"命令，此时 F8 单元格有公式出现，选定 B3：B6 区域，同时按住【Ctrl】键选定 D3：D6 单元格区域，如图 5-43 所示，单击输入按钮，结果显示在 F8 单元格内。

图 5-43 自动求平均值示例

2. 公式的应用

公式是通过运算符将常量、函数、单元格或单元格区域引用等元素连接组合而成的一个表达式，但能解决某一个实际运算问题。

（1）公式的输入。

输入公式的形式为：= 表达式

输入公式时，先单击活动单元格，然后在编辑栏或在单元格中输入等号" = "或加号" + "，最后在等号或加号后面输入公式的内容即可。

公式是由数字、单元格引用和函数、运算符等组成，不能包括空格，必须采用半角方式。在数据编辑区输入公式时，单元格地址可以通过键盘输入，也可以直接单击该单元格，单元格地址即自动显示在数据编辑区。输入后的公式可以进行编辑和修改，还可以将公式复制到其他单元格。

（2）公式中单元格的引用。

单元格的引用，表示单元格中的数据参与运算。也就是单元格的名称出现在公式中，作为变量使用，这种使用方式称为单元格引用。当修改单元格中的内容时，引用该单元格公式的值也要改变。

Excel 2010 中单元格的引用类型有两种。一类是 A1 引用类型，单元格的位置用列标和行标来表示，是 Excel 2010 默认的引用类型，如"C3"。另一类是 R1C1 引用类型，可以通过"文件"选项卡下的"选项"命令，在弹出的"选项"对话框中选择"公式"选项卡，选中"设置"中的"R1C1 引用样式"复选框来设置。单元格的位置是由 R 后的数字来表示行，C 后的数字表示列。如 R5C4 表示的是 D5 单元格。下面以默认的 A1 引用类型来说明引用的方式。

①相对引用。

Excel 2010 中默认的引用为相对引用，相对引用是指把一个含有单元格地址引用的公式复制到一个新的位置或用一个公式填入一个选取范围时，公式中的单元格地址会根据情况而相应改变。也就是说新公式所在单元格和被引用公式所在的单元格与它们各自的单元格引用的距离相对位置不变。如图 5－44 所示，在单元格 I2 中输入公式为"＝E2＋G2"，即 I2 单元格等于它前面第四个单元格和前面第二个单元格之和，将它复制到 J3 单元格中，公式变为了"＝F3＋H3"，但 J3 单元格的值还是它前面第四个单元格和前面第二个单元格之和。

相对引用的变化规律：当公式左右复制或填充时，引用的列标发生相应改变，但行标不变；当公式上下复制或填充时，引用的行标发生相应改变，但列标不变。

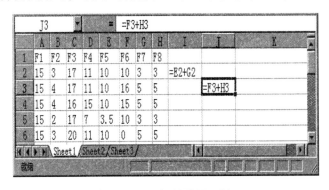

图 5－44　相对引用示例

【示例 5－13】如图 5－45 所示，求出增长率[增长率＝（今年产量－去年产量）/去年产量]。

操作步骤：

a. 选中 F3 单元格，输入"＝（E3－D3）/D3"，确定。

b. 用鼠标拖动 F3 填充柄至 F7 即可完成增长率的计算。

②绝对引用。

不论公式复制或填充到工作表中的任何位置，公式中引用单元格的地址都固定不变，公式中的这种单元格引用就称为绝对引用，这里的单元格地址就称为绝对地址。绝对地址的表示方法是：在引用单元格前加标志"$"，如"＝$C$2＋$E$5"。

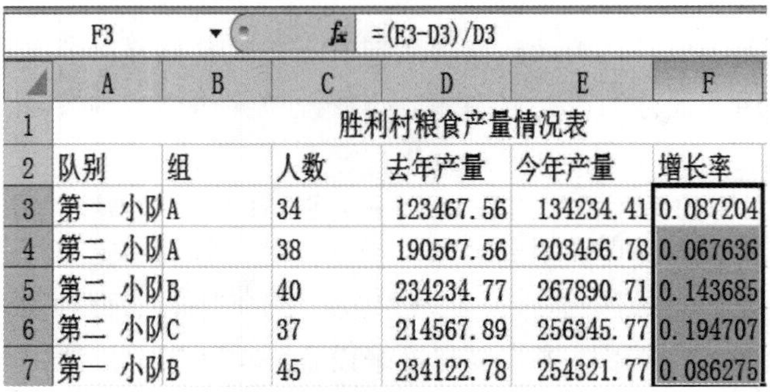

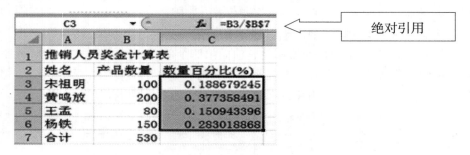

图 5 - 45　相对引用示意图

【示例 5 - 14】如图 5 - 46 所示，求数量百分比（数量百分比 = 产品数量/合计）。

操作步骤：

a. 选中 C3 单元格，输入" = B3/$B $7"，确定。

b. 用鼠标拖动 C3 填充柄至 C6 即可完成数量百分比的计算。

图 5 - 46　绝对引用示意图

③混合引用。

混合引用是指在一个单元格地址中，既有绝对引用，又有相对引用的公式引用。在引用单元格中的形式为：仅在行号或列号前面加" $ "符号，如" $D4""E $5"等。

【示例 5 - 15】如图 5 - 47 所示，求数量百分比（数量百分比 = 产品数量/合计）。

操作步骤：

a. 选中 C3 单元格，输入" = B3/B $7"，确定。

b. 用鼠标拖动 C3 填充柄至 C6 即可完成数量百分比的计算。

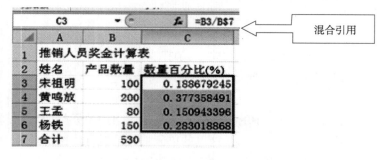

图 5 - 47　混合引用示意图

公式中引用单元格可以互相切换，通过选定引用单元格部分，反复按【F4】键实现三种引用方式之间的切换。

④其他工作表的单元格引用。

同一工作簿的不同工作表或不同工作簿中的单元格的引用，格式由"［工作簿名］工作表名称！单元格引用"组成。如"＝［Book1］Sheet1！E4"，表示引用工作簿 Book1 中工作表 Sheet1 中的 E4 单元格。如是同一工作簿中不同的工作表之间的单元格引用，可以不加"［工作簿名］"。

（3）编辑公式。

编辑公式是指对已有的公式进行修改、删除等操作。

修改公式：单击要修改的单元格，然后在编辑栏中对公式进行修改，最后按【Enter】键结束。

删除公式：单击包含公式的单元格，然后按【Delete】键。

移动或复制公式：选取包含待移动或复制公式的单元格，用鼠标指向选取区域的边框，如果要移动单元格，把选取区域拖动到粘贴区域左上角的单元格中，Excel 2010 将替换粘贴区域中所有的现有数据；如果要复制单元格，拖动时按住【Ctrl】键。

特别提醒：移动或复制公式时，单元格的引用范围可能会发生变化。

（4）显示公式和公式的值。

要使工作表上所有公式在显示公式内容与显示公式结果之间切换，请按【Ctrl】+【`】键（位于键盘左侧，与【~】键为同一键）。

（5）公式中的错误信息。

公式中有常量、函数、单元格引用和运算符等，在输入或编辑公式时运算数据表示不正确、运算数与运算符不匹配或引用单元格被删除等都会出现错误，都将产生错误值。如表 5－8 所示列出一些常见错误值说明。

表 5－8　常见的错误值及其产生原因

错误值	产　生　原　因
#####!	输入到单元格中的数值太长，在单元格中显示不下。可以通过拖动列标之间的边界来修改列的宽度
#VALUE!	使用错误的参数或运算符，如 ＝1 + "A"
#DIV/0!	公式被 0（零）除，如 ＝3/0
#NAME?	公式中使用 Excel 2010 不能识别的名字，如 ＝SUN（A1：A4）
#N/A	函数或公式中没有可用数值
#REF!	单元格引用无效，如引用的单元格被删除
#NUM!	函数中的数据类型不正确，如 SQRT（－4）
#NULL!	试图为两个不相交的区域指定交叉点，如 ＝SUM（A1：A3　B1：B3）

任务 3　Excel 2010 中的常用函数

函数是系统为解决某些特定运算而预先定义的一组公式，并且能返回运算后的结果。函数也可以是公式的组成部分。

1. 函数的格式

函数一般由函数名和参数组成，形式为：函数名（参数 1，参数 2，参数 3，…）

其中函数名由 Excel 提供，函数名中的大小写字母等价，参数必须用圆括号括起来，括号用以指明参数开始和结束的位置，括号必须成对出现，前后不能有空格。参数可以是数字、文字、逻辑值、误差值或者引用位置等。可有一个或多个参数，参数间用逗号分隔，也可以没有参数。

参数也可以是常量或者表达式。这些公式本身可以包含其他的函数。如果一个函数的参数本身也是一个函数，则称为嵌套。经函数执行后返回来的数据称为函数的结果或称函数的值。

2. 函数的使用

函数的应用有两种方式，一是单独使用，二是公式中引用函数。公式中引用时按函数的语法格式直接输入。

单独使用时，先选择输入函数的单元格，然后进行以下几种方法输入。

方法一：单击编辑栏上的"插入函数" f_x 按钮，弹出如图 5 – 48 所示的"插入函数"对话框，通过该对话框引导输入函数。

方法二：利用"公式"选项卡下"函数库"命令组的"插入函数"命令。

方法三：直接在编辑栏按该函数的语法规则输入，如"= SUM（A1，B1，C1）"。

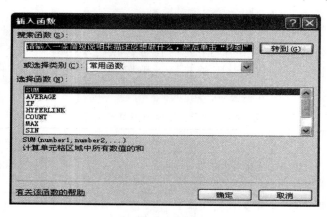

图 5 – 48　"插入函数"对话框

3. 常用函数

Excel 2010 内置函数非常丰富，涵盖了数据与三角函数、日期与时间、财务、统计、工程、数据库、文本、信息、逻辑、查找与引用十多种分类函数，下面介绍几种常用的函数。

（1）求和函数 SUM。

语法格式：SUM（参数 1，参数 2，参数 3，…）

功能：返回参数表中所有参数的累加和，至多 255 个参数，用法示例如图 5 – 49 所示。

（2）求平均函数 AVERAGE。

语法格式：AVERAGE（参数 1，参数 2，参数 3，…）

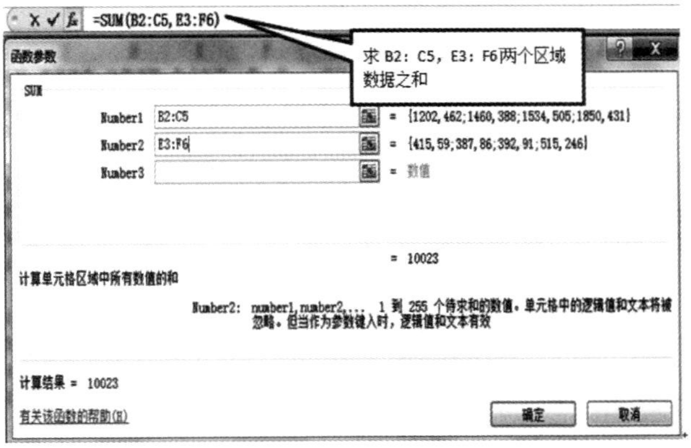

图 5－49 求和函数 SUM 使用示意图

功能：返回参数表中所有参数的平均值。

（3）求最大值函数 MAX。

语法格式：MAX（参数 1，参数 2，参数 3，…）

功能：返回一组参数中的最大值。

（4）求最小值函数 MIN。

语法格式：MIN（参数 1，参数 2，参数 3，…）

功能：返回一组参数中的最小值。

（5）计数函数 COUNT。

语法格式：COUNT（参数 1，参数 2，参数 3，…）

功能：计算参数表中的数字参数和包含数字的单元格的个数，用法示例如图 5－50 所示，求出各门课程的参考人数。

B15 =COUNT(B3:B14)

	A	B	C	D	E	F	G
1	中文系 A 班学生成绩表						
2	课程	古代汉语	外国文学	演讲与口才	平均成绩	总成绩	补考
3	赵一鸣		95	90			
4	钱二妹	96	90	97			
5	孙三元	缺考	79	99			
6	李四喜	61	58	54			
7	周五福	58	58	62			
8	吴大山	缺考	85	66			
9	王淼	86	72	68			
10	张焱	77	69	92			
11	郑中川	0	55	70			
12	石磊	90	91	92			
13	金鑫	96	95	94			
14	王小溪	92	90	96			
15	参考人数	9					
16	及格人数						

图 5－50 计数函数 COUNT 使用示意图

（6）条件计数函数 COUNTIF。

语法格式：COUNTIF（条件数据区，“条件”）

功能：统计“条件数据区”中满足给定“条件”的单元格的个数，用法示例如图 5－51 所示，求出各门课程的及格人数。

（7）条件函数 IF。

	A	B	C	D	E	F	G
1	中文系A班学生成绩表						
2	课程	古代汉语	外国文学	演讲与口才	平均成绩	总成绩	补考
3	赵一鸣		95	90			
4	钱二妹	96	90	97			
5	孙三元	缺考	79	99			
6	李四喜	61	58	54			
7	周五福	58	58	62			
8	吴大山	缺考	85	66			
9	王淼	86	72	68			
10	张焱	77	69	92			
11	郑中川	0	55	70			
12	石磊	90	91	92			
13	金鑫	96	95	94			
14	王小溪	92	90	96			
15	参考人数	9	12	12			
16	及格人数	7					

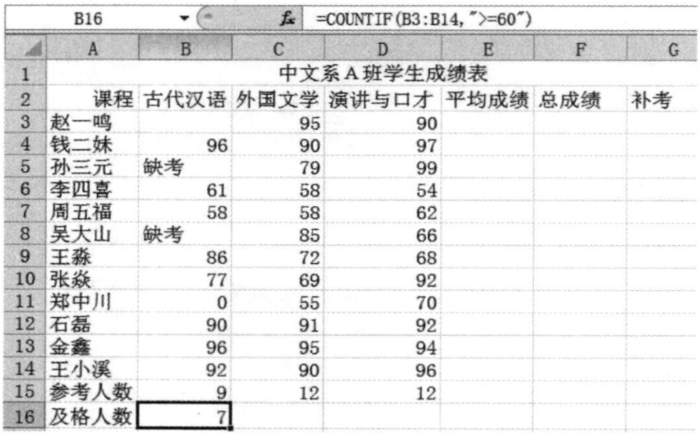

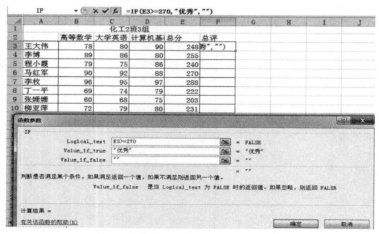

图 5－51　条件计数 COUNTIF 使用示意图

语法格式：IF（逻辑表达式，表达式 1，表达式 2）

功能：执行真假判断，根据逻辑测试的真假值返回不同的结果。如果逻辑表达式的值为真，则返回“表达式 1”的值；如果逻辑表达式的值为假，则返回“表达式 2”的值。

【示例 5－16】如图 5－52 所示，在“总评”列将总分大于等于 270 分的学生标为“优秀”，否则为空。

操作步骤：

①选中 F3 单元格。

②单击编辑栏上的“插入函数”f_x按钮，在插入函数对话框中选中 IF 函数。

③设置函数参数，如图 5－52 所示，单击“确定”按钮。

④选中 F3 单元格，拖动填充柄向下填充完成“总评”列的计算。

图 5－52　条件函数 IF 使用示意图

（8）逻辑与函数 AND。

语法格式：AND（条件 1，条件 2，条件 3，…）

功能：所有参数的逻辑值为真时返回 TRUE（真）；只要一个参数的逻辑值为假即返回 FALSE（假）。

项目五

（9）逻辑或函数 OR。

语法格式：OR（条件1，条件2，条件3，…）

功能：在其参数的逻辑值中，任何一个参数逻辑值为 TRUE（真）即返回 TRUE（真）。

（10）条件求和函数 SUMIF。

语法格式：SUMIF（条件数据区，"条件"［，求和数据区］）

功能：在"条件数据区"查找满足"条件"的单元格，计算满足条件的单元格对应于"求和数据区"中数据的累加和。如果"求和数据区"省略，统计"条件数据区"满足条件的单元格中数据的累加和。

【示例 5 - 17】如图 5 - 53 所示，在工资表中分别求出职称是工人、助工、工程师和高工的工资之和。

操作步骤：

①选中 F5 单元格。

②单击编辑栏上的"插入函数" **fx** 按钮，在插入函数对话框中选中 SUMIF 函数。

③设置函数参数，如图 5 - 53 所示，单击"确定"按钮。

④重复上述方法依次求出其他职称的工资之和。

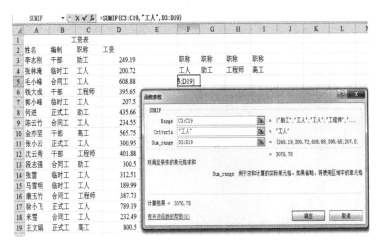

图 5 - 53　条件求和函数 SUMIF 使用示意图

（11）排名函数 RANK。

语法格式：RANK（被排名的数字，被排名的区域，排名方式）

功能：返回被排名的数字在被排名区域中的数字中相对于其他数值的大小排名。

【示例 5 - 18】如图 5 - 54 所示，按各位歌手的平均得分由高到低求出名次。

操作步骤：

①选中 I3 单元格。

②单击编辑栏上的"插入函数" **fx** 按钮，在插入函数对话框中选中 RANK 函数。

③设置函数参数，如图 5 - 54 所示，单击"确定"按钮。

④选中 I3 单元格，拖动填充柄向下填充即可完成所有选手的排名。

（12）四舍五入函数 ROUND。

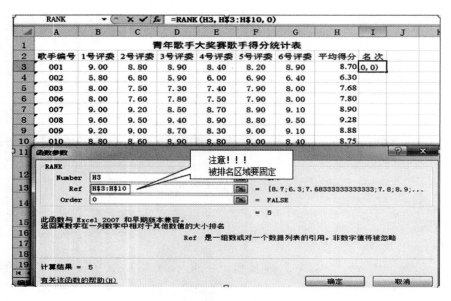

图 5－54　排名函数 RANK 使用示意图

语法格式：ROUND（数值型参数，N）

功能：根据指定的 N 位数，将数值型参数进行四舍五入。其中 N 是正整数，则保留 N 位小数；N＝0，则保留整数；N 为负整数时，则在小数点左侧 N 位进行舍入。如 ROUND（12345.4567，－3）结果等于12000。

（13）取整函数 INT。

语法格式：INT（数值型参数）

功能：取不大于数值型参数的最大整数。如 INT（－12.76）结果等于－13，INT（12.76）结果等于12。

（14）求众数 MODE 函数。

语法格式：MODE（参数1，参数2，…）

功能：返回一组数据或数据区域中的众数（出现频率最高的数）。

<h2 style="text-align:center">实 战 练 习</h2>

练习5－4（操作视频及效果图请扫旁边二维码）

打开"D：\上机文件\项目5\实战练习\练习5－4.xlsx"文件，操作要求如下：

（1）计算"奖金"列，其金额为基本工资的15%。

（2）求"应发数"列（应发数＝基本工资＋工龄津贴＋职务津贴＋奖金）。

（3）求"实发工资"列，各数值前带上￥符号（实发工资＝应发数－扣除）。

（4）在 K14 单元格计算实发工资的总和。

练习5－4　　　　效果图

（5）计算每个人所得的实发工资占实发工资总额的百分比，保留1位小数。

重点提示:

◆ 体会公式的实质就是"表达式"。

◆ 在计算百分比时,注意区分单元格地址的相对引用、绝对引用和混合引用。

练习 5 – 5（操作视频及效果图请扫旁边二维码）

打开"D:\上机文件\项目 5\实战练习\练习 5 – 5.xlsx"文件,现有某班的"第一学期成绩""第二学期成绩"和"两学期各科平均分"三张工作表,操作要求如下:

（1）在"第一学期成绩"工作表中实现:

● 选中工作表第一行,设置行高为 25,对 A1:P1 合并内容水平居中,字体为楷体,20 号。

● 给 L2 单元格添加批注"总分大于 650 分的单元格底纹颜色为蓝色"并让总成绩列达此目的。

练习 5 – 5   效果图

● 将各科成绩中大于 90 分的单元格数值字体格式显示为红色并加粗。

● 求出每个同学的平均分和总成绩。

● 使各科成绩都大于 80 的同学在总评这一列显示为"优",否则为空。

● 有一科在 60 分以下就在补考栏注明"补考"。

● 使用 RANK 函数求出总成绩由高到低的排名。

● 统计出每个同学考试科目中超过 85 分的科目数。

● 统计各门学科最高分、最低分和参考人数。

● 统计各学科的各分数段人数。

● 计算出各门课程的及格率。

● 统计出各门课程男、女生的平均成绩（先用 SUMIF 求出总成绩）。

● 统计各门课程成绩中的众数。

（2）在"第二学期成绩"工作表中利用"第一学期成绩"工作表结果快速实现相对应的要求（利用"选择性粘贴"功能）。

（3）在"两学期各科平均分"工作表中,实现:

● 计算两学期各科平均分。

● 如果两期的平均分在 90 分（包括 90 分）以上的科目有 3 科（包括 3 科）以上,奖学金为 300 元,有 1 科或 2 科在 90 分以上的奖学金为 200 元,否则为 0 元。

● 求出发放的奖学金之和,并统计每个同学所得奖学金占奖学金之和的百分比。

重点提示:

◆ 在利用自动求和等功能时,注意确认单元格的引用范围。

◆ 计算全班男生（女生）各门学科的平均成绩时,请分别利用 SUMIF 函数和 COUNTIF 函数完成,同时在单元格的引用时注意使用混合引用。

◆ 在处理"第二学期成绩"时注意应用"选择性粘贴"功能快速完成。

◆ 计算两期平均分时必须引用其他工作表中数据,注意引用格式。

◆ 利用条件函数的嵌套功能来实现分段函数"奖学金"的计算。

项目五

模块五　数据的分析

Excel 2010 提供了较强的数据库管理功能，不仅能够通过记录单来增加、删除和移动数据，还能按照数据库的管理方式对以数据清单形式存放的工作表进行各种排序、筛选、分类汇总、统计和建立数据透视表等操作。需要特别注意的是，对工作表数据进行数据库操作，要求数据必须按"数据清单"存放。工作表中的数据库操作大部分是利用"数据"选项卡下的命令完成的，可以进行外部数据获取、连接操作、排序和筛选、使用数据工具、分级显示等。

任务1　记录单

1. 建立数据清单

建立数据清单与建立一个一般工作表区别不大，只是同一个工作表中只建一个数据清单。数据清单由标题行和数据组成，标题行（第一行）称为列标题，相当于数据库中的字段名，数据清单的每一列数据具有同一属性。数据清单的每一行称为一条记录，每条记录包含一行中的各属性。在数据清单中不能放置空行或空列，如图 5 – 55 所示是某年级的成绩情况数据清单。

	A	B	C	D	E	F	G	H
1	学号	班级	姓名	成绩1	成绩2	成绩3	成绩4	总分
2	90220002	二班	张成祥	97	94	93	93	377
3	90220023	一班	李广林	94	84	60	86	324
4	90213037	三班	贾莉莉	93	73	78	88	332
5	90213013	二班	马云燕	91	68	76	82	317
6	90213003	一班	郑俊霞	89	62	77	85	313
7	90213022	三班	韩文歧	88	81	73	81	323
8	91214045	一班	王卓然	88	74	77	78	317
9	90213024	二班	王晓燕	86	79	80	93	338
10	90213009	一班	张雷	85	71	67	77	300
11	90220013	三班	唐来云	80	73	69	87	309
12	91214065	二班	高云河	74	77	84	77	312
13	90216034	三班	马丽萍	55	59	98	76	288

图 5 – 55　数据清单示意图

2. 编辑数据清单

（1）编辑数据清单中的数据与编辑工作表中的数据方法基本相同，非常方便。

（2）记录单。

Excel 2010 还提供了一种更加简便的编辑数据清单的方法，也就是记录单。通过"记录单"命令来对数据清单中的记录进行添加、查看、更改和删除等操作。记录单启动后，如图 5 – 56 所示。记录单的第一列为列的标志或字段名，在数据框中是一个记录的数据，并通过右边的 7 个按钮实现记录的添加、删除、查看等操作。

"记录单"命令需要使用"自定义功能区"，把它从"不在功能区中的命令"里面添加到选项卡中，才方便使用。

图 5 – 56　记录单

任务2 排序

数据排序是按照一定的规则对数据进行重新排列，便于浏览或为进一步处理数据做准备（如分类汇总）。

通常数据在应用过程中，需要数据按某一列或某几列的大小顺序来排列记录。这种排列数据的管理方式，叫作排序。Excel 2010可以对单列数据按"升序"即递增方式或"降序"即递减方式进行简单排序，也可以通过命令对多列数据进行复合排序。

1. 简单排序

简单排序是 Excel 2010 对单列数据进行排序。

简单排序的方法是先选择需要排序的某一列数据区域中任意一个单元格，再单击"数据"选项卡下"排序与筛选"命令组的升序按钮 或降序按钮 ，即可实现对单个关键字的简单排序。

利用"数据"选项卡下"排序与筛选"命令组的升序按钮和降序按钮只能进行一个关键字的排序。

特别提醒：排序时最好不要先选择范围，只需将光标定位于该数据区内即可，否则有出错的可能。

2. 复合排序

（1）复合排序的含义。

复合排序是按多个关键字（多列）进行排序。排序时在"主要关键字"数据相同的情况下，以"次要关键字"的大小来排列，"主、次要关键字"的数据都相同的情况下，按"第二次关键字"的大小来排列，依此类推。

（2）复合排序的方法。

复合排序的方法是先选择需要排序的数据区域中任意一个单元格，再利用"数据"选项卡下的"排序与筛选"命令组的"排序"命令，如图5-57所示。

【示例5-19】对工作表"成绩表"数据清单中的内容按照主要关键字"班级"以笔画的递增顺序和次要关键字"总分"递减顺序进行排序，然后再按次要关键字"成绩1"递减顺序进行排列。

操作步骤：

①单击数据清单区域内的任意一个单元格，选择"数据"→"排序与筛选"→"排序"命令，弹出"排序"对话框，如图5-57所示。

②选中"数据包含标题"复选框。（"有标题行"和"无标题行"是用来指明数据区域是否包含字段名，以免将字段名作为数据进行排序。）

③在"主要关键字"下拉列表框中选择"班级"，"排序依据"下拉列表框中选择"数值"，"次序"下拉列表框中选择"升序"。然后单击该对话框上的"选项"按钮，排序方法选择"笔画排序"，如图5-57所示。

④单击"添加条件"按钮，在新增的"次要关键字"中，选择"总分"，"次序"下拉列表框中选择"降序"。

⑤再次单击"添加条件"按钮，在新增的"次要关键字"中，选择"成绩1"，"次序"

下拉列表框中选择"降序"，单击"确定"按钮即可，最后效果如图5－57所示。

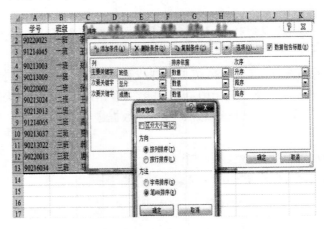

图5－57　复合排序实现示意图

（3）自定义排序。

如果用户对数据的排序有特殊要求，可以利用图5－57所示"排序"对话框内"次序"下拉列表中的"自定义序列"选项所弹出的对话框来完成。用户可以不按字母或数值等常规排序方式，根据需求自行设置，如图5－58所示。

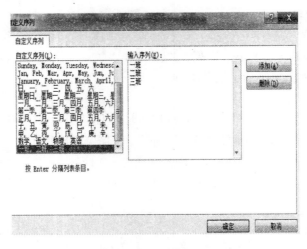

图5－58　"自定义序列"对话框

任务3　分类汇总

分类汇总是Excel 2010提供的一项统计功能，它可以将相同类别的数据进行统计汇总。即分类汇总就是对工作表中数据清单的内容进行分类，然后统计同类记录的相关信息，包括求和、计数、平均值、最大值、最小值等，由用户进行选择。

特别需要注意的是：

（1）分类汇总只能对数据清单进行，数据清单的第一行必须有列标题。

（2）分类汇总前必须对要分类的字段进行排序，否则，分类汇总的结果无现实意义。

1. 简单汇总

对数据清单的一个或多个字段仅做一种方式的汇总，就称为简单汇总。

方法：利用"数据"选项卡下"分级显示"命令组的"分类汇总"命令可以创建分类汇总。

【示例5-20】对如图5-59（左）所示的工作表中的数据，以"课程名称"为分组分类汇总字段，将"人数"和"课时"求和分类汇总。

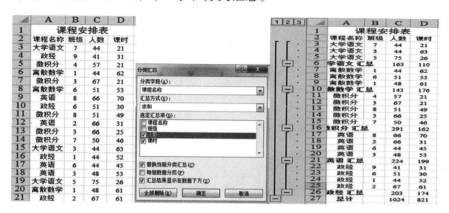

图5-59 简单分类汇总的实现示意图

操作步骤：

①按主要关键字"课程名称"的递增或递减次序对数据清单进行排序。

②选择"数据"→"分级显示"→"分类汇总"命令，在弹出的"分类汇总"对话框中，选择"分类字段"为"课程名称"，"汇总方式"为"求和"，"选定汇总项"为"人数"和"课时"，选中"汇总结果显示在数据下方"复选框，如图5-59（中）所示。

③单击"确定"按钮，完成分类汇总，如图5-59（右）所示。

2. 删除分类汇总

如需删除已做的汇总，可选择已汇总的数据区域，单击"数据"选项卡下"分级显示"命令组的"分类汇总"命令，在"分类汇总"对话框中，单击"全部删除"按钮。

3. 隐藏分类汇总数据

为方便查看数据，可以将分类汇总后暂时不需要的数据隐藏起来，当需要查看时再显示出来。

单击工作表左边列表树的"-"号就可以隐藏各课程名称的数据记录，只留下该课程名称的汇总信息，此时"-"号变成"+"号；单击"+"号时，即可将隐藏的数据记录信息显示出来，如图5-60所示。

1 2 3		A	B	C	D
	1	课程安排表			
	2	课程名称	班级	人数	课时
+	6	大学语文 汇总		163	110
+	10	离散数学 汇总		143	176
+	16	微积分 汇总		291	162
+	21	英语 汇总		224	199
+	26	政经 汇总		203	174
-	27	总计		1024	821

图5-60 隐藏数据记录

项目五

4. 嵌套汇总

嵌套汇总是指对数据清单中的同一字段进行多种方式的汇总。

方法是以一种方式汇总后，再以另一种方式进行汇总，但需去掉"分类汇总"对话框中的"替换当前分类汇总"选项前面的复选框选项。

【示例5-21】对如图5-59（左）所示的工作表中的数据，以"课程名称"为分组分类汇总字段，将"人数"和"课时"求和、求平均值分类汇总。

操作步骤：

①按【示例5-20】的方法，以"课程名称"对"人数"和"课时"求和汇总。

②单击"数据"→"分级显示"→"分类汇总"命令，在"分类汇总"对话框中，按如图5-61（左）所示进行设置。以求平均值的方式，按"课程名称"分类，对"人数"和"课时"进行汇总。

③单击"确定"按钮，完成嵌套汇总，如图5-61（右）所示。

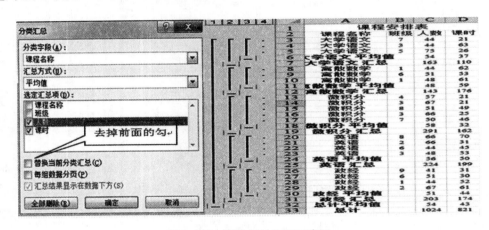

图5-61　嵌套汇总实现示意图

任务4　筛选

数据筛选是在工作表的数据清单中快速查找具有特定条件的记录。筛选后数据清单中只包含符合筛选条件的记录，而将不满足条件的数据暂时隐藏，便于浏览。一般情况下，自动筛选能够满足大部分的需要，但是当需要利用复杂的条件来筛选数据时，就必须使用高级筛选才能达到目的。

实现数据筛选的方法是利用"数据"选项卡下"排序与筛选"命令组的"筛选"命令，可以进行自动筛选、高级筛选和数据的全部显示。

1. 自动筛选

自动筛选是通过执行"数据"选项卡下"排序与筛选"命令组的"筛选"命令，进入筛选状态，在所需筛选的字段名后的下拉列表框中选择所要的确切值，或通过"自定义筛选"来完成。

【示例5-22】在如图5-62所示的数据表中，用自动筛选将"成绩1"小于等于70和"成绩1"大于等于80，并且"成绩3"都大于85的数据记录筛选出来。

	A	B	C	D	E	F	G	H
1	学号	班级	姓名	成绩1	成绩2	成绩3	成绩4	总分
2	90220023	一班	李广林	94	84	60	86	324
3	91214045	一班	王卓然	88	74	77	78	317
4	90213003	一班	郑俊霞	89	62	77	85	313
5	90213009	一班	张雷	85	71	67	77	300
6	90220002	二班	张成祥	97	94	93	93	377
7	90213024	二班	王晓燕	86	79	80	93	338
8	90213013	二班	马云燕	91	68	76	82	317
9	91214065	二班	高云河	74	77	84	77	312
10	90213037	三班	贾莉莉	93	73	78	88	332
11	90213022	三班	韩文峣	88	81	73	81	323
12	90220013	三班	唐来云	80	73	69	87	309
13	90216034	三班	马丽萍	55	59	98	76	288

图 5 – 62　欲进行筛选操作的数据清单

操作步骤：

①将光标定位于数据区内任何位置，单击"数据"→"排序与筛选"→"筛选"命令，然后展开字段名"成绩1"旁的下拉列表，如图 5 – 63 所示。

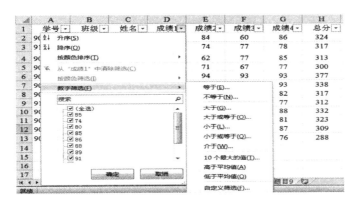

图 5 – 63　自动筛选的界面

②在"成绩1"字段名后的下拉列表框中选择"自定义筛选"，出现"自定义自动筛选方式"对话框，如图 5 – 64 所示。

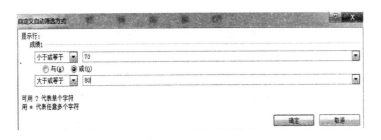

图 5 – 64　"自定义自动筛选方式"对话框

③在"自定义自动筛选方式"对话框中设置筛选条件，如图 5 – 64 所示，单击"确定"按钮。

④同样方法在"成绩3"字段名后的下拉列表框中选择"大于"，在"自定义自动筛选方式"对话框中设置筛选条件"大于85"，单击"确定"按钮。

⑤完成自动筛选后，结果如图 5 – 65 所示。

特别提醒：

	A	B	C	D	E	F	G	H
1	学号 ▾	班级 ▾	姓名 ▾	成绩1 ▾	成绩2 ▾	成绩3 ▾	成绩4 ▾	总分 ▾
6	90220002	二班	张成祥	97	94	93	93	377
13	90216034	三班	马丽萍	55	59	98	76	288

图 5－65　完成自动筛选后的结果

（1）若要清除筛选，还原数据显示，选择"数据"→"排序与筛选"→"清除"命令，恢复所有数据。

（2）自动筛选只能适用于各列之间的逻辑条件属于"与"逻辑的范围。

2. 高级筛选

Excel 2010 提供高级筛选方式，主要用于多字段条件的筛选。

使用高级筛选必须先建立一个条件区域，用来编辑筛选条件。条件区域的第一行是所有作为筛选条件的字段名，这些字段名必须与数据清单中的字段名完全一样。条件区域的其他行输入筛选条件，"与"关系的条件必须出现在同一行内，"或"关系的条件只能出现在不同的行内。

条件区域与数据清单区域不能连接，必须用空行或空列隔开。

【示例5－23】在如图5－62所示的数据表中，用高级筛选将"成绩1"小于等于70和"成绩1"大于等于80，并且"成绩3"都大于85的数据记录筛选出来。将条件置于J2：K4 单元格区域，筛选出的数据开始显示于 A15 单元格。

操作步骤：

①在 J2 单元格中输入"成绩1"、J3 单元格中输入"＜＝70"、J4 单元格中输入"＞＝80"、K2 单元格中输入"成绩3"、K3 单元格中输入"＞85"、K4 单元格中输入"＞85"。（在实际中可根据情况在任意的空白处均可建立条件区）

②选择"数据"→"排序与筛选"→"高级"命令，弹出"高级筛选"对话框，如图5－66所示。

图 5－66　"高级筛选"对话框

③在弹出的"高级筛选"对话框中，"方式"选择"将筛选结果复制到其他位置"（实

项目五

际中也可选择"在原有区域显示筛选结果")。

　　④单击"高级筛选"对话框中的"列表区域",选择 A1:H13 单元格区域。

　　⑤单击"高级筛选"对话框中的"条件区域",选择 J2:K4 单元格区域。

　　⑥单击"高级筛选"对话框中的"复制到",选择 A15 单元格。

　　⑦单击"高级筛选"对话框中的"确定"按钮,筛选结果如图 5-67 所示。

	A	B	C	D	E	F	G	H	I	J	K
1	学号	班级	姓名	成绩1	成绩2	成绩3	成绩4	总分			
2	90220023	一班	李广林	94	84	60	86	324		成绩1	成绩3
3	91214045	一班	王卓然	88	74	77	78	317		<=70	>85
4	90213003	一班	郑俊霞	89	62	77	85	313		>=80	>85
5	90213009	一班	张雷	85	71	67	77	300			
6	90220002	二班	张成祥	97	94	93	93	377			
7	90213024	二班	王晓燕	86	79	80	93	338			
8	90213013	二班	马云燕	91	68	76	82	317			
9	91214065	二班	高云河	74	77	84	77	312			
10	90213037	三班	贾莉莉	93	73	78	88	332			
11	90213022	三班	韩文歧	88	81	73	81	323			
12	90220013	三班	唐来云	80	73	69	87	309			
13	90216034	三班	马丽萍	55	59	98	76	288			
14											
15	学号	班级	姓名	成绩1	成绩2	成绩3	成绩4	总分			
16	90220002	二班	张成祥	97	94	93	93	377			
17	90216034	三班	马丽萍	55	59	98	76	288			

图 5-67　完成高级筛选后的结果

任务5　合并计算（选学内容）

　　数据合并可以把来自不同源数据区域的数据进行汇总,并进行合并计算,包括求和、计数、平均值、最大值、最小值、乘积、方差等运算。数据源区可以是同一张工作表、来自同一工作簿的不同工作表,或者是不同工作簿中的数据区域。数据合并是通过建立合并表的方式来进行的。其中,合并表可以建立在某源数据区域所在工作表中,也可以建立在同一个工作簿或不同的工作簿中。方法是:

　　利用"数据"选项卡下"数据工具"命令组的"数据合并"命令可以完成。

　　1. 同类数据的合并计算

　　【示例 5-24】如图 5-68 所示,使用表 1 和表 2 中的数据,在"统计表"中统计出各产品的销售额之和。

	A	B	C	D	E	F	G
1		表1			表2		
2		产品名称	销售额		产品名称	销售额	
3		钢材	902		塑料	2324	
4		塑料	2183.2		钢材	1540.5	
5		木材	1355.4		木材	678	
6		钢材	1324		木材	222.2	
7		塑料	1434.85		木材	1200	
8		钢材	135				
9							
10		统计表					
11		产品名称	销售额				
12							
13							
14							
15							

图 5-68　欲进行合并计算的数据清单 1

操作步骤：

①选择 B11 单元格，单击"数据"→"数据工具"→"合并计算"命令，弹出"合并计算"对话框，如图 5-69 所示。

②在弹出的"合并计算"对话框中的"函数"下拉列表框中选择"求和"。

③单击"引用位置"文本框右边的![]按钮，选择 B2：C8 单元格区域，再次单击"引用位置"文本框中的![]按钮，然后单击"添加"按钮，如图 5-69 所示。

④重复上一步骤，添加 E2：F7 单元格区域，如图 5-69 所示。

⑤选择"标签位置"复选框中的"首行"和"最左列"两个复选项，然后单击"确定"按钮，完成合并计算，如图 5-69 所示。

图 5-69　同类数据的合并计算操作示意图

2. 相同位置数据的合并计算

【示例 5-25】现有在同一工作簿中的"1 分店"和"2 分店"4 种型号的产品一月、二月、三月的"销售数量统计表"数据清单，位于工作表"销售单 1"和"销售单 2"中，如图 5-70 所示。现需新建工作表，计算出两个分店 4 种型号的产品一月、二月、三月每月销售量总和。

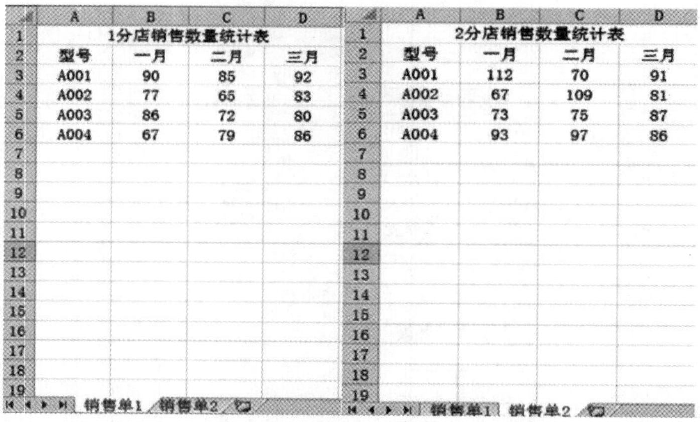

图 5-70　欲进行合并计算的数据清单 2

操作步骤：

①在本工作簿中新建工作表"合计销售单"数据清单，数据清单字段名与源数据清单相同，第一列输入产品型号，如图 5 - 71（左）所示。

②选定用于存放合并计算结果的单元格区域 B3：D6，如图 5 - 71（左）所示。

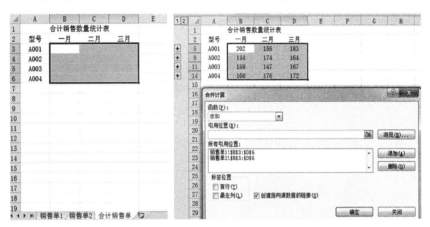

图 5 - 71　相同位置数据的合并计算操作示意图

③单击"数据"→"数据工具"→"合并计算"命令，弹出"合并计算"对话框，如图 5 - 71（右）所示。

④照图 5 - 71（右）所示的对话框进行设置：在"函数"下拉列表框中选择"求和"，在"引用位置"下拉列表框中选取"销售单 1"的 B3：D6 单元格区域，单击"添加"按钮，再选取"销售单 2"的 B3：D6 单元格区域（当单击"添加"按钮时，选择"浏览"按钮可以选取不同工作表或工作簿中的引用位置），选中"创建指向源数据的链接"复选框（当源数据变化时合并计算结果也随之变化）。

⑤合并计算结果以分类汇总的方式显示，计算结果如图 5 - 71（右）所示。单击左侧的"＋"号，可以显示源数据信息。

任务 6　数据透视表

数据透视表是用于快速汇总大量数据的交互式表格，在实际应用中，常常分类字段不止一个，采用前面介绍的分类汇总方式则无法实现，而数据透视表可以对一个或多个字段进行分类汇总。通过对数据源进行不同汇总后可以以不同的方式显示数据，用不同的页来筛选数据，对所要关注的区域显示明细数据，从中抽取出更有价值的信息。

数据透视表从工作表的数据清单中提取信息，它可以对数据清单进行重新布局和分类汇总，还能立即计算出结果。

在建立数据透视表时，需考虑如何汇总数据。利用"插入"选项卡下"表格"命令组的"数据透视表"命令可以完成数据透视表的建立。

【示例 5 - 26】现有如图 5 - 72 所示的"销售数量统计表"工作表中的数据清单，现建立数据透视表，显示各分店各型号产品销售量的和、总销售额的和以及汇总信息。

操作步骤：

	A	B	C	D	E
1	销售数量统计表				
2	经销店	型号	销售量	单价（元）	总销售额（元）
3	1分店	A001	267	33	8811
4	2分店	A001	273	33	9009
5	1分店	A002	271	45	12195
6	2分店	A002	257	45	11565
7	2分店	A003	232	29	6728
8	1分店	A003	243	29	7047
9	2分店	A004	265	65	17225
10	1分店	A004	278	65	18070

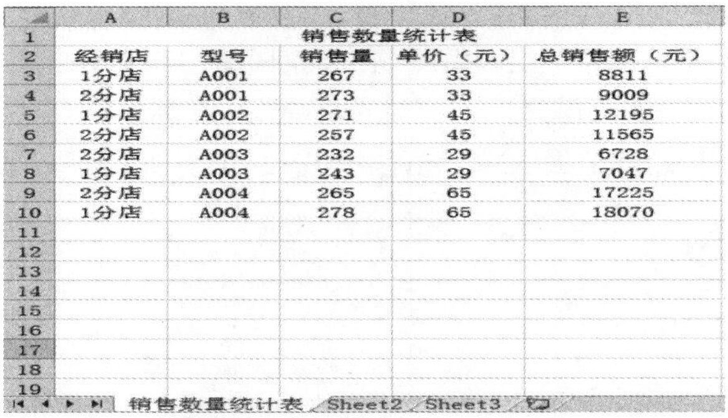

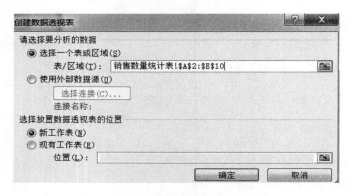

图 5－72　欲建立数据透视表的数据清单

①选择“销售数量统计表”数据清单的 A2：E10 数据区域，单击“插入”→“表格”→“数据透视表”命令，打开“创建数据透视表”对话框，如图 5－73 所示。

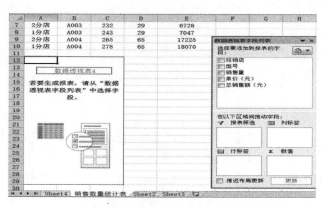

图 5－73　“创建数据透视表”对话框

②在“创建数据透视表”对话框中，自动选中了“选择一个表或区域”单选按钮（或通过“表/区域”切换按钮选定区域“销售数量统计表！ A2：$E $10”），在“选择放置数据透视表的位置”选项下选中“现有工作表”单选按钮，通过切换按钮选择位置（从 A12 开始），单击“确定”按钮，弹出“数据透视表字段列表”对话框，如图 5－74 所示和未完成的数据透视表。

项目五

图 5－74　“数据透视表字段列表”对话框和未完成的数据透视表

③在弹出的"数据透视表字段列表"对话框中，选定数据透视表的列标签、行标签和需要处理的方式（单击"数据透视表字段列表"对话框右侧的"字段节和区域节层叠"按钮，可以改变"数据透视表字段列表"对话框的布局结构）。此时，在所选择放置数据透视表的位置处显示出完成的数据透视表，如图5－75所示。

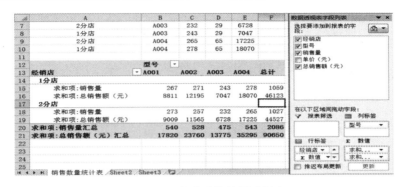

图5－75 完成后的数据透视表

选中数据透视表，单击鼠标右键，可弹出"数据透视表选项"对话框，利用对话框的选项可以改变数据透视表的布局和格式、汇总和筛选项以及显示方式等，如图5－76所示。

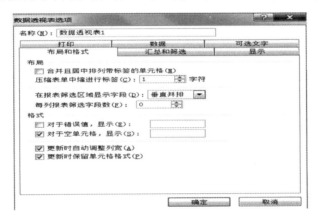

图5－76 "数据透视表选项"对话框

任务7 图表

Excel 2010 图表是对工作表中的行、列数据信息的图形化表示，这种图表方式使数据的显示更加直观、易于理解。能让使用者更加方便查看数据的差异和预测趋势。

1. 图表的基本概念

（1）图表类型。

Excel 2010 提供了标准图表类型，每一种图表类型又分为多个子类型，可以根据需要选择不同的图表类型表现数据。常用的图表类型有：柱形图、条形图、折线图、饼图、面积图、XY 散点图、圆环图、股价图和曲面图等。

（2）图表的构成。

一个图表主要由以下部分构成，如图5－77所示。

①图表标题：描述图表的名称，默认在图表的顶端，可有可无。

②坐标轴与坐标轴标题：坐标轴标题是 X 轴和 Y 轴的名称，可有可无。

③图例：包含图表中相应的数据系列的名称和数据系列在图中的颜色。

④绘图区：以坐标轴为界的区域。

⑤数据系列：一个数据系列对应工作表中选定区域的一行或一列数据。

⑥网格线：从坐标轴刻度线延伸出来并贯穿整个"绘图区"的线条系列，可有可无。

⑦背景墙与基底：三维图表中会出现背景墙与基底，是包围在许多三维图表周围的区域，用于显示图表的维度和边界。

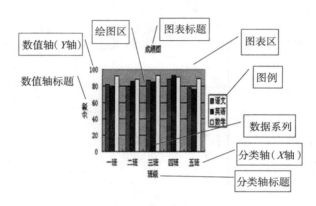

图 5 – 77 图表的组成部分

（3）Excel 2010 中图表就位置而言有两种，一类是嵌入式图表，指图表存在于某一张工作表中；另一类是独立图表，指图表以工作表的形式存在于工作簿中。

2. 图表的创建

"嵌入式图表"与"独立图表"的创建操作基本相同，主要的区别在于它们存放的位置不同。

（1）利用"插入"选项卡下"图表"命令组中的命令创建图表。

建立图表主要是利用"插入"选项卡下的"图表"命令组完成。当生成图表后单击图表，功能区会出现"图表工具"选项卡，其下的"设计""布局""格式"选项卡可以完成图表图形颜色、图表位置、图表标题、图例位置、图表背景墙等的设计和布局以及颜色的填充等格式设计。

【示例 5 – 27】在"销售数量统计表"工作表中，如图 5 – 78 所示，选取 A2：A6 和 C2：D6 单元格区域数据建立"簇状圆柱图"，以"型号"为 X 轴上的项，统计某型号产品每个月销售数量，图表标题为"销售数量统计图"，图例位置为顶部，将图插入到该工作表的 A8：G17 单元格区域内。

操作步骤：

①选定"销售数量统计表"工作表 A2：A6 和 C2：D6 单元格区域。选择"插入"→"图表"→"柱形图"命令，选择"簇状圆柱图"，如图 5 – 78 所示。

②图表将显示在工作表内，调整大小，将其插入到 A8：G17 单元格区域内，如图 5 – 79 所示。

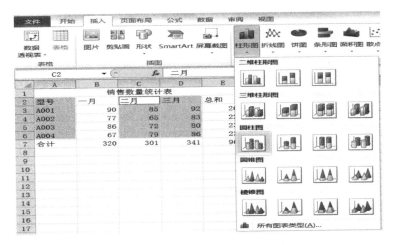

图 5 – 78 选定单元格后插入图表

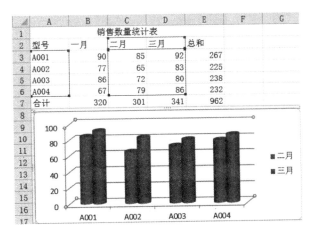

图 5 – 79 调整位置大小后的图表

③选中图表，功能区会出现"图表工具"选项卡，选择"设计"选项卡下的"图表样式"命令组可以改变图表图形颜色，如图 5 – 80（右）所示。选择"设计"选项卡下的"图表布局"命令组可以改变图表布局，如图 5 – 80（左）所示。

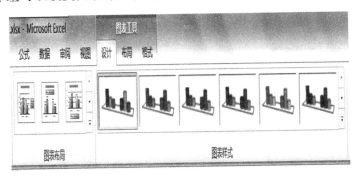

图 5 – 80 "图表工具"选项卡

④选中图表，选择功能区"布局"选项卡下的"标签"命令组，使用"图表标题"命令和"图例"命令，可以输入图表标题为"销售数量统计图"，图例位置为顶部操作，效果如图5-81所示。

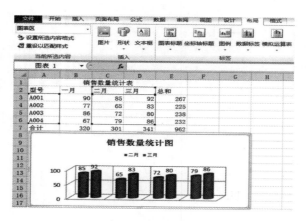

图5-81 完成后的图表

（2）利用"自动绘图"建立独立图表。

选定要绘图的数据区域，按【F11】键即可。

3. 编辑和修改图表

图表创建完成后，如果对工作表进行了修改，图表的信息也将随之变化。如果工作表没有变化，也可以对图表的"图表类型""图表源数据""图表选项"和"图表位置"等进行修改。

当选中了一个图表后，功能区会出现"图表工具"选项卡，其下的"设计""布局""格式"选项卡内的命令可编辑和修改图表，也可以选中图表后单击鼠标右键，利用弹出的快捷菜单也可以编辑和修改图表，不过快捷菜单会随所选的对象不同而不同，如图5-82所示。

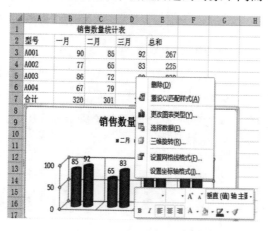

图5-82 修改图表的快捷菜单

（1）图表的选择、移动、复制、缩放和删除。

Excel 2010 中，图表有嵌入式图表和独立图表，图表的移动、复制、缩放和删除是针对整个图表，要完成这些操作就必须选择图表。嵌入式图表实际上是工作表的图片对象，只要单击图表的空白区域，就选择了整个图表，移动、复制、缩放、删除与 Word 中的图片操作相同。而对于独立式图表，相当于一张工作表，没有缩放操作，移动、复制、删除的操作和工作表的移动、复制、删除操作一样。

（2）图表对象的选择。

图表对象是指图表中的"数据系列""标题""图例""分类轴""数值轴""数据点""图例项"等，也就是图表中的任何对象。选择方法是指向某个对象，然后单击鼠标左键来完成。

（3）修改图表类型。

单击图表绘图区，选择图 5 – 82 所示菜单中的"更改图表类型"命令，修改图表类型为"簇状棱锥图"，结果如图 5 – 83 所示。也可以利用"图表工具"选项卡下"类型"命令组中的"更改图表类型"命令来完成。

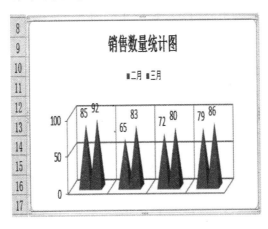

图 5 – 83　修改为簇状棱锥图的图表

（4）修改图表源数据。

①向图表中添加源数据。

如果将"销售数量统计表"工作表中"一月"列的数据添加到图表中，操作方法是：

单击图表绘图区，选择"图表工具"→"数据"→"选择数据"命令，或单击图表绘图区，选择图 5 – 82 所示菜单中的"选择数据"命令，在弹出的"选择数据源"对话框中（见图 5 – 84）重新选择图表所需的数据区域，即可完成向图表中添加源数据，如图 5 – 85 所示。

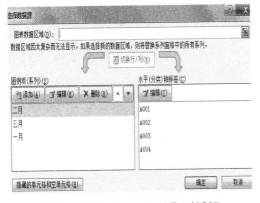

图 5 – 84　"选择数据源"对话框

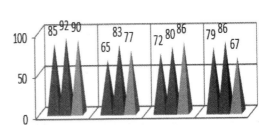

图 5 – 85　添加源数据后的图表

②删除图表中的数据。

如果要同时删除工作表和图表中的数据，只要删除工作表中的数据，图表将会自动更新。如果只从图表中删除数据，在图表上单击所要删除的图表系列，按【Delete】键即可完成。利用"选择数据源"对话框"图例项（系列）"栏中的"删除"按钮也可以进行图表数据删除。

4. 修饰图表

图表建立完成后，可以对图表进行修饰，以更好地表现工作表。利用"图表选项"对话框可以对图表的网格线、数据表、数据标志等进行编辑和设置。此外，也可以对图表进行修饰，包括设置图表的颜色、图案、线型、填充效果、边框和图片等。还可以对图表中的图表区、绘图区、坐标轴、背景墙和基底等进行设置，方法是：

选中所需修饰的图表，利用"图表工具"选项卡下的"布局"和"格式"选项卡下的命令，可以完成对图表的修饰。如图 5-86 所示图表就是经过修饰后的效果图。

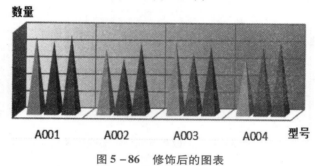

图 5-86　修饰后的图表

实 战 练 习

练习 5-6（操作视频及效果图请扫旁边二维码）

打开"D：\上机文件\项目 5\实战练习\练习 5-6. xlsx"文件，操作要求如下：

（1）适当美化工作表并计算：①基本工资大于 2 500 的捐款金额为基本工资的 10%，小于等于 2 500 的捐款金额为基本工资的 5%；②实发工资＝基本工资＋各种津贴－捐款；③分别统计男性和女性的人数；④统计人均基本工资、最高工资、最低工资；⑤算出捐款百分比。

练习 5-6　　　效果图

（2）按部门升序、部门相同时再按年龄降序、如部门和年龄均相同就按实发工资升序排列。

（3）将该数据清单中的 A1：M12 复制到 Sheet1 的工作表中。

（4）在工资表中筛选出年龄大于或等于 30 且工龄小于 5 年的记录，放在 A21 单元格起始处，条件放在 A18 开始处并与各列标题一致。

（5）选取"姓名"列和"捐款百分比"列的内容建立"分离型三维饼图"，图标题为

"捐款统计图", 图例置底部; 将图插入到表的 O1: S19 单元格区域内, 将工作表命名为 "销售收入统计表"。

（6）利用工作表中的数据, 以 "部门" 为分页, 以 "性别" 为行字段, "实发工资" 和 "各种津贴" 为平均值项, 从 Sheet1 工作表的 A18 单元格起, 建立数据透视表。

（7）在 Sheet1 工作表中, 以部门为分类汇总字段, 统计出各部门的人数和平均年龄。

重点提示:

◆ 排序时如果不是特殊情况, 就只需选中数据清单中任意一个单元格即可。

◆ 筛选时如果题中没特别说明, 能用自动筛选的就要用自动筛选方法实现, 但自动筛选只适用于数据清单中各字段名条件是 "与逻辑" 的关系。

◆ 分类汇总的前提是按汇总关键字排序, 否则没有现实意义。

练习 5 - 7（操作视频及效果图请扫旁边二维码）

打开 "D: \ 上机文件 \ 项目 5 \ 实战练习 \ 练习 5 - 7. xlsx" 文件, 操作要求如下:

（1）按自己的个性设置表格的格式。

（2）按主要关键字 "职称" 递增次序和次要关键字 "部门" 递减次序进行排序。

（3）在工作表 Sheet2 的 A1 单元格起建立数据透视表, 显示各部门各职称基本工资的平均值以及汇总信息, 设置数据透视表内数字为货币型, 保留小数点后一位。

练习 5 - 7　　　　效果图

（4）进行筛选, 条件为 "部门为销售部或开发部并且学历为硕士或博士", 筛选出来的结果置于单元格 K1 起始处, 要求条件区放在 A23 开始处且与各列标题一致。

（5）对排序后的数据清单内容进行分类汇总, 计算各职称基本工资的平均值（分类字段为 "职称", 汇总方式为 "平均值", 汇总项为 "基本工资"）, 汇总结果显示在数据下方。

（6）将所建立的数据透视表移至 Sheet1 的单元格 K15 起始处, 并与分类汇总的结果相比较, 掌握分析数据的多种方法。

重点提示:

◆ 数据透视表是实现对一个或多个字段进行分类汇总的手段, 且在建立过程中注意 "新工作表" 和 "现有工作表" 的含义。

模块六　数据的保护与打印

任务 1　保护数据

Excel 2010 可以有效地对工作簿中的数据进行保护。如设置密码, 不允许无关人员访问; 也可以保护某些工作表或工作表中某些单元格的数据, 防止无关人员非法修改; 还可以把工作簿、工作表、工作表某行（列）以及单元格中的重要公式隐藏起来。

1. 保护工作簿

任何人都可以自由访问并修改未经保护的工作簿。工作簿的保护包含两个方面: 一是保护工作簿, 防止他人非法访问; 二是禁止他人对工作簿或工作簿中工作表进行非法操作。

1）访问工作簿权限的保护

（1）对已保存的工作簿设置"访问或修改工作簿权限"。

打开工作簿后，在"文件"选项卡下的"信息"区"保护工作簿"中设置"访问或修改工作簿权限"。

（2）对新工作簿设置"访问或修改工作簿权限"。

对新工作簿设置"访问或修改工作簿权限"的操作方法如下：

①执行"文件"选项卡下的"保存"命令，打开"另存为"对话框。

②单击"另存为"对话框的"工具"下拉列表框，并在出现的下拉列表中单击"常规选项"，出现"常规选项"对话框。

③在"常规选项"对话框的"打开权限密码""修改权限密码"框中输入密码，单击"确定"按钮后，要求用户再输入一次密码，以便确认。

④单击"确定"按钮，退到"另存为"对话框，再单击"保存"按钮即可。

打开设置了密码的工作簿时，将出现"密码"对话框，只有正确地输入了密码后才能打开工作簿，或修改工作簿的内容。密码是区分大小写字母的。

2）对工作簿工作表的结构和窗口的保护

如果不允许对工作簿中的工作表进行移动、删除、插入、隐藏、取消隐藏、重新命名或禁止对工作簿窗口的移动、缩放、隐藏、取消隐藏等操作。可做如下设置：

（1）选择"审阅"选项卡下的"更改"命令组，选择"保护工作簿"命令，出现"保护工作簿"对话框。

（2）选中"结构"复选框，表示保护工作簿的结构，工作簿中的工作表将不能进行移动、删除、插入等操作。

（3）如果选中"窗口"复选框，则每次打开工作簿时保持窗口的固定位置和大小，工作簿的窗口不能移动、缩放、隐藏、取消隐藏。

（4）键入密码，可以防止他人取消工作簿保护，单击"确定"按钮。

如果对工作簿工作表的结构和窗口设置了密码保护，当再次执行"保护工作簿"命令时将出现"取消工作簿保护"的对话框。

2. 保护工作表

除了保护整个工作簿外，也可以保护工作簿中指定的工作表。具体操作是：

（1）使要保护的工作表成为当前工作表。

（2）选择"审阅"选项卡下的"更改"命令组，选择"保护工作表"命令，出现"保护工作表"对话框。

（3）选中"保护工作表及锁定的单元格内容"复选框，在"允许此工作表的所有用户进行"下提供的选项中选择允许用户操作的项。与保护工作簿一样，为防止他人取消工作表保护，可以键入密码，单击"确定"按钮。

如果要取消保护工作表，选择"更改"选项卡下的"取消工作表保护"命令即可。

3. 保护公式

在工作表中，可以将不希望他人看到的单元格中的公式隐藏，选择该单元格时公式不会出现在编辑栏内。具体操作是：

（1）选择需要隐藏公式的单元格，选择"开始"选项卡中"单元格"命令组的"设置单元格格式"命令。

（2）在打开的"设置单元格格式"对话框中，在"保护"选项卡中选中"隐藏"，单击"确定"按钮。

（3）选择"审阅"选项卡下"更改"命令组中的"保护工作表"命令，完成工作表的保护。

选中该单元格，利用"审阅"选项卡下"更改"命令组中的"取消保护工作表"命令，可撤销保护公式。

4. 隐藏工作表

对工作表除了上述密码保护外，也可以赋予"隐藏"特性，使之可以使用，但其内容不可见，从而得到一定程度的保护。

利用"审阅"选项卡下"窗口"命令组的"隐藏"命令可以隐藏工作簿工作表的窗口，隐藏工作表后，屏幕上不再出现该工作表，但可以引用该工作表中的数据。若对工作簿实施"结构"保护后，就不能隐藏其中的工作表。

还可以隐藏工作表的某行或某列。选定需要隐藏的行（列），单击鼠标右键，在弹出的菜单中选择"隐藏"命令，则隐藏的行（列）将不显示，但可以引用其中单元格的数据，行或列隐藏处出现一条黑线。选定已隐藏行（列）的相邻行（列），单击鼠标右键，在弹出的菜单中选择"取消隐藏"命令，即可显示隐藏的行或列。

任务 2　页面设置

对工作表进行页面布局，可以控制打印出的工作表的版面。一般情况下，可以按 Excel 2010 默认的页面设置打印工作表，但根据纸张的大小、工作表实际大小、打印方向等特殊的要求，常需要对工作表的打印方向、纸张大小、页边距、页眉、页脚等进行重新设置。

页面布局是利用"页面布局"选项卡内的命令组完成的，包括设置页面、页边距、页眉/页脚和工作表，如图 5 – 87 所示。

图 5 – 87　页面设置命令组

1. 设置页面

选择"页面布局"选项卡下"页面设置"命令组中的命令或单击"页面设置"命令组右下角的小按钮。利用弹出的"页面设置"对话框可以进行页面的打印方向、缩放比例、纸张大小以及打印质量的设置，如图 5 – 88 所示。

2. 设置页边距

选择"页面布局"选项卡下"页面设置"命令组中的"页边距"命令，可以选择已经

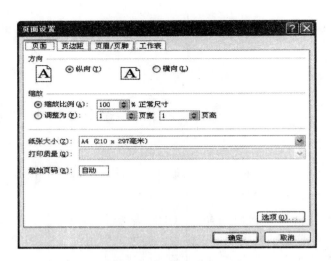

图5-88　页面设置对话框

定义好的页边距，也可以利用"自定义边距"选项，在弹出的"页面设置"对话框中设置页面中正文与页面边缘的距离，在"上""下""左""右"数值框中分别输入所需的页边距数值即可。

3. 设置页眉/页脚

页眉是指打印页顶部出现的文字，而页脚则是打印页底部出现的文字。通常，把工作簿名称作为页眉，页脚则为页号，当然也可以自定义。页眉/页脚一般居中打印。

方法一：利用"页面设置"对话框中的"页眉/页脚"标签，打开"页眉/页脚"选项卡，如图5-89所示，可在"页眉"和"页脚"的下拉列表框中选择内置的页眉格式和页脚格式。

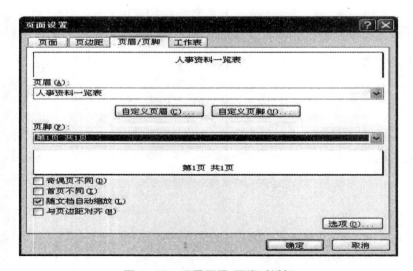

图5-89　设置页眉/页脚对话框

方法二：如果要自定义页眉或页脚，可以单击"自定义页眉"和"自定义页脚"按钮，在打开的对话框中完成所需的设置即可，如图5-90所示。

项目五

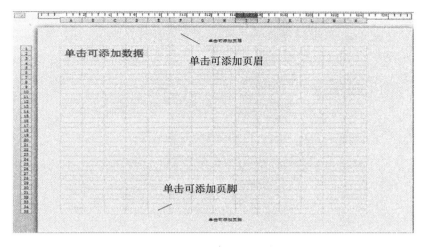

图 5 – 90　自定义页眉/页脚

如果要删除页眉或页脚，则选定要删除页眉或页脚的工作表，在"页眉/页脚"选项卡中，并在"页眉"或"页脚"的下拉列表框中选择"无"，表明不使用页眉或页脚。

4. 设置工作表

选择"页面设置"对话框的"工作表"标签，打开"工作表"选项卡，如图 5 – 91 所示。

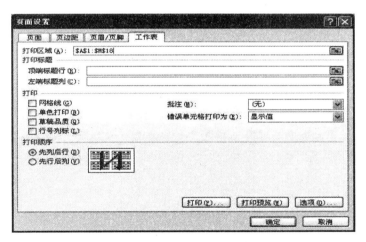

图 5 – 91　"工作表"选项卡

（1）设置打印区域。

默认情况下，Excel 2010 自动将只含有文字的矩形区域作为打印区域，在"页面设置"对话框的"工作表"选项卡中用户可以重新指定打印区域。

（2）设置打印标题。

如果一张工作表需要打印在若干页上，而又希望在每一页上都有相同的行或列标题以使工作表的内容清楚易读，可以在"打印标题"选项区中进行设置。

①顶端标题行：设置某行区域作为每一页水平方向的标题。

②左端标题列：设置某列区域作为每一页垂直方向的标题。

项目五

（3）设置打印效果。

在"打印"选项区中可以设置以下选项：

①网格线：选中此项，打印时打印网格线。

②单色打印：选中此项，打印时忽略其他颜色，只对工作表进行黑白处理。

③草稿品质：选中此项可以缩短打印时间。打印时不打印网格线，同时图形以简化方式输出。

④行号列标：选中此项，打印时打印行号列标。

⑤批注：确定是否打印批注。默认方式为"无"。

（4）设置顺序。

当一张工作表需要打印在若干页面上时，可以在"打印顺序"选项区中进行设置，以控制页码的编排和打印的顺序。

（5）人工分页。

当工作表较大时，Excel 2010 在打印时，会按默认进行自动分页，但也可以根据需要进行人工分页，方法是在工作表中插入分页符。分页符分为水平分页符和垂直分页符两种。

①插入分页符。

单击待分页的起始行号或列号，再选择"页面布局"选项卡下"页面设置"命令组中的"插入分隔符"命令中的"插入分页符"命令即可设置水平或垂直分页，如果选择的是某单元格则可以同时插入水平和垂直分页符。设置水平和垂直分页后，将在起始行上端和起始列左侧出现分页虚线，分页符（分页虚线）只有计算机系统中安装有打印机时才可见。

②删除分页符。

删除分页符时，可以单独删除水平或垂直分页符，方法是选择分页虚线下一行号或者右一列号，再选择"页面布局"选项卡下"页面设置"命令组中的"插入分隔符"命令中的"删除分页符"命令。如要同时删除水平和垂直分页符，则选择左边和上边为分页虚线的单元格，再选择"页面布局"选项卡下"页面设置"命令组中的"插入分隔符"命令中的"删除分页符"命令。

任务3 打印

1. 打印预览

在打印之前，最好先进行打印预览以观察打印效果，然后再打印，Excel 2010 提供的"打印预览"功能在打印前能看到实际打印的效果。

方法一：利用"页面设置"对话框中的"工作表"标签下的"打印预览"命令实现。

方法二：单击"文件"选项卡，然后单击"打印"命令，会出现打印设置和自动预览画面，如图 5-92 所示。

2. 打印

页面设置和打印预览完成后，即可进行打印。

单击"文件"选项卡下的"打印"命令，或单击"页面设置"对话框中的"工作表"标签下的"打印"命令完成打印，在打印方式下仍可设置打印内容。

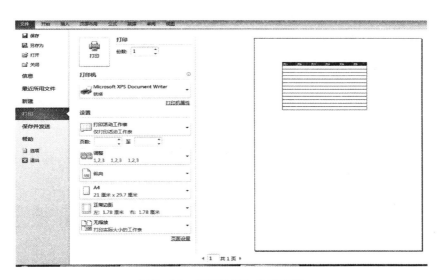

图 5-92 打印设置和自动预览

实 战 练 习

练习 5-8（操作视频及效果图请扫旁边二维码）

打开"D：\ 上机文件 \ 项目5 \ 实战练习 \ 练习5-8.xlsx"文件，操作要求如下：

（1）在第40行之前插入分页符。

（2）设置标题和表头行打印标题。

（3）设置纸张大小为A4，上边距为3厘米，下边距为2厘米，页眉页脚距边界的距离均为1厘米，且页眉内容居中为"档案资料"，页脚中间位置插入页码。

（4）不允许修改内容，所以保护该工作表，不设密码。

重点提示：

◆ 注意分页符在当前行或列的位置。

◆ 注意 Excel 中打印标题与 Word 中的标题行重复的操作方法的区别。

练习 5-8　　　　效果图

项目五

综合训练

训练 5-1（操作视频及效果图请扫旁边二维码）

打开"D：\ 上机文件 \ 项目5 \ 综合训练 \ 训练5-1.xlsx"，操作要求如下：

（1）合并 A1：D1 单元格区域，内容水平居中；利用条件格式将销售量大于或等于 10 000 的单元格字体设置为深蓝色（标准色）；将 A2：D9 单元格区域套用表格格式为"表样式中等深浅3"，将工作表命名为"销售情况表"。

（2）计算销售量的总计，置 B9 单元格；计算"所占比例"列的内容（销售量/总计，百分比型，保留两位小数），置 C3：C8 单元格区域；计算各分店的销售排名（利用

训练 5-1　　　　效果图

RANK 函数），置 D3：D8 单元格区域；设置 A2：D9 单元格内容水平对齐方式为"居中"。

（3）为完成的工作表建立图表，选取"分店"列（A2：A8 单元格区域）和"所占比例"列（C2：C8 单元格区域）建立"分离型三维饼图"，图标题为"销售情况统计图"，数据标签最佳匹配，图例位置为底部，将图插入到工作表的 A11：D21 单元格区域内。

训练 5 - 2（操作视频及效果图请扫旁边二维码）

打开"D：\ 上机文件 \ 项目 5 \ 综合训练 \ 训练 5 - 2. xlsx"文件，操作要求如下：

（1）合并 A1：G1 单元格区域，内容水平居中；根据提供的工资浮动率计算工资的浮动额，再计算浮动后工资（浮动后工资＝原来工资＋浮动额）。

（2）为"备注"列添加信息，如果员工的浮动额大于 800 元，在对应的"备注"列内填入"激励"，否则填入"努力"（利用 IF 函数）。

训练 5 - 2　　　　效果图

（3）设置"备注"列的单元格样式为"40%—强调文字颜色 2"。

（4）选取"职工号""原来工资"和"浮动后工资"列的内容，建立"堆积面积图"，设置图表样式为"样式 28"，图例位于底部，图表标题为"工资对比图"，字体红色，字号 12，位于图的上方，将图插入到表的 A14：G33 单元格区域内。

训练 5 - 3（操作视频及效果图请扫旁边二维码）

打开"D：\ 上机文件 \ 项目 5 \ 综合训练 \ 训练 5 - 3. xlsx"文件，操作要求如下：

（1）合并 A1：F1 单元格区域，内容水平居中；计算"平均成绩"列的内容（数值型，保留小数点后 2 位）；将"平均成绩"列用"绿 - 黄 - 红色阶"表示。

（2）计算一组学生人数（置 H3 单元格内，利用 COUNTIF 函数）。

训练 5 - 3　　　　效果图

（3）计算一组学生平均成绩（置 H5 单元格内，利用 SUMIF 函数，保留 1 位小数）。

（4）求出平均成绩中的最高分置于 H7 单元格内，平均成绩中的最低分置于 H9 单元格内。

（5）筛选出平均成绩在 100 以下和 105 以上，组别为一组的数据置于 A18 开始处。

（6）将工作表命名为"成绩统计表"，保存文件。

训练 5 - 4（操作视频及效果图请扫旁边二维码）

打开"D：\ 上机文件 \ 项目 5 \ 综合训练 \ 训练 5 - 4. xlsx"文件，操作要求如下：

（1）计算出销售额（保留整数）和销售额的排名。

（2）将工作表"产品销售情况表"内数据清单的内容复制到 Sheet2 工作表中，并按主要关键字"分公司"的降序次序和次要关键字"季度"的升序次序进行排序。

（3）在 Sheet2 工作表中对排序的数据进行高级筛选（在数据清单前插入四行，条件区域设在 A1：H3 单元格区域，

训练 5 - 4　　　　效果图

请在对应字段列内输入条件，条件是：产品名称为"空调"或"电视"且销售额排名在前20名）。

（4）将 Sheet2 工作表重命名为"产品销售分析表"。

（5）对工作表"产品销售情况表"内数据清单的内容建立数据透视表，行标签为"产品名称"，列标签为"分公司"，求和项为"销售额（万元）"，并置于工作表"产品销售分析表"的 A43 处。

（6）在工作表"产品销售情况表"内完成对各分公司销售额总和的分类汇总，汇总结果显示在数据下方，工作表名不变，保存工作簿。

训练 5 - 5（操作视频及效果图请扫旁边二维码）

打开"D：\ 上机文件 \ 项目 5 \ 综合训练 \ 训练 5 - 5. xlsx"文件，操作要求如下：

（1）参照效果图修改"工资表"的框架：①对工作表的行、列实行增加或删除，其中增加的列所用的数据须按后续条件录入；②完成单元格的合并。

（2）快速输入员工编号：××－001、××－002、……（利用自定义单元格格式完成）。

训练 5 - 5　　　　效果图

（3）参照效果图为工资表设置边框和底纹。

（4）对工资表排序：先按"所在部门"进行升序排列，然后按"职位"降序排列。

（5）填入员工的固定工资（经理 4 800，科长 4 200，职员 3 500，利用 IF 函数完成）。

（6）计算"其他"列，"其他"工资为固定工资的 20%。

（7）计算"应付工资合计"列。

（8）计算"养老保险"列，养老保险金额为固定工资的 8%。

（9）计算"医疗保险"列，医疗保险金额为固定工资的 2%。

（10）计算"所得税"列，应付工资小于 3 500，不扣所得税，应付工资超出 3 500 基数以上的，扣 10% 个人所得税（暂时不考虑其他级数和速算扣除数问题）。

（11）计算"应扣工资合计"列。

（12）计算"实发工资"列。

（13）把各个部门的情况分别复制到其他工作表中去建立各部门信息表，工作表的名称改为对应部门名。

（14）对财务部的两位员工进行打印"工资条"的制作。

项目五

项目 六

互联网 + 演示文稿 PowerPoint 2010

项目任务概述

PowerPoint 2010 是美国微软公司推出的 Office 2010 办公软件中的集成软件之一，能以简单易学的可视化界面将文本、图片、视频和声音等各类素材制作成外观精美、极富表现力和感染力的演示文稿。

通过本项目学习掌握制作演示文稿的方法，能利用不同视图编排演示文稿中的幻灯片。熟悉幻灯片中的文本、图片、艺术字、表格等各种对象的插入和格式化，掌握应用主题和设置背景来美化演示文稿的方法。掌握幻灯片动画设计、切换方式设计和放映方式的设置，熟悉演示文稿的基本放映效果设计。掌握演示文稿的打包和格式转换。

项目知识要求与能力要求

知识重点	能力要求	相关知识	考核要点
基本制作	掌握演示文稿的基本制作方法与手段	演示文稿的创建、打开、关闭和保存；幻灯片的制作、插入、删除、移动和复制	幻灯片制作方法和技巧的应用
格式及美化	掌握规范与美化的概念	幻灯片中对象的格式化、演示文稿主题的选用和背景设置	格式规范、外观优美
放映效果设计	掌握放映效果的设计方法	动画、放映方式、切换效果的设计	掌握放映效果的设计方法的应用和技巧
演示文稿的输出	掌握演示文稿的输出方法	演示文稿的打包和格式转换	演示文稿输出方法的应用

模块一　PowerPoint 2010 简介

任务 1　PowerPoint 2010 的基本功能

PowerPoint 2010 除了新增加了幻灯片切换与图片处理特效之外，还增加了更多的视频功能，可直接在其中设定（调节）开始和终止时间剪辑视频，也可将视频嵌入 PowerPoint 文件中。新版本在主题获取上也更为丰富，除了内置的几十组主题之外，还能下载网络主题。

任务2　PowerPoint 2010 的窗口

PowerPoint 2010 的窗口主要由快速访问工具栏、标题栏、窗口控制按钮、功能区、幻灯片编辑区、幻灯片/大纲窗格、备注栏以及状态栏等组成，如图 6 - 1 所示。

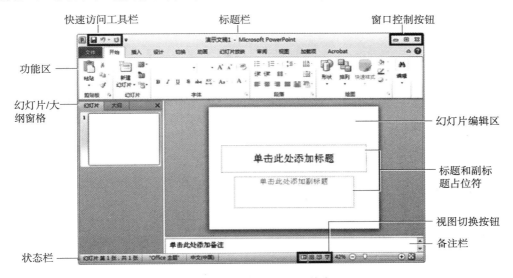

图 6 - 1　PowerPoint 2010 的窗口

1. 快速访问工具栏

快速访问工具栏用于放置一些在制作演示文稿时使用频率较高的命令按钮。默认情况下，该工具栏包含了"保存""撤销"和"重复"按钮。如需要在快速访问工具栏中添加其他按钮，可以单击其右侧的三角按钮，在展开的列表中选择所需选项即可。此外，通过该列表，我们还可以设置快速访问工具栏的显示位置。

2. 标题栏与窗口控制按钮

标题栏位于 PowerPoint 2010 操作界面的最顶端，其中间显示了当前编辑的演示文稿名称及程序名称，右侧是三个窗口控制按钮，分别单击它们可以将 PowerPoint 2010 窗口最小化、最大化/还原和关闭。

3. 功能区

功能区位于标题栏的下方，是一个由多个选项卡组成的带形区域。PowerPoint 2010 将大部分命令分类组织在功能区的不同选项卡中，单击不同的选项卡标签，可切换功能区中显示的命令。在每一个选项卡中，命令又被分类放置在不同的组中。

4. 幻灯片编辑区

PowerPoint 2010 演示文稿编辑区是创建幻灯片的区域，所以又称幻灯片编辑区。在默认状态下编辑区中有初步的布局，存在用虚框加提示语来表示的占位符。

在"视图"选项卡中，还可根据需要选择不同的母版样式进入到母版编辑视图，其中主要包括"幻灯片母版""讲义母版"和"备注母版"3 种。图 6 - 2 和图 6 - 3 所示分别为 PowerPoint 2010 演示文稿编辑区和幻灯片母版编辑区。

项目六

 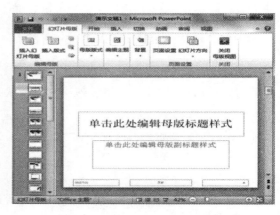

图 6-2　PowerPoint 2010 演示文稿编辑区　　　图 6-3　PowerPoint 2010 幻灯片母版编辑区

5. 占位符

占位符就是具有提示信息和格式设置预先安排的对象插入区域，等着你再往里面添加对象，其对象可以是文本、图片、表格等，单击不同占位符即可插入相对应的对象。

6. 幻灯片/大纲窗格

利用"幻灯片"窗格或"大纲"窗格可以快速查看和选择演示文稿中的幻灯片。其中，"幻灯片"窗格显示了幻灯片的缩略图，单击某张幻灯片的缩略图可选中该幻灯片，此时即可在右侧的幻灯片编辑区编辑该幻灯片内容；"大纲"窗格显示了幻灯片的文本大纲，如图 6-4 所示。

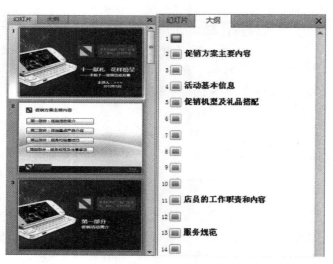

图 6-4　PowerPoint 2010 幻灯片/大纲窗格

7. 状态栏

状态栏位于程序窗口的最底部，用于显示当前演示文稿的一些信息，如当前幻灯片及总幻灯片数、主题名称、语言类型等。此外，还提供了用于切换视图模式的视图按钮，以及用于调整视图显示比例的缩放级别按钮和显示比例调整滑块等，如图 6-5 所示。

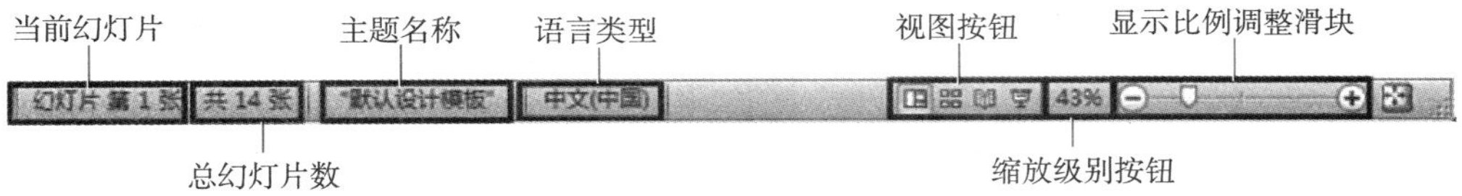

当前幻灯片　　　　　主题名称　　　语言类型　　　　　　视图按钮　　　　显示比例调整滑块

幻灯片 第1张　共14张　"默认设计模板"　中文(中国)　　　　　43%　　　　　　　　　　+

　　　　　总幻灯片数　　　　　　　　　　　　　　　　　　缩放级别按钮

图 6 – 5　PowerPoint 2010 状态栏

模块二　新建、使用和保存演示文稿

任务 1　新建演示文稿

新建演示文稿主要有如下几种方式：新建空白演示文稿、根据主题、根据模板和根据现有演示文稿新建等。

1. 新建空白演示文稿

使用空白演示文稿方式，可以新建一个没有任何设计方案和示例文本的空白演示文稿，根据自己需要选择幻灯片版式开始演示文稿的制作。

新建空白演示文稿有两种方法，第一种是启动 PowerPoint 时自动新建一个空白演示文稿。第二种是在 PowerPoint 已经启动的情况下，单击"文件"选项卡，在出现的菜单中选择"新建"命令，在右侧"可用的模板和主题"中选择"空白演示文稿"，单击右侧的"新建"按钮即可，如图 6 – 6 所示。也可以直接双击"可用的模板和主题"中的"空白演示文稿"选项。

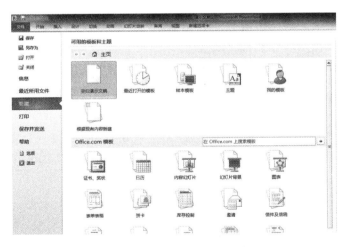

图 6 – 6　新建空白演示文稿

2. 用主题新建演示文稿

主题是事先设计好的一组演示文稿的样式框架，主题规定了演示文稿的外观样式，包括母版、配色、文字格式等设置。使用主题方式，不必费心设计演示文稿的母版和格式，直接在系统提供的各种主题中选择一个最适合自己的主题，新建一个该主题的演示文稿，且使整个演示文稿外观一致。

单击"文件"选项卡，在出现的菜单中选择"新建"命令，在右侧"可用的模板和主题"中选择"主题"，在随后出现的主题列表中选择一个主题，并单击右侧的"新建"按钮即可，如图6－7所示。也可以直接双击主题列表中的某主题。

图6－7　新建主题演示文稿

3. 用模板新建演示文稿

模板是预先设计好的演示文稿样本，包括多张幻灯片，表达特定提示内容，而所有幻灯片主题相同，以保证整个演示文稿外观一致。使用模板方式，可以在系统提供的各式各样的模板中，根据自己需要选用其中一种内容最接近自己需求的模板。由于演示文稿外观效果已经确定，所以只需修改幻灯片内容即可快速新建专业水平的演示文稿。这样可以不必自己设计演示文稿的样式，省时省力提高工作效率。

单击"文件"选项卡，在出现的菜单中选择"新建"命令，在右侧"可用的模板和主题"中选择"样本模板"，在随后出现的模板列表中选择一个模板，并单击右侧的"新建"按钮即可，如图6－8所示。也可以直接双击模板列表中所选模板。

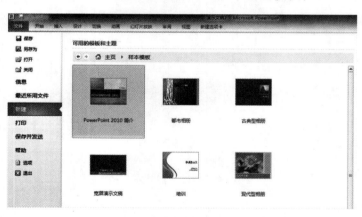

图6－8　根据模板新建演示文稿

预设的模板毕竟有限，如果"样本模板"中没有符合要求的模板，也可以在Office.com网站下载。在联网情况下，单击"新建"命令后，在下方"Office. com模板"列表中选择一个模板，系统在网络上搜索同类模板并显示，从中选择一个模板，然后单击"新建"

项目六

按钮，系统下载模板并新建相应演示文稿。

4. 用现有演示文稿新建演示文稿

如果希望新演示文稿与现有的演示文稿类似，则不必重新设计演示文稿的外观和内容，直接在现有演示文稿的基础上进行修改从而生成新演示文稿。用现有演示文稿新建演示文稿的方法如下：

单击"文件"选项卡，在出现的菜单中选择"新建"命令，在右侧"可用的模板和主题"中选择"根据现有内容新建"，在出现的"根据现有演示文稿新建"对话框中选择目标演示文稿文件，并单击"新建"按钮。系统将新建一个与目标演示文稿样式和内容完全一致的新演示文稿，只要根据需要适当修改并保存即可。

任务 2　使用幻灯片

通常，演示文稿由多张幻灯片组成，新建空白演示文稿时，自动生成一张空白幻灯片，当一张幻灯片编辑完成后，还需要继续制作下一张幻灯片，此时需要增加新幻灯片，而对某些不再需要的幻灯片则希望删除它。因此，必须掌握增加或删除幻灯片的方法。要增加或删除幻灯片，必须先选择幻灯片，使之成为当前操作的对象。

1. 选择幻灯片

（1）选择一张幻灯片。

在"幻灯片/大纲浏览"窗格单击所选幻灯片缩略图即可。若目标幻灯片缩略图未出现，可以拖动"幻灯片/大纲浏览"窗格的滚动条的滑块，寻找、定位目标幻灯片缩略图后单击它即可。

（2）选择多张相邻幻灯片。

在"幻灯片/大纲浏览"窗格单击所选第一张幻灯片缩略图，然后按住【Shift】键并单击所选最后一张幻灯片缩略图，则这两张幻灯片之间（含这两张幻灯片）所有的幻灯片均被选中。

（3）选择多张不相邻幻灯片。

在"幻灯片/大纲浏览"窗格按住【Ctrl】键并逐个单击要选择的各幻灯片缩略图。

2. 插入幻灯片

常用的插入幻灯片方式有两种：插入新幻灯片和插入当前幻灯片的副本。前者将由用户重新定义插入幻灯片的格式（如版式等）并输入相应内容；后者直接复制当前幻灯片（包括幻灯片格式和内容）作为插入的幻灯片，即保留现有的格式和内容，用户只需编辑内容即可。

（1）插入新幻灯片。

在"幻灯片/大纲浏览"窗格选择目标幻灯片缩略图（新幻灯片将插在该幻灯片之后），然后在"开始"选项卡下单击"幻灯片"组的"新建幻灯片"下拉按钮，从出现的幻灯片版式列表中选择一种版式（例如"标题和内容"），则在当前幻灯片后出现新插入的指定版式幻灯片。

另外，也可以在"幻灯片/大纲浏览"窗格右击某幻灯片缩略图，在弹出的菜单中选择"新建幻灯片"命令，在该幻灯片缩略图后面出现新幻灯片。

（2）插入当前幻灯片的副本。

在"幻灯片/大纲浏览"窗格中选择目标幻灯片缩略图，然后在"开始"选项卡下单击"幻灯片"组的"新建幻灯片"下拉按钮，从出现的列表中单击"复制所选幻灯片"命令。则在当前幻灯片之后插入与当前幻灯片完全相同的幻灯片。也可以右击目标幻灯片缩略图，在出现的菜单中选择"复制幻灯片"命令，在目标幻灯片后面插入新幻灯片，其格式和内容与目标幻灯片相同。

3. 更改幻灯片的版式

用户可以在创建好幻灯片后，单击"开始"选项卡上"幻灯片"组中的"版式"按钮，在展开的列表中重新为当前幻灯片选择版式。

4. 删除幻灯片

在"幻灯片/大纲浏览"窗格中选择目标幻灯片缩略图，然后按删除键。也可以右击目标幻灯片缩略图，在出现的菜单中选择"删除幻灯片"命令。若删除多张幻灯片，先选择这些幻灯片，然后按删除键。

任务 3　保存幻灯片

在幻灯片制作完成后，应将其保存在磁盘上。实际上，在制作过程中也应每隔一段时间保存一次，以防因停电或故障而导致丢失已经完成的幻灯片信息。

演示文稿可以保存在原位置，也可以保存在其他位置甚至换名保存。既可以保存为PowerPoint 2010 格式（.PPTX），也可以保存为 97–2003 格式（.PPT），以便与未安装PowerPoint 2010 的用户交流。

1. 保存在原位置

原位置有两种含义：第一种是指打开原来演示文稿进行编辑时，原位置是打开文件所在的文件夹。另一种是指新建演示文稿时，原位置一般情况下会是在 Windows 7 系统下的"C：\ Users \ Administrator \ Documents"文件夹下，并挂接到 Windows 7 中的库/文档中，即软件默认保存文件的路径，但默认路径可在"文件"→"选项"中修改。

保存的方法是：

（1）演示文稿制作完成后，通常保存演示文稿的方法是单击快速访问工具栏的"保存"按钮（也可以单击"文件"选项卡，在下拉菜单中选择"保存"命令），若是第一次保存，将出现如图 6–9 所示的"另存为"对话框。否则不会出现该对话框，直接按原路径及文件名存盘。

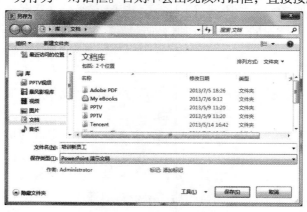

图 6–9　"另存为"对话框

（2）在"另存为"对话框左侧选择保存位置（文件夹），在下方"文件名"栏中输入演示文稿文件名，单击"保存类型"栏的下拉按钮，从下拉列表中选择"PowerPoint 演示文稿（＊. PPTX）"；也可以根据需要选择其他类型，如"PowerPoint 97 – 2003 演示文稿（＊. PPT)"。

（3）单击"保存"按钮。

2. 保存在其他位置或换名保存

对已存在的演示文稿，希望存放在另一位置，可以单击"文件"选项卡，在下拉菜单中选择"另存为"命令，出现"另存为"对话框，然后按上述操作确定保存位置，再单击"保存"按钮。这样，演示文稿用原名保存在另一指定位置。若需要换名保存，仅在"文件名"栏输入新文件名后，单击"保存"按钮。这样，原演示文稿在原位置将有两个以不同文件名命名的文件。

3. 自动保存

自动保存是指在编辑演示文稿过程中，每隔一段时间就自动保存当前文件。自动保存将避免因意外断电或死机所带来的损失。若设置了自动保存，遇意外而重新启动后，Power-Point 会自动恢复最后一次保存的内容，减少了损失。

设置"自动保存"功能的方法如下：

单击"文件"选项卡，在展开的菜单中选择"选项"命令，弹出"PowerPoint 选项"对话框，单击左侧的"保存"选项，再单击"保存演示文稿"选项组中的"保存自动恢复信息时间间隔"前的复选框，使其出现"√"，然后在其右侧输入时间（如 10 分钟），表示每隔指定时间就自动保存一次。

实 战 练 习

练习 6 – 1（操作视频及效果图请扫旁边二维码）

操作要求：

（1）利用 PPT 的主题"顶峰"创建一个演示文稿。

（2）将此演示文稿以"6 – 1"为名保存在 D 盘。

重点提示：

◆ 注意不仅可以利用"主题"来新建演示文稿，也可在已用主题的基础上更换另外的主题。

◆ 明确幻灯片与演示文稿二者概念间的区别。

练习 6 – 1　　　　　　效果图

模块三　编辑演示文稿

任务 1　文本的编辑与格式化

1. 输入文本

当建立空白演示文稿时，系统自动生成一张标题幻灯片，其中包括两个占位符，如图 6 – 10 所示，标题幻灯片的两个占位符都是文本占位符。单击占位符时，提示文字消失，出现闪动的插入点，直接输入所需文本即可。默认情况下会自动换行，所以只有开始新段落时，才需要按【Enter】键。

图 6 – 10　文本占位符

2. 插入与删除文本

（1）插入文本。

单击插入位置，然后输入要插入的文本，新文本将插到当前插入点位置。

（2）删除文本。

选择要删除的文本，使其反相显示，然后按删除键即可。也可以选择文本后右击文本，在弹出的快捷菜单中单击"剪切"命令。

此外，还可以采用"清除（Del）"命令。选择要删除的文本，单击快速访问工具栏中的"清除（Del）"命令，即可删除该文本。若"清除（Del）"命令不在快速访问工具栏，可以将"清除（Del）"命令添加到快速访问工具栏。

3. 移动与复制文本

首先选择要移动（复制）的文本，然后将鼠标指针移到该文本上把它拖到（复制需要按住【Ctrl】键）目标位置，就可以实现移动（复制）操作。当然，也可以采用剪切（复制）和粘贴的方法实现。

4. 调整文本格式

字体、字体大小、字体样式和字体颜色可以通过"开始"选项卡"字体"组的相关命令设置。

【示例 6 – 1】打开示例 6 – 1. pptx，将第一张幻灯片标题字体设置为黑体，字号 60 磅，加粗，字体颜色为红色（使用自定义中"RGB"模式"250，0，0"）。

操作步骤如下：

①选择标题文本后单击"开始"选项卡"字体"组的"字体"工具的下拉按钮，在出现的下拉列表中选择"黑体"。

②单击"字号"工具的下拉按钮，在出现的下拉列表中选择字号 60 磅。

③单击字体样式"加粗"按钮。

④单击"字体颜色"工具的下拉按钮，在"颜色"下拉列表中选择"其他颜色"命令，出现"颜色"对话框，如图 6 – 11 所示。在"自定义"选项卡中选择"RGB"颜色模式，然后分别输入红色、绿色、蓝色数值为 250、0、0。单击"确定"按钮。

若需要其他更多字体格式命令，可以选择文本后单击"字体"组右下角"字体"按钮，将出现"字体"对话框，根据需要设置各种文本格式即可，如图 6 – 12 所示。

图 6-11 颜色自定义对话框

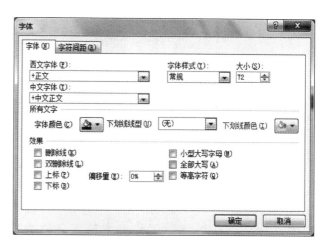

图 6-12 字体格式对话框

任务 2 文本的段落格式

1. 文本的对齐方式

文本有多种对齐方式，如左对齐、右对齐、居中、两端对齐和分散对齐等。若要改变文本的对齐方式，可以先选择文本，然后单击"开始"选项卡"段落"组的相应命令。

2. 文本的缩进、间距和行距

在 PowerPoint 2010 中，我们一般是利用"段落"对话框来设置段落的缩进、间距和行距。

选中要设置段落的文本或文本所在文本框，接着单击"开始"选项卡上"段落"组右下角的对话框启动器按钮，打开"段落"对话框，在其中进行设置并确定即可，如图 6-13 所示。

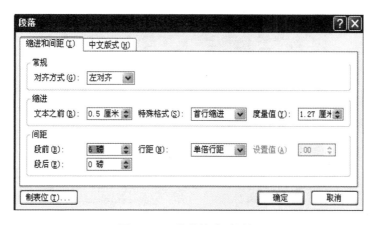

图 6-13 段落格式对话框

（1）文本之前：设置段落所有行的左缩进效果。

（2）特殊格式：在该下拉列表框中包括"无""首行缩进"和"悬挂缩进"3 个选项，"首行缩进"表示将段落首行缩进指定的距离；"悬挂缩进"表示将段落首行外的行缩进指定的距离；"无"表示取消首行或悬挂缩进。

（3）间距：设置段落与前一个段落（段前）或后一个段落（段后）的距离。

（4）行距：设置段落中各行之间的距离。

3. 文本的分栏

分栏是指将占位符或文本框中的文本以两栏或多栏方式进行排列。

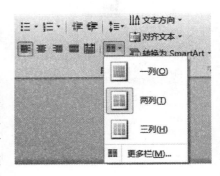

选中要进行分栏的文本，单击"开始"选项卡上"段落"组中的"分栏"按钮，在展开的列表中选择分栏项；若列表中没有所需的分栏项或希望对分栏进行设置时，可单击"更多栏"项，如图6-14所示，打开"分栏"对话框，在"数字"编辑框中输入分栏数目，在"间距"编辑框中可调整或设置栏与栏之间的距离，设置完毕，单击"确定"按钮。

图6-14　分栏列表

4. 项目符号与数字编号

（1）项目符号。

要为文本框或占位符内的段落文本添加项目符号，可将插入符定位在要添加项目符号的段落中，或选择要添加项目符号的多个段落，单击"开始"选项卡上"段落"组中的"项目符号"按钮右侧的三角按钮，在展开的列表中选择一种项目符号。

【示例6-2】打开示例6-2.pptx，为幻灯片文本添加颜色为"紫色"的项目编号"●"。

操作步骤：

①选择段落文本。

②单击"开始"选项卡上"段落"组"项目符号"的下拉菜单，在列表底部的"项目符号和编号"项，打开"项目符号和编号"对话框。

③选择项目符号"●"，在"颜色"下拉菜单中选择"紫色"，如图6-15所示。

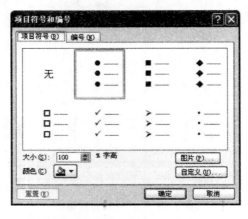

图6-15　"项目符号和编号"对话框

（2）数字编号。

用户还可为幻灯片中的段落添加系统内置的或自定义的编号。

项目六

　　将插入符置于要添加编号的段落中，或选中要添加编号的多个段落，单击"开始"选项卡上"段落"组中的"编号"按钮右侧的三角按钮，在展开的列表中选择一种系统内置的编号样式，即可为所选段落添加编号，如图 6 – 16 所示。

图 6 – 16　数字编号对话框

实 战 练 习

练习 6 – 2（操作视频及效果图请扫旁边二维码）

　　打开"D：\ 上机文件 \ 项目 6 \ 实战练习 \ 练习 6 – 2 \ 6 – 2. pptx"文件，完成下列操作。

练习 6 – 2　　　　　效果图

　　（1）在第一张幻灯片的主标题区输入"PPT 中的色彩配置"，文字设置为"华文新魏"，54 磅字，副标题为"色彩常识点滴"。

　　（2）新建一张版式为"标题和内容"的幻灯片，在标题区输入"PPT 背景与配色技巧"。在内容区输入四行文本，文本的内容分别是"色彩理论基础""色彩搭配技巧""幻灯片配色规律"和"使用配色方案"。文字设置为"华文楷体"、32 磅字，文本之前缩进 4 厘米、行距 1.5 倍，文本左对齐，项目符号修改为"◆"。

　　重点提示：

　　◆ 在占位符中输入文本内容时，文本段落前自动添加有项目符号，如果要取消，请在"段落"→"项目符号"命令中取消。

　　◆ 明确在 PowerPoint 中与在 Word 中编辑格式化文本的方法是差不多的。

模块四　插入对象

任务 1　插入文本框和艺术字

1. 插入文本框

若希望在文本占位符以外的其他区域增添文本内容，可以在适当位置插入文本框并在其

项目六

中输入文本。

（1）添加文本框。

其方法是单击"插入"选项卡"文本"组的"文本框"按钮，在出现的下拉列表中选择"横排文本框"或"垂直文本框"，鼠标指针呈十字状。然后将指针移到目标位置，按左键拖动出合适大小的文本框。可以在文本框内录入文本，插入图片、表格、艺术字等。而文本框中文字的设置与文档中文字的设置方法相同。

（2）设置文本框的格式。

当文本框被选定时，框线周围出现由小斜线段标记的边框，把鼠标指针移到这边框线中时就变为十字形箭头，拖动它可以改变文本框的位置。

单击文本，选定文本框，在其周围出现8个叫作调节手柄的小方块，可以拖动它来调节文本框的大小。

如果右击文本框边框，在快捷菜单中单击"设置形状格式"命令，弹出"设置形状格式"对话框，如图6-17所示，即可按个性设置文本框的格式。

图6-17 "设置形状格式"对话框

2. 插入艺术字

文本除了字体、字形、颜色等格式化方法外，还可以对文本进行艺术化处理，使其具有特殊的艺术效果。例如，可以拉伸标题、对文本进行变形、使文本适应预设形状，或应用渐变填充等。艺术字具有美观有趣、突出显示、醒目张扬等特性，特别适合重要的、需要突出显示、特别强调等文字表现场合。在幻灯片中既可以创建艺术字，也可以将现有文本转换成艺术字。

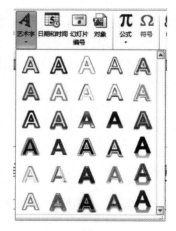

图6-18 艺术字样式命令组

（1）创建艺术字。

创建艺术字的步骤如下：

①选中要插入艺术字的幻灯片。单击"插入"选项卡"文本"组中的"艺术字"按钮，出现艺术字样式列表，如图6-18所示。

②在艺术字样式列表中选择一种艺术字样式（如："渐变填充—蓝色，强调文字颜色1，轮廓—白色，发光—强调文字颜色2"），出现指定样式的艺术字编辑框，其中内容为"请在此放置您的文字"，在艺术字编辑框中删除原有文本并输入艺术字文本（如："四川职业技术学院"）。和普通文本一样，艺术字也可以改变字体和字号。

（2）修饰艺术字的效果。

创建艺术字后，如果不满意，还可以对艺术字内的填充（颜色、渐变、图片、纹理等）、轮廓线（颜色、粗细、线型等）和文本外观效果（阴影、发光、映像、棱台、三维旋转和转换等）进行修饰处理，使艺术字的效果得到创造性的发挥。

修饰艺术字时，首先要选中艺术字。方法是单击艺术字，使其周围出现8个白色控点和一个绿色控点。拖动绿色控点可以任意旋转艺术字。

选择艺术字时，会出现"绘图工具–格式"选项卡，其中"艺术字样式"组含有的"文本填充""文本轮廓"和"文本效果"按钮用于修饰艺术字和设置艺术字外观效果。

①改变艺术字填充颜色。

选择艺术字，在"绘图工具–格式"选项卡"艺术字样式"组单击"文本填充"按钮，在出现的下拉列表中选择一种颜色，则艺术字内部用该颜色填充。也可以选择用渐变、图片或纹理填充艺术字。选择列表中的"渐变"命令，在出现的渐变列表中选择一种变体渐变（如"中心辐射"）。选择列表中的"图片"命令，则出现"插入图片"对话框，选择图片后用该图片填充艺术字。选择列表中的"纹理"命令，则出现各种纹理列表，从中选择一种（如"画布"）即可用该纹理填充艺术字。

②改变艺术字轮廓。

为美化艺术字，可以改变艺术字轮廓线的颜色、粗细和线型。

选择艺术字，然后在"绘图工具–格式"选项卡"艺术字样式"组单击"文本轮廓"按钮，出现下拉列表，可以选择一种颜色作为艺术字轮廓线颜色。在下拉列表中选择"粗细"项，出现各种尺寸的线条列表，选择一种（如：1.5磅），则艺术字轮廓采用该尺寸线条。

在下拉列表中选择"虚线"项，可以选择线型（如："短划线"），则艺术字轮廓采用该线型。

③改变艺术字的效果。

如果对当前艺术字效果不满意，可以以阴影、发光、映像、棱台、三维旋转和转换等方式进行修饰，其中转换可以使艺术字变形为各种弯曲形式，增加艺术感。

单击选中艺术字，在"绘图工具–格式"选项卡"艺术字样式"组单击"文本效果"按钮，出现下拉列表，选择其中的各种效果（阴影、发光、映像、棱台、三维旋转和转换）进行设置。以"转换"为例，将鼠标移至"转换"项，出现转换方式列表，选择其中一种转换方式，如"弯曲–朝鲜鼓"，艺术字立即转换成"朝鲜鼓"形式，拖动其中的紫色控点可改变变形幅度，如图6–19所示。

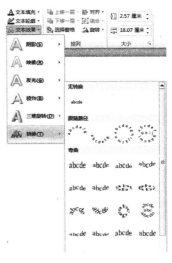

图6–19 艺术字文字
效果–转换界面

④编辑艺术字文本。

单击艺术字，直接编辑、修改文字即可。

⑤旋转艺术字。

选择艺术字，拖动绿色控点，可以自由旋转艺术字。

⑥确定艺术字的位置。

用拖动艺术字的方法可以将它大致定位在某位置。如果希望精确定位艺术字，首先选择艺术字，在"绘图工具－格式"选项卡"大小"组单击右下角的"大小和位置"按钮，出现"设置形状格式"对话框，如图6－20所示。在对话框的左侧选择"位置"项，在右侧"水平"栏输入数据（如：5.3厘米）、"自"栏选择度量依据（如：左上角），"垂直"栏输入数据（如：6.53厘米），"自"栏选择度量依据（如：左上角），表示艺术字的左上角距幻灯片左边缘5.3厘米，距幻灯片上边缘6.53厘米。单击"确定"按钮，则艺术字精确定位。

图6－20　设置形状格式对话框

任务2　插入图片和剪贴画

图片是特殊的视觉语言，能加深对事物的理解和记忆，避免对单调文字和乏味的数据产生厌烦心理，在幻灯片中使用图片可以使演示效果变得更加生动。将图片和文字有机地结合在一起，可以获得极好的展示效果。可以插入的图片主要有两类，第一类是剪贴画，在Office中有大量剪贴画，并分门别类存放，方便用户使用；第二类是以文件形式存在的图片，用户可以在平时收集到的图片文件中选择精美图片以美化幻灯片。

插入剪贴画、图片有两种方式，一种是采用功能区命令，另一种是单击幻灯片内容区占位符中剪贴画或图片的图标。

以插入剪贴画为例说明占位符方式。插入新幻灯片并选择"标题和内容"版式（或其他具有内容区占位符的版式），如图6－21所示。单击内容区"剪贴画"图标，右侧出现"剪贴画"窗格，搜索剪贴画并插入即可（具体参见以下内容）。

图 6-21 内容区占位符

下面主要以功能区命令的方法介绍插入剪贴画和图片的方法。

（1）插入剪贴画。

①单击"插入"选项卡"图像"组的"剪贴画"命令，右侧出现"剪贴画"窗格。

②在"剪贴画"窗格中单击"搜索"按钮，下方出现各种剪贴画，从中选择合适的剪贴画即可。也可以在"搜索文字"栏输入搜索关键字（用于描述所需剪贴画的字词或短语，或键入剪贴画的完整或部分文件名，如：科技），再单击"搜索"按钮，则只搜索与关键字相匹配的剪贴画供选择。为减少搜索范围，可以在"结果类型"栏指定搜索类型（如插图、照片等），下方显示搜索到的该类剪贴画。

③单击选中的剪贴画则该剪贴画插入到幻灯片，调整剪贴画大小和位置即可。

（2）插入以文件形式存在的图片。

若用户想插入的不是来自剪贴画，而是平时搜集的精美图片文件，可以用如下方法插入图片：

①单击"插入"选项卡"图像"组的"图片"命令，出现"插入图片"对话框。

②在对话框左侧选择存放目标图片文件的文件夹，在右侧该文件夹中选择满意的图片文件，然后单击"插入"按钮，该图片便插入到当前幻灯片中。

（3）调整图片的大小和位置。

插入的图片或剪贴画的大小和位置可能不合适，可以用鼠标来调节图片的大小和位置。

调节图片大小的方法：选择图片，按左键并拖动左右（上下）边框的控点可以在水平（垂直）方向缩放。若拖动四角之一的控点，会在水平和垂直两个方向同时进行缩放。

调节图片位置的方法：选择图片，将鼠标指针移到图片上，按左键并拖动，可以将该图片定位到目标位置。

也可以精确定义图片的大小和位置。首先选择图片，在"图片工具格式"选项卡"大小"组单击右下角的"大小和位置"按钮，出现"设置图片格式"对话框，如图 6-22 所示。在对话框左侧单击"大小"项，在右侧"高度"和"宽度"栏输入图片的高和宽。单击左侧"位置"项，在右侧输入图片左上角距幻灯片边缘的水平和垂直位置坐标，即可确定图片的精确位置。

项目六

图 6-22 "设置图片格式"对话框

（4）旋转图片。

如果需要，也可以旋转图片。旋转图片能使图片按要求向不同方向倾斜，可以手动粗略旋转，也可以指定角度精确旋转。

①手动旋转图片。

单击要旋转的图片，图片四周出现控点，拖动上方绿色控点即可随意旋转图片。

②精确旋转图片。

手动旋转图片操作简单易行，但不能将图片旋转角度精确到度数（例如：将图片顺时针旋转37°）。为此，可以利用设置图片格式功能实现精确旋转图片。

选择图片，在"图片工具格式"选项卡"排列"组单击"旋转"按钮，在下拉列表中选择"向右旋转90°"（"向左旋转90°"）可以顺时针（逆时针）旋转90°。也可以选择"垂直翻转"（"水平翻转"）。

若要实现精确旋转图片，可以选择下拉列表中的"其他旋转"选项，弹出"设置图片格式"对话框，如图6-22所示。在"旋转"栏输入要旋转的角度。正度数为顺时针旋转，负度数表示逆时针旋转。例如，要顺时针旋转29°，输入"29"；输入"-29"则表示逆时针旋转29°。

（5）用图片样式美化图片。

图片样式是各种图片外观格式的集合，使用图片样式可以使图片快速美化，系统内置了28种图片样式供选择。

选择幻灯片并单击要美化的图片，在"图片工具-格式"选项卡"图片样式"组中显示若干图片样式列表，如图6-23所示。单击样式列表右下角的"其他"按钮，会弹出包括28种图片样式的列表，从中选择一种，如"金属椭圆"。随后可以看到图片效果发生了变化，图片由矩形剪裁成椭圆形，且镶上金属相框。

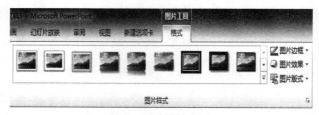

图6-23　图片样式

（6）为图片增加阴影、映像、发光等特定效果。

通过设置图片的阴影、映像、发光等特定视觉效果可以使图片更加美观真实，增强了图片的感染力。系统提供12种预设效果，若不满意，还可自定义图片效果。

①使用预设效果。

选择要设置效果的图片，单击"图片工具-格式"选项卡"图片样式"组的"图片效果"按钮，在出现的下拉列表中将鼠标移至"预设"项，会显示12种预设效果，从中选择一种（如"预设9"）。如图6-24所示，可以看到图片按"预设9"效果发生了变化。

②自定义图片效果。

若对预设效果不满意，还可自己对图片的阴影、映像、发光、柔化边缘、棱台、三维旋转等六个方面进行适当设置，以达到满意的图片效果。

图 6-24　图片效果预置命令组

以设置图片阴影、棱台和三维旋转效果为例，说明自定义图片效果的方法，其他效果设置类似。

首先选择要设置效果的图片，单击"图片工具-格式"选项卡"图片样式"组的"图片效果"的下拉按钮，在展开的下拉列表中将鼠标移至"阴影"项，在出现的阴影列表中单击"左上对角透视"项。单击"图片效果"的下拉按钮，在展开的下拉列表中将鼠标移至"棱台"项，在出现的棱台列表中单击"圆"项。再次单击"图片效果"的下拉按钮，在展开的下拉列表中将鼠标移至"三维旋转"项，在出现的三维旋转列表中单击"离轴1右"项，如图 6-25 所示。

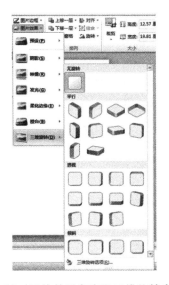

图 6-25　图片效果自定义三维旋转命令组

通过以上设置，图片效果发生很大变化。

任务3　插入形状和SmartArt图形

1. 插入形状

插入图片有助于更好地表达思想和观点，然而并非时时均有合适的图片，这就需要自己设计图形来表达想法。形状是系统事先提供的一组基础图形，有的可以直接使用，有的稍加组合即可更有效地表达某种观点和想法，形状就像积木，使用者可根据需要搭建所需图形。所以学会使用形状，有助于建立高水平的演示文稿。可用的形状包括线条、基本几何形状、箭头、公式形状、流程图形状、星、旗帜和标注。

这里以线条、矩形和椭圆为例，说明形状的绘制、移动（复制）和格式化的基本方法，其他形状的用法与Word类似，不再赘述。

插入形状有两个途径：在"插入"选项卡"插图"组单击"形状"命令或者在"开始"选项卡"绘图"组单击"形状"列表右下角"其他"按钮，就会出现各类形状的列表，如图6－26所示。

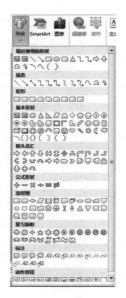

图6－26　形状命令组

（1）绘制直线。

在"插入"选项卡"插图"组单击"形状"命令，在出现的形状下拉列表中单击"直线"命令。鼠标指针呈十字形。将鼠标指针移到幻灯片上直线开始点，按鼠标左键拖动到直线终点。一条直线便出现在幻灯片上。

若按住【Shift】键可以画特定方向的直线，如水平线和垂直线。只能以45°的倍数改变直线方向，如画0°（水平线），45°，90°（垂直线）等直线，如图6－27所示。

若选择"箭头"命令，则按以上步骤可以绘制带箭头的直线。

单击直线，直线两端出现控点。将鼠标指针移到直线的

图6－27　绘制直线

一个控点，鼠标指针变成双向箭头，拖动这个控点，就可以改变直线的长度和方向。

将鼠标指针移到直线上，鼠标指针呈十字形，（按住【Ctrl】键）拖动鼠标就可以移动（复制）直线。

（2）绘制矩形。

【示例6-3】打开示例6-3.pptx，在幻灯片上绘制一个矩形。

①在"开始"选项卡"绘图"组单击"形状"列表右下角"其他"按钮，出现各类形状的列表。在形状列表中单击"矩形"命令，鼠标指针呈十字形。

②将鼠标指针移到幻灯片上某点，按鼠标左键可拖出一个矩形。向不同方向拖动，绘制的矩形也不同。

③将鼠标指针移到矩形周围的控点上，鼠标指针变成双向箭头，拖动控点，就可以改变矩形的大小和形状。拖动绿色控点，可以旋转矩形。

④若按【Shift】键拖动鼠标可以画出标准正方形。

（3）在形状中添加文本。

有时希望在绘出的封闭形状中增加文字，以表达更清晰的含义，实现图文并茂的效果。选中形状（单击它，使之周围出现控点）后直接输入所需的文本即可。也可以右击形状，在弹出的快捷菜单中单击"编辑文字"命令，形状中出现光标，输入文字即可。

（4）移动（复制）形状。

移动和复制形状的操作是类似的：

①单击要移动（复制）的形状对象，其周围出现控点，表示被选中。

②将鼠标指针移到形状边框或其内部，使鼠标指针变成十字形状，拖动（按【Ctrl】键拖动时表示复制）鼠标到目标位置，则该形状移（复制）到目标位置。

（5）旋转形状。

与图片一样，形状也可以按照需要进行旋转操作，可以手动粗略旋转，也可以精确旋转指定角度。

单击要旋转的形状，形状四周出现控点，拖动上方绿色控点即可随意旋转形状。

实现精确旋转形状的方法如下：

单击形状，在"绘图工具-格式"选项卡"排列"组单击"旋转"按钮，在下拉列表中选择"向右旋转90°"（"向左旋转90°"）可以顺时针（逆时针）旋转90°。也可以选择"垂直翻转"（"水平翻转"）。

若要实现其他角度旋转形状，可以选择下拉列表中的"其他旋转"选项，弹出"设置形状格式"对话框，在"旋转"栏输入要旋转的角度。例如，输入"-41"，则逆时针旋转41°。输入正值，表示顺时针旋转。

项目六

（6）更改形状。

绘制形状后，若不喜欢当前形状，可以删除后重新绘制，也可以直接更改为喜欢的形状。方法是选择要更改的形状（如矩形），在"绘图工具-格式"选项卡"插入形状"组单击"编辑形状"命令，在展开的下拉列表中选择"更改形状"项，然后在弹出的形状列表中单击要更改的目标形状（如圆角矩形），如图6-28所示。

（7）组合形状。

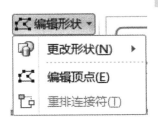

图6-28 编辑图形形状

有时需要将几个形状作为整体进行移动、复制或改变大小。把多个形状组合成一个形状，称为形状的组合；将组合形状恢复为组合前状态，称为取消组合。

组合多个形状的方法如下：

①选择要组合的各形状，即按住【Shift】键并依次单击要组合的每个形状，使每个形状周围出现控点。

②单击"绘图工具－格式"选项卡"排列"组的"组合"按钮，并在出现的下拉列表中选择"组合"命令。此时，这些形状已经成为一个整体。

如图6－29所示，上方是两个选中的独立形状，下方是这两个独立形状的组合。独立形状有各自的边框，而组合形状是一个整体，所以只有一个边框。组合形状可以作为一个整体进行移动、复制和改变大小等操作。

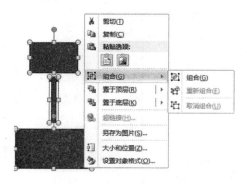

图6－29　组合形状

如果想取消组合，则首先选中组合形状，然后再单击"绘图工具－格式"选项卡"排列"组的"组合"按钮，并在出现的下拉列表中选择"取消组合"命令。此时，组合形状又恢复为组合前的几个独立形状。

（8）格式化形状。

套用系统提供的形状样式可以快速美化形状，若不完全满意这些形状样式，也可以对样式进行调整，以适合自己的需要。例如，线条的线型（实或虚线、粗细）、颜色等，封闭形状内部填充颜色、纹理、图片等，还有形状的阴影、映像、发光、柔化边缘、棱台、三维旋转六个方面的形状效果。

①套用形状样式。

为了美化形状，PowerPoint提供许多预设形状样式，只要简单套用就能快速美化形状。

首先选择要套用样式的形状，然后再单击"绘图工具－格式"选项卡"形状样式"组形状样式列表右下角的"其他"命令，出现下拉列表，其中提供了42种样式供选择，选择其中一个样式，则形状按所选样式立即发生变化。

②自定义形状线条的线型和颜色。

选择形状，然后单击"绘图工具－格式"选项卡"形状样式"组"形状轮廓"的下拉按钮，在出现的下拉列表中，可以修改线条的颜色、粗细、实线或虚线等，也可以取消形状的轮廓线。例如，在下拉列表中选择"粗细"命令，则出现0.25磅到6磅之间多达9种粗细线条供选择。若利用其中"其他线条"命令，可调出"设置形状格式"对话框，从中可以任意确定线条的线型和颜色等，如线条的线型设置为0.75磅方点虚线。若是带箭头线条，还可以设置箭头的样式。

③设置封闭形状的填充色和填充效果。

对封闭形状，可以在其内部填充指定的颜色，还可以利用渐变、纹理、图片来填充形状。选择要填充的封闭形状，单击"绘图工具 – 格式"选项卡"形状样式"组"形状填充"的下拉按钮，在出现的下拉列表中可以设置形状内部填充的颜色，也可以用渐变、纹理、图片来填充形状。

例如，在下拉列表中选择"纹理"选项，则出现多种纹理供选择，选择其中"深色木质"，可以看到封闭形状中填充了"深色木质"纹理。

④设置形状的效果。

选择要设置效果的形状，在"绘图工具 – 格式"选项卡"形状样式"组单击"形状效果"按钮，在出现的下拉列表中将鼠标移至"预设"项，从显示的 12 种预设效果中选择一种（如："预设 6"）即可。

若对预设效果不满意，还可自己对形状的阴影、映像、发光、柔化边缘、棱台、三维旋转六个方面进行适当设置，以达到满意的形状效果。具体方法类似于图片效果的设置，不再赘述。

2. 插入 SmartArt 图形

（1）插入 SmartArt 图形并输入文本。

利用"插入"选项卡上"插图"组中的"SmartArt"按钮，可在演示文稿中插入 SmartArt 图形。选中要插入 SmartArt 图形的幻灯片，单击"插入"选项卡上"插图"组中的"SmartArt"；打开"选择 SmartArt 图形"对话框，在对话框左侧选择要插入的 SmartArt 图形类型，然后在中间选择需要的 SmartArt 流程图样式，此时对话框右侧将显示所选图形的预览图，单击"确定"按钮，即可在幻灯片中插入所选 SmartArt 图形，如图 6 – 30 所示。

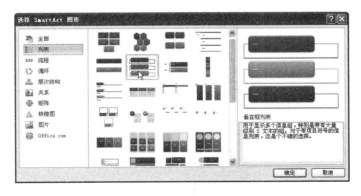

图 6 – 30　创建组织结构图

直接单击占位符（形状），然后在其中输入文本，也可单击整个图形左侧的三角按钮，打开"在此处键入文字"窗格，单击要输入文本的编辑框，然后输入文本。

（2）编辑和美化 SmartArt 图形。

选中 SmartArt 图形后，我们可利用"SmartArt 工具"选项卡下的"设计"和"格式"子选项卡对 SmartArt 图形进行编辑，如图 6 – 31 所示。

图6-31　组织结构图工具

其中，利用SmartArt工具"设计"选项卡可以添加形状，更改形状级别，更改SmartArt图形布局，以及设置整个SmartArt图形的颜色和样式等。

而在选中SmartArt图形中的一个或多个形状后（选择方法与选择普通形状相同），则可利用"SmartArt工具-格式"选项卡设置所选形状或形状内文本的样式，更改形状，以及排列、组合、增大和减小形状等。

任务4　插入表格和图表

在幻灯片中除了文本、形状、图片外，还可以插入表格等对象，使演示文稿的表达方式更加丰富多彩。

表格的应用十分广泛，是显示和表达数据的较好方式。在演示文稿中常使用表格表达有关数据，简单、直观、高效且一目了然。

1. 插入表格

（1）创建表格。

创建表格的方法有使用功能区命令创建和利用内容区占位符创建两种。

与插入剪贴画及图片一样，在内容区占位符中也有"插入表格"图标，单击"插入表格"图标，出现"插入表格"对话框，输入表格的行数和列数后即可创建指定行列的表格。

利用功能区命令创建表格的方法如下：

①打开演示文稿，并切换到要插入表格的幻灯片。

②单击"插入"选项卡"表格"组"表格"按钮，在弹出的下拉列表中单击"插入表格"命令，出现"插入表格"对话框，输入要插入表格的行数和列数，如图6-32所示。

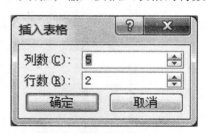

图6-32　"插入表格"对话框

③单击"确定"按钮，出现一个指定行列的表格，拖动表格的控点可以改变表格的大小，拖动表格边框可以定位表格。

行列较少的小型表格也可以快速生成，方法是单击"插入"选项卡"表格"组"表格"按钮，在弹出的下拉列表顶部的示意表格中拖动鼠标，顶部显示当前表格的行列数（如4×6表格），与此同时幻灯片中也同步出现相应行列的表格，直到显示满意行列数时

（如6×6表格）单击之，则快速插入相应行列的表格，如图6-33所示。

图6-33　快速生成表格

　　创建表格后，光标在左上角第一个单元格中，此时就可以输入表格内容了。单击某单元格出现插入点光标，即可在该单元格中输入内容。直到完成全部单元格内容的输入。

　　（2）编辑表格。

　　表格制作完成后，若不满意，可以编辑修改，如修改单元格的内容，设置文本对齐方式，调整表格大小和行高、列宽，插入和删除行（列），合并与拆分单元格等。在修改表格对象前，应首先选择这些对象。这些操作命令可以在"表格工具-布局"选项卡中找到。

　　①选择表格对象。

　　编辑表格前，必须先选择要编辑的表格对象，如整个表格、行（列）、单元格、单元格范围等。

　　选择整个表格、行（列）的方法：将光标放在表格的任一单元格，在"表格工具-布局"选项卡"表"组中单击"选择"按钮，在出现的下拉列表中有"选择表格""选择列"和"选择行"命令，若单击"选择表格"命令，即可选择该表格。若单击"选择行"（"选择列"）命令，则光标所在行（列）被选中。

　　选择行（列）的另一方法是将鼠标移至目标行左侧（目标列上方）出现向右（向下）黑箭头时单击即可选中该行（列）。

　　选择连续多行（列）的方法：将鼠标移至目标第一行左侧（目标第一列的上方）出现黑箭头时拖动到目标最后一行（列），则这些表格行（列）被选中。

　　选择单元格的方法：将鼠标移到单元格左侧，出现指向上方的黑箭头时单击，即可选中该单元格。若选择多个相邻的单元格，直接在目标单元格范围拖动鼠标即可。

　　②设置单元格文本对齐方式。

　　在单元格中输入文本，通常是左对齐的。若希望某些单元格中文本采用其他对齐方式，可以选择这些单元格，按需求在"表格工具-布局"选项卡"对齐方式"组6个对齐方式按钮中选择（例如："居中"），这6个按钮中上面3个按钮分别是文本水平方向的"文本左对齐""居中"和"文本右对齐"，下面3个按钮分别是文本垂直方向的"顶端对齐""垂直居中"和"底端对齐"。

③调整表格大小及行高、列宽。

调整表格行高、列宽有两种方法：拖动鼠标法和精确设定法。

◆ 拖动鼠标法。

选择表格，表格四周出现8个由若干小黑点组成的控点，鼠标移至控点出现双向箭头时沿箭头方向拖动，即可改变表格大小。水平（垂直）方向拖动改变表格宽度（高度），在表格四角拖动控点，则等比例缩放表格的宽和高。

◆ 精确设定法。

单击表格内任意单元格，在"表格工具－布局"选项卡"表格尺寸"组可以输入表格的宽度和高度数值，若选中"锁定纵横比"复选框，则保证按比例缩放表格。

在"表格工具－布局"选项卡"单元格大小"组中输入行高和列宽的数值，可以精确设定当前选定区域所在的行高和列宽。

④插入表格行和列。

若表格行或列不够用时，可以在指定位置插入空行或空列。首先将光标置于某行的任意单元格中，然后单击"表格工具－布局"选项卡"行和列"组的"在上方插入"（"在下方插入"）按钮，即可在当前行的上方（下方）插入一空白行。

用同样的方法，在"表格工具－布局"选项卡"行和列"组中单击"在左侧插入"（"在右侧插入"）命令可以在当前列的左侧（右侧）插入一空白列。

⑤删除表格行、列和整个表格。

若某些表格行（列）已经无用时，可以将其删除。将光标置于被删行（列）的任意单元格中，单击"表格工具－布局"选项卡"行和列"组的"删除"按钮，在出现的下拉列表中选择"删除行"（"删除列"）命令，则该行（列）被删除。若选择"删除表格"，则光标所在的整个表格被删除。

⑥合并和拆分单元格。

合并单元格是指将若干相邻单元格合并为一个单元格，合并后的单元格宽度（高度）是被合并的几个单元格宽度（高度）之和。而拆分单元格是指将一个单元格拆分为多个单元格。

合并单元格的方法：选择相邻要合并的所有单元格（如：同一行相邻3个单元格），单击"表格工具－布局"选项卡"合并"组的"合并单元格"按钮，则所选单元格合并为1个大单元格。

拆分单元格的方法：选择要拆分的单元格，单击"表格工具－布局"选项卡"合并"组的"拆分单元格"按钮，弹出"拆分单元格"对话框，在对话框中输入行数和列数，即可将单元格拆分为指定行列数的多个单元格。例如，行为1，列为2，则原单元格拆分为一行中的2个相邻小单元格，如图6－34所示。

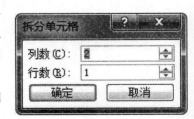

图6－34　拆分单元格

（3）设置表格格式。

为了美化表格，系统提供大量预设的表格样式，用户不必费心设置表格字体、边框和底纹效果，只要选择喜欢的表格样式即可。若不满意表格样式中的边框和底纹效果，也可以自己动手设置自己喜欢的表格边框和底纹效果。

①套用表格样式。

单击表格的任意单元格，在"表格工具－设计"选项卡"表格样式"组单击样式列表右下角的"其他"按钮，在下拉列表中会展开"文档最佳匹配对象""淡""中""深"四类表格样式，当鼠标移到某样式时，幻灯片中表格随之出现该样式的预览。从中单击自己喜欢的表格样式即可，如图6-35所示。

图6-35　表格样式

若对已经选用的表格样式不满意，可以清除该样式，并重新选用其他表格样式。具体方法为：单击表格任意单元格，在"表格工具－设计"选项卡"表格样式"组单击样式右下角的"其他"按钮，在下拉列表中单击"清除表格"命令，则表格变成无样式的表格。然后重新选用其他表格样式。

②设置表格框线。

系统提供的表格样式已经设置了相应的表格框线和底纹，如不满意可以自己重新定义。

单击表格任意单元格，在"表格工具－设计"选项卡"绘图边框"组单击"笔颜色"按钮，在下拉列表中选择边框线的颜色（如："红色"）。单击"笔样式"按钮，在下拉列表中选择边框线的线型（如："实线"）。单击"笔画粗细"按钮，在下拉列表中选择线条宽度（如：3磅）。选择边框线的颜色、线型和线条宽度后，再确定设置该边框线的对象。选择整个表格，单击"表格工具－设计"选项卡"表格样式"组的"边框"下拉按钮，在下拉列表中显示"所有框线""外侧框线"等各种设置对象，如选择"外侧框线"，则表格的外侧框线设置为红色3磅实线。

用同样的方法，可以对表格内部、行或列等设置不同的边框线。

③设置表格底纹。

表格的底纹也可以自定义，可以设置纯色底纹、渐变色底纹、图片底纹、纹理底纹等，还可以设置表格的背景。

选择要设置底纹的表格区域，单击"表格工具－设计"选项卡"表格样式"组的"底纹"下拉按钮，在下拉列表中显示各种底纹设置命令。

选择某种颜色，则区域中单元格均采用该颜色为底纹。

若选择"渐变"命令，在下拉列表中有浅色变体和深色变体两类，选择一种颜色变体（如：深色变体类的"线性向右"），则区域中单元格均以该颜色变体为底纹。

若选择"图片"命令，弹出"插入图片"对话框，选择一个图片文件，并单击对话框的"插入"按钮，则以该图片作为区域中单元格的底纹。

若选择"纹理"命令，并在下拉列表中选择一种纹理，则区域中单元格以该纹理为底纹。

项目六

"表格底纹"命令组列表中的"表格背景"命令是针对整个表格底纹的。若选择"表格背景"命令，在下拉列表中选择"颜色"或"图片"命令，可以用指定颜色或图片作为整个表格的底纹背景。

④设置表格效果。

选择表格，单击"表格工具－设计"选项卡"表格样式"组的"效果"下拉按钮，在下拉列表中提供"单元格凹凸效果""阴影"和"映像"三类效果命令。其中，"单元格凹凸效果"主要是对表格单元格边框进行处理后的各种凹凸效果，"阴影"是为表格建立内部或外部各种方向的光晕，而"映像"是在表格四周创建倒影的特效。

选择某类效果命令，在展开的列表中选择一种效果即可。例如，选择"单元格凹凸效果"命令，从列表中选择"凸起"棱台效果。

2. 插入图表

（1）创建图表。

在幻灯片中创建新图表的步骤大致分为三步，先根据数据特点确定图表类型，然后选择具体的图表样式，最后输入图表数据，即可自动生成相应的图表。

【示例6－4】打开示例6－4. pptx，利用 Excel 2010 默认的表格数据在幻灯片中插入一个"簇状柱形图"。

①选择要插入图表的幻灯片，然后单击内容占位符中的"插入图表"图标，或单击"插入"选项卡上"插图"组中的"图表"按钮，打开"插入图表"对话框。

②在对话框左侧图表的分类选项中选择"柱形图"，此时在对话框右侧的列表框中列出"柱形图"中不同样式的图表，选择"簇状柱形图"样式，然后单击"确定"按钮。

③此时，系统将自动调用 Excel 2010 并打开一个预设有表格内容的工作表，并且依据这套样本数据，在当前幻灯片中自动生成了一个图表，单击 Excel 窗口右上角的"关闭"按钮，关闭数据表窗口，如图6－36所示。

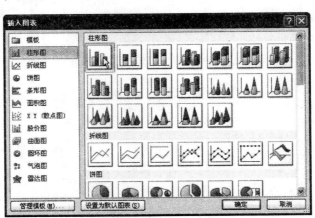

图6－36　创建图表

（2）编辑图表。

要对图表进行编辑操作，如编辑表格数据、更改图表类型、快速调整图表布局等，可在"图表工具－设计"选项卡中进行。

要更改图表类型，可单击图表以将其激活，然后将鼠标指针移到图表的空白处，待显示

"图表区"提示时单击以选中整个图表,单击"图表工具–设计"选项卡上"类型"组中的"更改图表类型"按钮,然后在打开的"更改图表类型"对话框中选择一种图表类型即可。

要对图表数据进行编辑,可选中图表后单击"图表工具–设计"选项卡上"数据"组中的"编辑数据"按钮,此时将启动 Excel 2010 并打开图表的源数据表,对数据表中的数据进行编辑修改。操作完毕,关闭数据表回到幻灯片中,可看到编辑数据后的图表效果。

要快速调整图表的布局,可选中图表后单击"图表工具–设计"选项卡上"图表布局"组中的"其他"按钮,在展开的列表中重新选择一种布局样式。

(3)自定图表布局。

创建图表后,我们还可以根据需要利用"图表工具–布局"选项卡中的工具自定图表布局,如为图表添加或修改图表标题、坐标轴标题和数据标签等,方便读者理解图表。

为图表添加图表标题:选中图表,然后单击"图表工具–布局"选项卡上"标签"组中的"图表标题"按钮,在展开的列表中选择一种标题的放置位置,然后输入图表标题。

为图表添加坐标轴标题:单击"标签"组中的"坐标轴标题"按钮,在展开的列表中分别选择"主要横坐标轴标题"和"主要纵坐标轴标题"项,然后在展开的列表中选择标题的放置位置并输入标题即可。

改变图例位置:单击"标签"组中的"图例"按钮,在展开的列表中选择一种选项,可改变图例的放置位置。

(4)美化图表。

我们还可以利用"图表工具–格式"选项卡对图表进行美化操作,如设置图表区、绘图区、图表背景、坐标轴的格式等,从而美化图表。这些设置主要是通过"图表工具–格式"选项卡来完成的。

设置图表区格式:单击图表以将其激活,然后单击"图表工具–格式"选项卡(或"布局"选项卡)上"当前所选内容"组中的"图表元素"下拉列表框右侧的三角按钮,在展开的列表中选择要设置的图表对象"图表区",然后单击"形状样式"组中的"形状填充"按钮右侧的三角按钮,在展开的列表中选择一种填充类型。

实 战 练 习

练习 6–3(操作视频及效果图请扫旁边二维码)

打开"D:\上机文件\项目6\实战练习\练习6–3\6–3.pptx"文件,完成下列操作:

(1)把第二张幻灯片的标题"PPT 背景与配色技巧"艺术字的样式换成"填充–白色,投影",并设置"右上对角透视"的阴影。

练习 6–3 效果图

(2)新建一张版式为"仅标题"的幻灯片,作为第三张幻灯片,标题区输入"色彩理论基础",在位置(水平:4.51 厘米,自:左上角;垂直:7.13 厘米,自:左上角)插入大小(高度:8.4 厘米,宽度:2.39 厘米)的垂直文本框,文本框中的文本为"两大色系",文字为"华文楷体",44 磅字,设置文字颜色为"深蓝,文字2"。

（3）在第三张幻灯片位置（水平：9.5厘米，自：左上角；垂直：6.33厘米，自：左上角）插入一个大小（高度：10.4厘米，宽度：10.4厘米）的"上下箭头"形状。在形状上添加两行文字为"无色系"和"彩色系"，形状文本设置为"华文新魏"、54磅字，行距为1.5倍。

（4）在演示文稿最后新建一张版式为"标题和内容"的幻灯片，标题为"色彩的含义"，在内容区插入样式为"深色样式2－强调1/强调2"的2列7行的表格。表格行高：1.44厘米，第一列宽：2.08厘米，第二列宽：18.5厘米。表格第一列第一至七行内容分别为"红""橙""黄""绿""蓝""紫""黑"，第一列文本为"华文楷体"，28磅字，中部居中对齐。将第四张幻灯片的内容区文本填入表格第二列的第一至七行，并设置为"华文楷体"、24磅字，中部居中对齐。

（5）删除第四张幻灯片。

重点提示：

◆ 在PPT指定位置插入文本框、图片等对象，是先插入对象，再设置对象的位置、大小。

◆ 明确在PowerPoint中各种对象的格式设置方法具有相似性。

练习6－4（操作视频及效果图请扫旁边二维码）

操作要求如下：

（1）新建一个空白演示文稿，命名为6－4.pptx，将第一张幻灯片中的标题和副标题占位符删除，然后在幻灯片的空白处插入"层次结构"中的"组织结构图"，结构与文本输入如下图。

（2）设置组织结构的颜色为"彩色范围－强调文字颜色3至4"，样式为"优雅"。组织结构图的形状改为"圆角矩形"。

（3）组织结构图的形状填充使用"水滴"填充。

练习6－4　　　　效果图

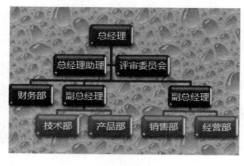

组织结构图

模块五　修饰幻灯片外观

使演示文稿的所有幻灯片具有统一的外观，可通过主题样式、设置幻灯片背景、应用幻灯片版式和定制幻灯片"母版"等方法来实现。

项目六

任务 1　设置主题

可以通过变换不同的主题来使幻灯片的版式和背景发生显著变化。通过一个单击操作选择中意的主题，即可完成对演示文稿外观风格的重新设置。

PowerPoint 2010 提供了 40 多种内置主题。用户若对演示文稿当前颜色、字体和图形外观效果不满意，可以从中选择满意的主题并应用到该演示文稿，以统一演示文稿的外观。

打开演示文稿，单击"设计"选项卡，"主题"组显示了部分主题列表，单击主题列表右下角"其他"按钮，就可以显示全部内置主题供选择，如图 6 – 37 所示。将鼠标移到某主题，稍后会显示该主题的名称。单击该主题，则系统会按所选主题的颜色、字体和图形外观效果修饰演示文稿。

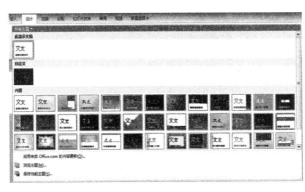

图 6 – 37　主题命令组

若只想用该主题修饰部分幻灯片，可以选择这些幻灯片后右击该主题，在出现的快捷菜单中选择"应用于选定幻灯片"命令，所选幻灯片按该主题效果自动更新，其他幻灯片不变。若选择"应用于所有幻灯片"命令，则整个演示文稿均采用所选主题。

任务 2　设置幻灯片背景

幻灯片的背景对幻灯片放映的效果起重要作用，为此，可以对幻灯片背景的颜色、图案和纹理等进行调整。有时用特定图片作为幻灯片背景，能达到意想不到的效果。

如果对幻灯片背景不满意，可以重新设置幻灯片的背景，主要通过改变主题背景样式和设置背景格式（纯色、颜色渐变、纹理、图案或图片）等方法来美化幻灯片的背景。

1. 改变背景样式

PowerPoint 的每个主题提供了 12 种背景样式，用户可以选择一种样式快速改变演示文稿中幻灯片的背景，既可以改变所有幻灯片的背景，也可以只改变所选幻灯片的背景。

打开演示文稿，单击"设计"选项卡"背景"组的"背景样式"命令，则显示当前主题 12 种背景样式列表，如图 6 – 38 所示。从背景样式列表中选择一种中意的背景

项目六

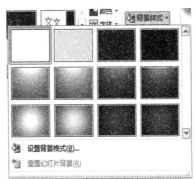

图 6 – 38　背景样式

样式，则演示文稿全体幻灯片均采用该背景样式。若只希望改变部分幻灯片的背景，则先选择这些幻灯片，然后右击某背景样式，在出现的快捷菜单中选择"应用于所选幻灯片"命令，则选定的幻灯片采用该背景样式，而其他幻灯片不变。

2. 设置背景格式

如果认为背景样式过于简单，也可以自己设置背景格式。有四种方式：改变背景颜色、图案填充、纹理填充和图片填充。

（1）改变背景颜色。

改变背景颜色有"纯色填充"和"渐变填充"两种方式。"纯色填充"是选择单一颜色填充背景，而"渐变填充"是将两种或更多种填充颜色逐渐混合在一起，以某种渐变方式从一种颜色逐渐过渡到另一种颜色。

单击"设计"选项卡"背景"组的"背景样式"命令，在出现的快捷菜单中选择"设置背景格式"命令，弹出"设置背景格式"对话框。也可以单击"设计"选项卡"背景"组右下角的"设置背景格式"按钮，也能显示"设置背景格式"对话框，如图6-39所示。

图6-39 "设置背景格式"对话框

单击"设置背景格式"对话框左侧的"填充"项，右侧提供两种背景颜色填充方式："纯色填充"和"渐变填充"。

选中"纯色填充"单选按钮，单击"颜色"栏下拉按钮，在下拉列表颜色中选择背景填充颜色。拖动"透明度"滑块，可以改变颜色的透明度，直到满意。若不满意列表中的颜色，也可以单击"其他颜色"项，从出现的"颜色"对话框中选择或按 RGB 颜色模式自定义背景颜色。

若选择"渐变填充"单选框，可以直接选择系统预设颜色填充背景，也可以自己定义渐变颜色。

选择预设颜色填充背景：单击"预设颜色"栏的下拉按钮，在出现的几十种预设的渐变颜色列表中选择一种，如"红日西沉"等。

自定义渐变颜色填充背景：如图 6 – 39 所示，在"类型"列表中，选择所需的渐变类型（如"射线"：渐变颜色由中心点向四周发散）。在"方向"列表中，选择所需的渐变发散方向（如"线性对角 – 右上到左下"）。在"渐变光圈"下，应出现与所需颜色个数相等的渐变光圈个数，否则应单击"添加渐变光圈"或"删除渐变光圈"按钮以增加或减少渐变光圈，直至要在渐变填充中使用的每种颜色都有一个渐变光圈（如两种颜色需要两个渐变光圈）。单击某一个渐变光圈，在"颜色"栏的下拉列表中，选择一种颜色与该渐变光圈对应。拖动渐变光圈位置可以调节该渐变颜色。如果需要，还可以调节颜色的"亮度"或"透明度"。对每一个渐变光圈用如上方法调节，直到满意。

单击"关闭"按钮，则所选背景颜色作用于当前幻灯片；若单击"全部应用"按钮，则改变所有幻灯片的背景。若选择"重置背景"按钮，则撤销本次设置，恢复设置前状态。

（2）图案填充。

①单击"设计"选项卡"背景"组右下角的"设置背景格式"按钮，弹出"设置背景格式"对话框。

②单击对话框左侧的"填充"项，在右侧选中"图案填充"单选按钮，在出现的图案列表中选择所需图案（如"浅色下对角线"）。通过"前景"和"背景"栏可以自定义图案的前景色和背景色。

（3）纹理填充。

①单击"设计"选项卡"背景"组的"背景样式"命令，在出现的快捷菜单中选择"设置背景格式"命令，弹出"设置背景格式"对话框。

②单击对话框左侧的"填充"项，在右侧选中"图片或纹理填充"单选按钮，单击"纹理"下拉按钮，在出现的各种纹理列表中选择所需纹理（如"花束"）。

③单击"关闭"（或"全部应用"）按钮。

（4）图片填充。

①单击"设计"选项卡"背景"组右下角的"设置背景格式"按钮，弹出"设置背景格式"对话框。

②单击对话框左侧的"填充"项，在右侧选中"图片或纹理填充"单选按钮，在"插入自"栏单击"文件"按钮，在弹出的"插入图片"对话框中选择所需图片文件，并单击"插入"按钮，回到"设置背景格式"对话框。

③单击"关闭"（或"全部应用"）按钮，则所选图片成为幻灯片背景。

也可以选择剪贴画或剪贴板中的图片填充背景，这在上述第 2 步单击"剪贴画"按钮或"剪贴板"按钮即可。

若已设置主题，则所设置的背景可能被主题背景图形覆盖，此时可以在"设置背景格式"对话框中选中"隐藏背景图形"复选框。

任务 3　设置幻灯片母版

所谓"母版"，它是 PowerPoint 2010 中一类特殊的幻灯片，母版（Slide Master）中包含可出现在每一张幻灯片上的显示元素，如文本占位符的大小和位置、图片、背景设计和配色方案等。幻灯片母版上的对象将出现在每张幻灯片的相同位置上，只需更改一项内容就可更改所有幻灯片的设计，使用母版可以方便地统一幻灯片的风格。

PowerPoint 2010 母版可以分成三类：幻灯片母版、讲义母版和备注母版。通过"视图"选项卡中的"母版视图"组可进入到需要的母版视图中。

1. 幻灯片母版

幻灯片母版是模板的一部分，它存储的信息包括幻灯片版式（版式：幻灯片上标题和副标题文本、列表、图片、表格、图表、自选图形和视频等元素的排列方式。）、文本样式、背景、主题颜色、效果和动画。

每个演示文稿至少包含一个幻灯片母版，修改和使用幻灯片母版使用户可以对演示文稿中的每张幻灯片（包括以后添加到演示文稿中的幻灯片）进行统一的样式更改。使用幻灯片母版时，由于无须在多张幻灯片上键入相同的信息，因此节省了时间。

在幻灯片中选择"视图"选项卡，单击"母版视图"组中的"幻灯片母版"按钮，将进入到幻灯片母版的编辑视图，如图 6-40 所示。

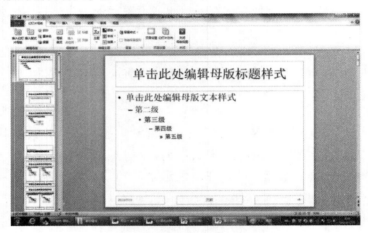

图 6-40　幻灯片母版编辑视图

默认情况下，演示文稿的母版由 12 张幻灯片组成，其中包括 1 张主母版和 11 张幻灯片版式母版，用户在母版幻灯片中设置的格式和样式将被演示文稿中的同类幻灯片应用。所以常用母版来给所有的幻灯片添加 Logo。当然还可以在母版视图中添加版式母版和修改母版版式，幻灯片母版是幻灯片的后台控制中心。

2. 讲义母版

讲义母版用于用户控制幻灯片以讲义的形式打印演示文稿。在"讲义母版"选项卡中，用户可以控制一页纸中要打印的幻灯片数量，是否在幻灯片中打印"页码、页眉和页脚"等，该讲义以纸质的方式主要用于在以后的会议中使用。

讲义母版的设计主要是控制打印出来的页面所包含的内容，主要有：

◆ 页眉、页脚、日期、页码可以设置成有或者无，或者在页眉页脚（如上图所示的"页眉"占位符）中输入相应内容。讲义母版里的页码占位符中的数字区页码是自动生成的，不需用户手动输入，自动编码才能变化页码。

◆ 讲义和幻灯片的版式类型，即打印方向是横向还是纵向。

◆ 设置讲义打印出来的背景效果，其设置方法与 PowerPoint 2010 的基本背景设置相同。

项目六

◆ 要见到设置效果，在"文件"选项卡"打印"中可以见到，打印预览允许选择讲义的版式类型和查看打印版本的实际外观。

3. 备注母版

备注母版主要用于控制供演讲者备注使用的空间以及设置备注幻灯片的格式。备注母版只对幻灯片备注窗格中的内容起作用。

制作演示文稿时，把需要展示给观众的内容做在幻灯片里，不需要展示给观众的内容（如话外音，专家与领导指示，与同事同行的交流启发）写在备注里。

任务4 其他版面元素

幻灯片版式包含在幻灯片上显示的全部内容的格式设置、位置和占位符。占位符是版式中的容器，可容纳如文本（包括正文文本、项目符号列表和标题）、表格、图表、SmartArt图形、影片、声音、图片及剪贴画等内容。而版式也包含幻灯片的主题（颜色、字体、效果和背景）。

PowerPoint 2010 包含 11 种内置的标准版式，用户也可以自定义版式以满足特定的组织需求。在 PowerPoint 2010 显示的内置的标准版式如图 6－41 所示。

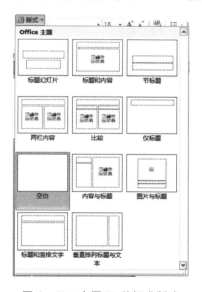

图 6－41 内置 11 种标准版式

创建演示文稿的第一张幻灯片时，系统默认使用"标题幻灯片"版式，其他幻灯片系统默认使用"标题和内容"版式。如果新建一张幻灯片时不希望使用系统默认版式，可以单击"开始"选项卡中"幻灯片"命令组中的"新建幻灯片"命令的展开按钮，在展开的命令组列表中选择相应的版式命令来新建幻灯片。

另外，由于幻灯片上内容的增加或删减，现在使用的版式不适合内容的需求时，可以对其进行修改。方法是选中需要修改版式的幻灯片，然后单击"开始"选项卡中"幻灯片"命令组中的"版式"命令的展开按钮，在展开的命令组列表中选择相应的版式命令。

项目六

实 战 练 习

练习6-5（操作视频及效果图请扫旁边二维码）

打开"D：\ 上机文件\ 项目6\ 实战练习\ 练习6-5\ 6-5.pptx"文件，完成下列操作：

练习6-5　　　　效果图

(1) 使用"暗香扑面"主题修饰全文。

(2) 在第一张幻灯片前插入一版式为"标题幻灯片"的新幻灯片，主标题输入"中国海军护航舰队抵达亚丁湾索马里海域"，并设置为"黑体"，41磅，红色，副标题输入"组织实施对4艘中国商船的首次护航"并设置为仿宋，30磅。

(3) 第二张幻灯片的版式改为"两栏内容"，将图片移入右侧内容区，标题区输入"中国海军护航舰队确保被护航船只和人员安全"。使用"蓝色面巾纸"填充第二张幻灯片背景。

(4) 第三张幻灯片的版式改为"内容与标题"，将图片移入内容区，并将第二张幻灯片文本区前两段文本移到第三张幻灯片的文本区。

(5) 设置母版，使每张幻灯片的左下角出现文本"中国海军"，其字体为"宋体"，字号15磅。

重点提示：

◆ 幻灯片母版里有多种版式，当在每张幻灯片中出现相同的对象时，在"Office主题幻灯片"中设置，在其他一种版式中出现相同对象时，则在相应的母版版式中设置。

◆ 注意区分实现幻灯片统一外观的"背景""母版"和"主题"三种方法的不同点。

模块六　设置动画效果

任务1　幻灯片切换效果

幻灯片的切换效果是指放映时幻灯片离开和进入播放画面所产生的视觉效果。系统提供多种切换样式，如可以使幻灯片从右上部覆盖，或者自左侧擦除等。幻灯片的切换效果不仅使幻灯片的过渡衔接更为自然，而且也能吸引观众的注意力。幻灯片的切换包括幻灯片切换效果（如"覆盖"）和切换属性（效果选项、换片方式、持续时间和声音效果）。

1. 设置幻灯片切换样式

(1) 打开演示文稿，选择要设置幻灯片切换效果的幻灯片（组）。在"切换"选项卡"切换到此幻灯片"组中单击切换效果列表右下角的"其他"按钮，弹出包括"细微型""华丽型"和"动态内容型"等各类切换效果列表，如图6-42所示。

(2) 在切换效果列表中选择一种切换样式（如"覆盖"）即可。

设置的切换效果对所选幻灯片（组）有效，如果希望全部幻灯片均采用该切换效果，可以单击"计时"命令组的"全部应用"命令按钮。

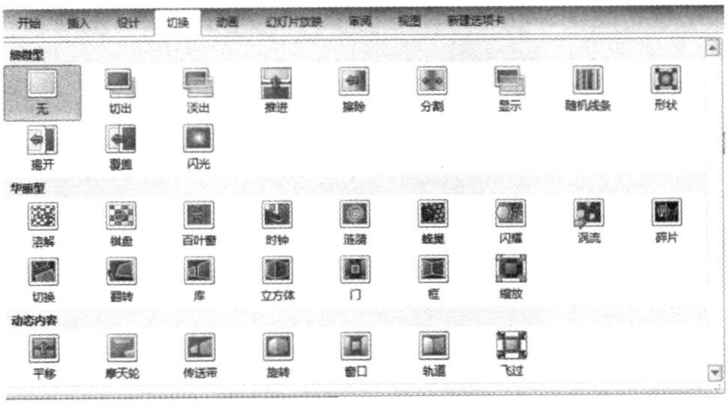

图 6 - 42　切换命令组

2. 设置切换属性

幻灯片切换属性包括效果选项（如"自左侧"）、换片方式（如"单击鼠标时"）、持续时间（如"2 秒"）和声音效果（如"打字机"）。

设置幻灯片切换效果时，如不设置，则切换属性均采用默认设置。例如，采用"覆盖"切换效果，切换属性默认为：效果选项为"自右侧"，换片方式为"单击鼠标时"，持续时间为"1 秒"，而声音效果为"无声音"。

如果对默认切换属性不满意，可以自行设置。

在"切换"选项卡"切换到此幻灯片"组中单击"效果选项"按钮，在出现的下拉列表中选择一种切换效果（如"自底部"）。

在"切换"选项卡"计时"组右侧设置换片方式，如勾选"单击鼠标时"复选框，表示单击鼠标时才切换幻灯片。也可以选中"设置自动换片时间"复选框，表示经过该时间段后自动切换到下一张幻灯片。

在"切换"选项卡"计时"组左侧设置切换声音，单击"声音"栏下拉按钮，在弹出的下拉列表中选择一种切换声音（如"爆炸"）。在"持续时间"栏输入切换持续时间。单击"全部应用"按钮，则表示全体幻灯片均采用所设置的切换效果，否则只作用于当前所选幻灯片（组）。

3. 预览切换效果

在设置切换效果时，当时就可预览所设置的切换效果。也可以单击"预览"组的"预览"按钮，随时预览切换效果。

任务 2　对象动画效果

动画技术可以使幻灯片的内容以丰富多彩的活动方式展示出来，赋予它们进入、退出、大小或颜色变化甚至移动等视觉效果，是必须掌握的 PowerPoint 2010 幻灯片重要技术。

实际上，在制作演示文稿过程中，常对幻灯片中的各种对象适当地设置动画效果和声音效果，并根据需要设计各对象动画出现的顺序。这样，既能突出重点，吸引观众的注意力，又使放映过程十分有趣。不使用动画，会使观众感觉枯燥无味，然而过多使用动画也会分散观众的注意力，不利于传达信息。应尽量化繁为简，以突出表达信息为目的。另外，具有创意的动画也能提高观众的注意力。因此设置动画应遵从适当、简化和创新的原则。

项目六

1. 设置动画

动画有四类："进入"动画、"强调"动画、"退出"动画和"动作路径"动画。

"进入"动画：使对象从外部进入幻灯片播放画面的动画效果。例如，飞入、旋转、弹跳等。

"强调"动画：对播放画面中的对象进行突出显示、起强调作用的动画效果。例如，放大/缩小、更改颜色、加粗闪烁等。

"退出"动画：使播放画面中的对象离开播放画面的动画效果。例如，飞出、消失、淡出等。

"动作路径"动画：播放画面中的对象按指定路径移动的动画效果。例如，弧形、直线、循环等。

（1）"进入"动画。

对象的"进入"动画是指对象进入播放画面时的动画效果。例如，对象从左下角飞入播放画面等。选择"动画"选项卡，"动画"组显示了部分动画效果列表。

设置"进入"动画的方法如下：

①在幻灯片中选择需要设置动画效果的对象，在"动画"选项卡的"动画"组中单击动画样式列表右下角的"其他"按钮（或者在"高级动画"命令组中"添加动画"命令），出现各种动画效果的下拉列表，如图6-43所示。其中有"进入""强调""退出"和"动作路径"四类动画，每类又包含若干不同的动画效果。

②在"进入"类中选择一种动画效果，如"飞入"，则所选对象被赋予该动画效果。

如果对所列动画效果仍不满意，还可以单击动画样式下拉列表下方的"更多进入效果"命令，打开"更改进入效果"对话框，其中按"基本型""细微型""温和型"和"华丽型"列出更多动画效果供选择，如图6-44所示。

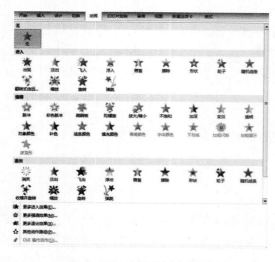

图6-43 动画效果命令组

图6-44 "更多进入效果"对话框

（2）"强调"动画。

"强调"动画主要对播放画面中的对象进行突出显示，起强调的作用。设置方法类似于设置"进入"动画。

选择需要设置动画效果的对象，在"动画"选项卡的"动画"组中单击动画效果列表右下角的"其他"按钮，出现各种动画效果的下拉列表，如图 6 – 43 所示。

在"强调"类中选择一种动画效果，如"陀螺旋"，则所选对象被赋予该动画效果。

同样，还可以单击动画样式下拉列表下方的"更多强调效果"命令，打开"更改强调效果"对话框，选择更多类型的"强调"动画效果。

（3）"退出"动画。

对象的"退出"动画是指播放画面中的对象离开播放画面的动画效果。例如，"飞出"动画使对象以飞出的方式离开播放画面等。设置"退出"动画的方法如下：

选择需要设置动画效果的对象，在"动画"选项卡的"动画"组中单击动画样式列表右下角的"其他"按钮，出现各种动画效果的下拉列表，如图 6 – 43 所示。

在"退出"类中选择一种动画效果，如"飞出"，则所选对象被赋予该动画效果。

同样，还可以单击动画样式下拉列表下方的"更多退出效果"命令，打开"更改退出效果"对话框，选择更多类型的"退出"动画样式。

（4）"动作路径"动画。

对象的"动作路径"动画是指播放画面中的对象按指定路径移动的动画效果。例如，"弧形"动画使对象沿着指定的弧形路径移动。设置"弧形"动画的方法如下：

在幻灯片中选择需要设置动画效果的对象，在"动画"选项卡的"动画"组中单击动画效果列表右下角的"其他"按钮，出现各种动画效果的下拉列表，如图 6 – 43 所示。

在"动作路径"类中选择一种动画效果，如"弧形"，则所选对象被赋予该动画效果，如图 6 – 45 所示。可以看到图形对象的弧形路径（虚线）和路径周边的 8 个控点以及上方的绿色控点。启动动画，图形将沿着弧形路径从路径起始点（绿色点）移动到路径结束点（红色点）。拖动路径的各控点可以改变路径，而拖动路径上方绿色控点可以改变路径的角度。

图 6 – 45 "动作路径"动画控制点

同样，还可以单击动画效果下拉列表下方的"其他动作路径"命令，打开"更改动作路径"对话框，选择更多类型的"动作路径"动画效果。

2. 设置动画属性

设置动画时，如不设置动画属性，系统将采用默认的动画属性，如设置"陀螺旋"动画，则其效果选项"方向"默认为"顺时针"，开始动画方式为"单击时"等。若对默认的动画属性不满意，也可以进一步对动画效果选项、动画开始方式、动画音效等重新设置。

（1）设置动画效果选项。

动画效果选项是指动画的方向和形式。

选择设置动画的对象，单击"动画"选项卡"动画"组右侧的"效果选项"按钮，出现各种效果选项的下拉列表。例如，"陀螺旋"动画的效果选项为旋转方向、旋转数量等。从中选择满意的效果选项。

（2）设置动画开始方式、持续时间和延迟时间。

动画开始方式是指开始播放动画的方式，动画持续时间是指动画开始后整个播放时间，动画延迟时间是指播放操作开始后延迟播放的时间。

项目六

选择设置动画的对象，单击"动画"选项卡"计时"组左侧的"开始"下拉按钮，在出现的下拉列表中选择动画开始方式。

动画开始方式有三种："单击时""与上一动画同时"和"上一动画之后"。

"单击时"是指单击鼠标时开始播放动画。"与上一动画同时"是指播放前一动画的同时播放该动画，可以在同一时间组合多个效果。"上一动画之后"是指前一动画播放之后开始播放该动画。

另外，还可以在"动画"选项卡的"计时"组左侧"持续时间"栏调整动画持续时间，在"延迟"栏调整动画延迟时间。

（3）设置动画音效。

设置动画时，默认动画无音效，需要音效时可以自行设置。以"陀螺旋"动画对象设置音效为例，说明设置音效的方法如下：

选择设置动画音效的对象（该对象已设置"陀螺旋"动画），单击"动画"选项卡"动画"组右下角的"显示其他效果选项"按钮，弹出"陀螺旋"动画效果选项对话框，如图6-46所示。在对话框的"效果"选项卡中单击"声音"栏的下拉按钮，在出现的下拉列表中选择一种音效，如"打字机"，如图6-46所示。

图6-46　动画音效设置对话框

可以看到，在对话框中，"效果"选项卡中可以设置动画方向、形式和音效效果，在"计时"选项卡中可以设置动画开始方式、动画持续时间（在"期间"栏设置）和动画延迟时间等。因此，需要设置多种动画属性时，可以直接调出该动画效果选项对话框，分别设置各种动画效果。

3. 调整动画播放顺序

对象添加动画效果后，对象旁边出现该动画播放顺序的序号。一般，该序号与设置动画的顺序一致，即按设置动画的顺序播放动画。对多个对象设置动画效果后，如果对原有播放顺序不满意，可以调整对象动画播放顺序，方法如下：

单击"动画"选项卡"高级动画"组的"动画窗格"按钮，调出动画窗格，如图6-47所示。动画窗格显示所有动画对象，它左侧的数字表示该对象动画播放的顺序号，与幻灯片中的动画对象旁边显示的序号一致。选择动画对象,并单击动画窗格底部的"⬆"或"⬇"(或者选择对象后按住鼠标左键直接拖动到相应的顺序位置),即可改变该动画对象的播放顺序。

图 6 - 47 调整动画属性的动画窗格

4. 预览动画效果

动画设置完成后,可以预览动画的播放效果。单击"动画"选项卡"预览"组的"预览"按钮或单击动画窗格上方的"播放"按钮,即可预览动画。

任务 3 幻灯片放映中的交互控制

演示文稿制作完成后,默认是按幻灯片的先后顺序播放,但我们在放映时经常需要跳转到其他幻灯片或回到目录页。在 PowerPoint 2010 中可以用超链接或动作设置来完成演示文稿的交互控制。

1. 超链接设置

可以设置超链接的对象是幻灯片上的文本、图片、图形和文本框等,而链接的类型有内部链接和外部链接。内部链接是指链接的目标是本演示文稿内部的某张幻灯片;而外部链接是指链接的目标是该文稿之外的各类文档、文件、图片、网页、电子邮件、程序等。

创建超链接的方法是:选中设置超链接的对象,单击"插入"选项卡中的"超链接"命令(或右键菜单中的"超链接"命令),然后在弹出的"插入超链接"对话框中完成,如图 6 - 48 所示。

项目六

图 6 - 48 "插入超链接"对话框

编辑和删除超链接同样先选择要编辑或删除超链接的对象，然后单击"插入"选项卡中的"超链接"命令来完成，或者用鼠标右键菜单中的"编辑链接"命令或"删除链接"命令来完成。

2. 动作设置

动作设置是另一类放映交互控制方式。动作设置可以是对幻灯片上已有的对象添加动作，还可新建动作按钮来添加动作。

（1）为已有的对象添加动作设置。

为已有的对象添加动作设置的方法是：先选择要添加动作设置的对象，然后单击"插入"选项卡中的"动作"命令，弹出如图6-49所示的对话框来完成设置。

图6-49 "动作设置"对话框

（2）插入动作按钮添加动作设置。

PowerPoint 2010提供了12种动作按钮，添加动作按钮的方法是：在"插入"选项卡"插图"组单击"形状"命令或者在"开始"选项卡"绘图"组单击"形状"列表右下角的"其他"按钮，在动作按钮列表中选择需要的动作按钮命令，然后在幻灯片上拖动出相应的动作按钮，并在弹出的如图6-49所示的对话框中来进一步完成动作设置。

实 战 练 习

练习6-6（操作视频及效果图请扫旁边二维码）

打开"D:\上机文件\项目6\实战练习\练习6-6\6-6. pptx"文件，完成下列操作：

（1）使用"波形"主题修饰全文，全部幻灯片切换效果为"分割"，效果选项为"中央向上下展开"。

练习6-6　　　　效果图

（2）将第一张幻灯片版式改为"两栏内容"。

（3）将第二张幻灯片的图片移到第一张幻灯片右侧内容区，图片动画效果设置为"进入、十字形扩展"，方向效果为"缩小"，形状效果为"加号"。文本动画效果设置为"进入、飞入"，方向效果为"自底部"。动画顺序为先文本后图片。

（4）将第三张幻灯片版式改为"标题幻灯片"，主标题为"宽带网设计战略"，副标题

项目六

为"实现效益的一种途径",主标题为黑体、加粗、55磅。并将该幻灯片移动为第一张幻灯片。

（5）删除第三张幻灯片。

重点提示：

◆ 注意区分幻灯片间的动态效果与幻灯片内对象的动态效果的实质。

◆ 注意体会超级链接的含义与作用。

模块七 幻灯片放映、打印和输出

任务1 放映幻灯片

制作演示文稿的最终目的就是为观众放映演示文稿，以表达相关观点和信息。

1. 放映幻灯片的方法

放映当前演示文稿的方法如下。

方法一：单击"幻灯片放映"选项卡"开始放映幻灯片"组的"从头开始"或"从当前幻灯片开始"按钮。

方法二：单击窗口右下角视图按钮中的"幻灯片放映"按钮，则从当前幻灯片开始放映。

方法三：按快捷键【F5】（从头开始放映）或【Shift】+【F5】（从当前幻灯片开始放映）。

进入幻灯片放映视图后，在全屏幕放映方式下，单击鼠标左键，可以切换到下一张幻灯片，直到放映完毕。在放映过程中，右击鼠标会弹出放映控制菜单。利用放映控制菜单的命令可以改变放映顺序、即兴标注等。

2. 改变放映顺序

幻灯片放映一般是按顺序依次放映，若需要改变放映顺序，可以右击鼠标，弹出放映控制菜单，如图6-50所示。单击"上一张"或"下一张"命令，即可放映当前幻灯片的上一张或下一张幻灯片。若要放映特定幻灯片，将鼠标指针指向放映控制菜单的"定位至幻灯片"，就会弹出所有幻灯片标题，单击目标幻灯片标题，即可从该幻灯片开始放映。

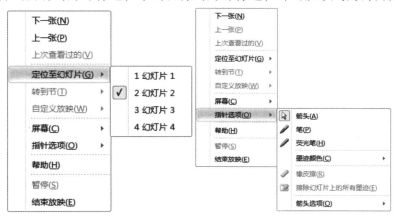

图6-50 放映控制菜单和即兴标注

3. 放映中即兴标注和擦除墨迹

放映过程中，可能要强调或勾画某些重点内容，也可能临时即兴勾画标注。为了从放映状态转换到标注状态，可以将鼠标指针放在放映控制菜单的"指针选项"，在出现的子菜单中单击"笔"命令（或"荧光笔"命令），鼠标指针呈圆点状，按住鼠标左键即可在幻灯片上勾画书写。

如果希望改变笔画的颜色，可以选择放映控制菜单"指针选项"子菜单的"墨迹颜色"命令，在弹出的颜色列表中选择所需颜色。

如果希望删除已标注的墨迹，可以单击放映控制菜单"指针选项"子菜单的"橡皮擦"命令，鼠标指针呈橡皮擦状，在需要删除的墨迹上单击即可清除该墨迹。若选择"擦除幻灯片上的所有墨迹"命令，则擦除全部标注墨迹。

要从标注状态恢复到放映状态，可以右击鼠标调出放映控制菜单，并选择"指针选项"子菜单的"箭头"命令即可。

4. 使用激光笔

为指明重要内容，可以使用激光笔功能。按住【Ctrl】键的同时，按鼠标左键，屏幕出现十分醒目的红色圆圈激光笔，移动激光笔，可以明确指示重要内容的位置。

改变激光笔颜色的方法如下：

单击"幻灯片放映"选项卡"设置"组的"设置幻灯片放映"按钮，出现"设置放映方式"对话框，单击"激光笔颜色"下拉按钮，即可设置激光笔的颜色（红、绿和蓝之一），如图 6 - 51 所示。

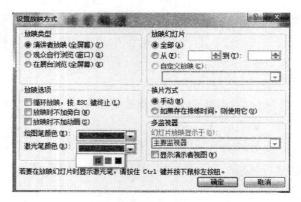

图 6 - 51　"设置放映方式"对话框中的激光笔设置

5. 中断放映

有时希望在放映过程中退出放映，可以右击鼠标，调出放映控制菜单，从中选择"结束放映"命令即可。

除通过右击调出放映控制菜单外，也可以通过屏幕左下角的控制按钮实现放映控制菜单的全部功能，如图 6 - 52 所示。左箭头、右箭头按钮相当于放映控制菜单的"上一张"或"下一张"功能。笔状按钮相当于放映控制菜单的"指针选项"功能。幻灯片状按钮的功能包括放映控制菜单除"指针选项"外的所有功能。

图 6 - 52　放映控制按钮

6. 幻灯片放映方式设置

（1）幻灯片放映方式。

演示文稿的放映方式有三种：演讲者放映（全屏幕）、观众自行浏览（窗口）和在展台浏览（全屏幕）。

①演讲者放映（全屏幕）。

演讲者放映是全屏幕放映，这种放映方式适合会议或教学的场合，放映进程完全由演讲者控制。

②观众自行浏览（窗口）。

展览会上若允许观众交互式控制放映过程，则采用这种方式较适宜。它在窗口中展示演示文稿，允许观众利用窗口命令控制放映进程，如观众单击窗口右下方的左箭头和右箭头，可以分别切换到前一张幻灯片和后一张幻灯片（按【PageUp】和【PageDown】键也能切换到前一张和后一张幻灯片）。单击两箭头之间的"菜单"按钮，将弹出放映控制菜单，利用菜单的"定位至幻灯片"命令，可以方便快速地切换到指定的幻灯片。按【Esc】键可以终止放映。

③在展台浏览（全屏幕）。

这种放映方式采用全屏幕放映，适合无人看管的场合，如展示产品的橱窗和展览会上自动播放产品信息的展台等。演示文稿自动循环放映，观众只能观看不能控制。采用该方式的演示文稿应事先进行排练计时。

（2）放映方式的设置。

放映方式的设置方法如下：

①打开演示文稿，单击"幻灯片放映"选项卡"设置"组的"设置幻灯片放映"按钮，出现"设置放映方式"对话框，如图 6-53 所示。

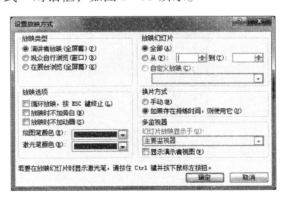

图 6-53 "设置放映方式"对话框

②在"放映类型"栏中，可以选择"演讲者放映（全屏幕）""观众自行浏览（窗口）"和"在展台浏览（全屏幕）"三种方式之一。若选择"在展台浏览（全屏幕）"方式，则自动采用循环放映，按【Esc】键才终止放映。

③在"放映幻灯片"栏中，可以确定幻灯片的放映范围（全体或部分幻灯片）。放映部分幻灯片时，可以指定放映幻灯片的开始序号和终止序号。

④在"换片方式"栏中，可以选择控制放映速度的两种换片方式之一。"演讲者放映

（全屏幕）"和"观众自行浏览（窗口）"放映方式强调自行控制放映，所以常采用"手动"换片方式；而"在展台浏览（全屏幕）"方式通常无人控制，应事先对演示文稿进行排练计时，并选择"如果存在排练时间，则使用它"换片方式。

任务2　打印幻灯片

演示文稿除放映外，还可以打印成文档，便于演讲时参考、现场分发给观众、传递交流和存档。若需要打印演示文稿，可以采用如下步骤：

（1）打开演示文稿，单击"文件"选项卡，在下拉菜单中选择"打印"命令，在右侧各选项可以设置打印份数、打印范围、打印版式、打印顺序等。

（2）在"打印"栏输入打印份数，在"打印机"栏中选择当前要使用的打印机。

（3）从"设置"栏开始从上至下分别确定打印范围、打印版式、打印顺序和彩色/灰度打印等。单击"设置"栏右侧的下拉按钮，在出现的列表中选择"打印全部幻灯片""打印所选幻灯片"（仅事先选择要打印的幻灯片时有效）"打印当前幻灯片"或"自定义范围"。若选择"自定义范围"，则在下面"幻灯片"栏文本框中输入要打印的幻灯片序号，非连续的幻灯片序号用逗号分开，连续的幻灯片序号用"－"分开。例如，输入："1，5，9－12"，表示打印幻灯片序号为1，5，9，10，11和12共6张幻灯片。

（4）在"设置"栏的下一项，设置打印版式（整页幻灯片、备注页或大纲）或打印讲义的方式（1张幻灯片、2张幻灯片、3张幻灯片等）。单击右侧的下拉按钮，在出现的版式列表或讲义打印方式中选择一种。例如，选择"2张幻灯片"的打印讲义方式，则右侧预览区显示每页打印上下排列的两张幻灯片。

（5）下一项用来设置打印顺序，如果打印多份演示文稿，有两种打印顺序："调整"和"取消排序"。"调整"是指打印1份完整的演示文稿后再打印下一份（即"1，2，3　1，2，3　1，2，3"顺序），"取消排序"则表示打印各份演示文稿的第一张幻灯片后再打印各份演示文稿的第二张幻灯片……（即"1，1，1　2，2，2　3，3，3"顺序）。

（6）设置打印顺序栏的下方用来设置打印方向。单击它并选择"横向"或"纵向"。

（7）"设置"栏的最后一项可以设置彩色打印、黑白打印和灰度打印。单击该项下拉按钮，在出现的列表中选择"颜色""纯黑白"或"灰度"。

（8）设置完成后，单击"打印"按钮。

纸张的大小等信息可以通过单击"打印机属性"按钮来设置。单击"打印机"栏下方的"打印机属性"按钮，出现"文档属性"对话框，在"纸张/质量"选项卡中单击"高级"按钮，出现"高级选项"对话框，在"纸张规格"栏可以设置纸张的大小（如A4等）。在"布局"选项卡的"方向"栏也可以选择打印方向（"纵向"或"横向"）。

任务3　输出幻灯片

完成的演示文稿有可能会在其他计算机上演示，如果该计算机上没有安装PowerPoint，就无法放映演示文稿。为此，可以利用演示文稿打包功能，将演示文稿打包到文件夹或CD，甚至可以把PowerPoint播放器和演示文稿一起打包。这样，即使计算机上没有安装Power-Point，也能正常放映演示文稿。另一种方法是将演示文稿转换成放映格式，也可以在没有安装PowerPoint的计算机上正常放映。

1. 演示文稿的打包

要将演示文稿在其他计算机上播放，可能会遇到该计算机上未安装 PowerPoint 应用软件的尴尬情况。为此，常采用演示文稿打包的方法，使演示文稿可以脱离 PowerPoint 应用软件直接放映。

演示文稿可以打包到 CD 光盘（必需刻录机和空白 CD 光盘），也可以打包到磁盘的文件夹。

要将制作好的演示文稿打包，并存放到磁盘某文件夹，可以按如下方法操作：

（1）打开要打包的演示文稿。

（2）单击"文件"选项卡中的"保存并发送"命令，然后双击"将演示文稿打包成CD"命令，出现"打包成 CD"对话框，如图 6 – 54 所示。

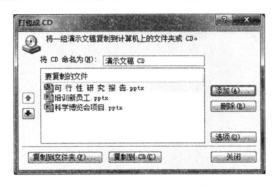

图 6 – 54　"打包成 CD"对话框

（3）对话框中提示了当前要打包的演示文稿（如：可行性研究报告 . pptx ），若希望将其他演示文稿也在一起打包，则单击"添加"按钮，出现"添加文件"对话框，从中选择要打包的文件（如：培训新员工 . pptx、科学博览会项目 . pptx ）。如果要取消已添加的文件，在选中后单击"删除"按钮即可。

（4）默认情况下，打包应包含与演示文稿有关的链接文件和嵌入的 TrueType 字体，若想改变这些设置，可以单击"选项"按钮，在弹出的"选项"对话框中设置，如图 6 – 55 所示。

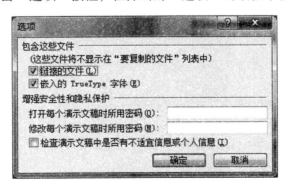

图 6 – 55　打包选项对话框

项目六

（5）在"打包成 CD"对话框中单击"复制到文件夹"按钮，出现"复制到文件夹"对话框，输入文件夹名称（如"ppt 专题演讲打包"）和文件夹的路径，并单击"确定"按钮，则系统开始打包并存放到指定的文件夹。

若已经安装光盘刻录设备，也可以将演示文稿打包到 CD，方法同上，只是步骤（5）改为：在光驱中放入空白光盘，在"打包成 CD"对话框中单击"复制到 CD"按钮，出现"正在将文件复制到 CD"对话框，提示复制的进度。完成后询问"是否要将同样的文件复制到另一张 CD 中?"，回答"是"，则继续复制另一光盘，回答"否"，则终止复制。

2. 运行打包的演示文稿

完成了演示文稿的打包后，就可以在没有安装 PowerPoint 的机器上放映演示文稿。具体方法如下：

（1）打开打包后生成的文件夹的 PresentationPackage 子文件夹，如图 6 – 56 所示。

图 6 – 56 演示文稿打包的文件夹

（2）在联网情况下，双击该文件夹的 PresentationPackage. html 网页文件，在打开的网页上单击"Download Viewer"按钮，如图 6 – 57 所示。下载 PowerPoint 播放器 PowerPoint-Viewer. exe 并安装。

图 6 – 57 **PresentationPackage. html**

（3）启动 PowerPoint 播放器，出现"Microsoft PowerPoint Viewer"对话框，定位到打包文件夹，选择某个演示文稿文件，并单击"打开"，即可放映该演示文稿。

（4）放映完毕，还可以在对话框中选择播放其他演示文稿。

3. 将演示文稿转换为直接放映格式

将演示文稿转换成放映格式，可以在没有安装 PowerPoint 的计算机上直接放映。

（1）打开演示文稿，单击"文件"选项卡中的"保存并发送"命令。

（2）双击"更改文件类型"项的"PowerPoint 放映"命令，出现"另存为"对话框，其中自动选择保存类型为"PowerPoint 放映（∗.ppsx）"，选择存放位置和文件名（如：ppt 专题演讲.ppsx）后单击"保存"按钮。将演示文稿另存为"PowerPoint 放映（∗.ppsx）"的文件即可。

特别提醒：用"文件"→"另存为"方法也可转换为"PowerPoint 放映（∗.ppsx）"的文件格式。

双击放映格式（∗.ppsx）文件（如：ppt 专题演讲.ppsx），即可放映该演示文稿。

实 战 练 习

练习 6-7（操作视频及效果图请扫旁边二维码）

打开"D：\ 上机文件 \ 项目6 \ 实战练习 \ 练习 6-7 \ 6-7.pptx"文件，完成下列操作：

（1）建立一个名为"我的播放"的自定义放映，按先后顺序分别将"第一、第二、第三、第四、第二、第五、第六、第七、第二、第八、第九、第二、第十、第十一、第二、第十二、第十三、第二、第十四、第十五、第二、第十六、第十七、第十八张幻灯片"添加到自定义放映列表中。

练习 6-7　　　　效果图

（2）取消所有幻灯片的"鼠标单击时"的切换方式，并设置"设置自动换片时间：00：03：00"。

（3）设置幻灯片放映方式为"观众自行浏览"，观看演示文稿播放效果。

（4）将该文件转换为"PowerPoint 放映（∗.ppsx）"的文件格式以"6-7.PPSX"为名保存到同一目录中。

重点提示：

◆ 注意区分"幻灯片放映方式"和"幻灯片放映方法"，特别注意在什么场合该选用什么放映方式。

◆ 注意体会"自定义放映"的作用。

综合训练

训练 6-1（操作视频及效果图请扫旁边二维码）

打开"D：\ 上机文件 \ 项目6 \ 综合训练 \ 训练 6-1 \ 6-1.pptx"文件，完成下列操作：

（1）为整个演示文稿应用"穿越"主题。

（2）在第一张幻灯片前插入版式为"标题和内容"的新幻灯片，标题为"公共交通工具逃生指南"，内容区插入 3

训练 6-1　　　　效果图

行 2 列表格，第一列的 1、2、3 行内容依次为"交通工具""地铁"和"公交车"，第一行第二列内容为"逃生方法"，将第四张幻灯片内容区的文本移到表格第三行第二列，将第五张幻灯片内容区的文本移到表格第二行第二列。表格样式为"中度样式 4-强调 2"。

项目六

（3）在第一张幻灯片前插入版式为"标题幻灯片"的新幻灯片，主标题输入"公共交通工具逃生指南"，并设置为黑体、43磅、红色（RGB模式：红色193、绿色0、蓝色0），副标题输入"专家建议"，并设置为楷体、27磅。

（4）第四张幻灯片的版式改为"两栏内容"，将"D：\上机文件\项目6\综合训练\练习6-1"文件夹中的图片ppt1. png插入第四张幻灯片内容区，标题为"缺乏安全出行基本常识"。图片动画设置为"进入、玩具风车"。第四张幻灯片移到第二张幻灯片之前。并删除第四、五、六张幻灯片。

训练6-2（操作视频及效果图请扫旁边二维码）

打开"D：\上机文件\项目6\综合训练\训练6-2\6-2. pptx"文件，完成下列操作：

（1）为整个演示文稿应用"市镇"主题，放映方式为"观众自行浏览"。

（2）在第一张幻灯片之前插入版式为"两栏内容"的新幻灯片，标题键入"山区巡视，确保用电安全可靠"。

训练6-2　　　　效果图

（3）将第二张幻灯片的文本移入第一张幻灯片左侧内容区，将"D:\上机文件\项目6\综合训练\练习6-2"文件夹中的图片文件ppt1. jpg插入到第一张幻灯片右侧内容区，文本动画设置为"进入、擦除"，效果选项为"自左侧"，图片动画设置为"进入、飞入"，效果选项为"自右侧"。将第二张幻灯片版式改为"比较"，将第三张幻灯片的第二段文本移入第二张幻灯片左侧内容区，将"D：\上机文件\项目6\综合训练\练习6-2"文件夹中的图片文件ppt2. jpg插入到第二张幻灯片右侧内容区。

（4）将第三张幻灯片的文本全部删除，并将版式改为"图片与标题"，标题为"巡线班员工清晨6时带干粮进山巡视"，将"D：\上机文件\项目6\综合训练\练习6-2"文件夹中的图片ppt3. jpg插入到第三张幻灯片的内容区。

（5）第四张幻灯片在位置（水平：1.3厘米，自：左上角；垂直：8.24厘米，自：左上角）插入样式为"渐变填充-红色，强调文字颜色1"的艺术字"山区巡视，确保用电安全可靠"，艺术字宽度为23厘米，高度为5厘米，文字效果为"转换-跟随路径-上弯弧"，使第四张幻灯片成为第一张幻灯片。移动第四张幻灯片使之成为第三张幻灯片。

训练6-3（操作视频及效果图请扫旁边二维码）

打开"D：\上机文件\项目6\综合训练\训练6-3\6-3. pptx"文件，完成下列操作：

（1）在第一张幻灯片前插入一版式改为"标题幻灯片"的新幻灯片，主标题文字输入"全国95%以上乡镇开通宽带"，其字体为黑体、字号63磅，加粗、蓝色（请用自定义标签的红色0、绿色0、蓝色250）。副标题输入"村村通工程"，其字体为仿宋、字号35磅。

训练6-3　　　　效果图

（2）第二张幻灯片版式改为"两栏内容"，并将第三张幻灯片的图片移到第二张幻灯片的右侧区域。第二张幻灯片的文本设置为24磅。

（3）用母版方式使所用幻灯片的右下角插入"通信"类的一张剪贴画。

（4）使用"沉稳"主题修饰全文，放映方式为"观众自行浏览"。

训练6－4（操作视频及效果图请扫旁边二维码）

打开"D：\ 上机文件 \ 项目6 \ 综合训练 \ 训练6－4 \ 6－4. pptx"文件，完成下列操作：

训练6－4　　　　效果图

（1）在第一张幻灯片前插入一版式为"标题幻灯片"的新幻灯片，主标题输入"国庆60周年阅兵"，并设置为黑体、64磅、红色（请用自定义选项卡的红色230、绿色0、蓝色0），副标题输入"代表委员揭秘建国60周年大庆"，并设置为仿宋、36磅。

（2）第二张幻灯片的版式改为"内容与标题"，文本设置为24磅，将第三张幻灯片的图片移入内容区域。删除第三张幻灯片。

（3）移动第三张幻灯片，使之成为第四张幻灯片，在第四张幻灯片备注区插入文本"阅兵的功效"。

（4）在第二张幻灯片的文本"庆典式阅兵的功效上"设置超链接，链接对象是第四张幻灯片。在隐藏背景图形的情况下，第一张幻灯片背景填充为"渐变填充"。预设颜色为"碧海青天"，类型为"矩形"，方向为"从左上角"。

训练6－5（操作视频及效果图请扫旁边二维码）

打开"D：\ 上机文件 \ 项目6 \ 综合训练 \ 训练6－5 \ 6－5. pptx"文件，完成下列操作：

训练6－5　　　　效果图

（1）为整个演示文稿应用"穿越"主题，全部幻灯片切换方案为"擦除"，效果选项为"自左侧"。

（2）将第二张幻灯片版式改为"两栏内容"，将第三张幻灯片的图片移到第二张幻灯片右侧内容区，图片动画效果设置为"进入、轮子"，效果选项为"3轮辐图案"。

（3）将第三张幻灯片版式改为"标题和内容"，标题为"公司联系方式"，标题设置为黑体、加粗、59磅。内容部分插入3行4列表格，表格的第一行1~4列单元格依次输入"部门""地址""电话"和"传真"，第一列的2、3行单元格内容分别是"总部"和"中国分部"。其他单元格按第一张幻灯片的相应内容填写。删除第一张幻灯片。之后将新的第二张幻灯片移为第三张幻灯片。

项目六

全国计算机等级考试一级 MS Office 考试大纲（2013 年版）

❀**基本要求**

1. 具有微型计算机的基础知识（包括计算机病毒的防治常识）。

2. 了解微型计算机系统的组成和各部分的功能。

3. 了解操作系统的基本功能和作用，掌握 Windows 的基本操作和应用。

4. 了解文字处理的基本知识，熟练掌握文字处理 MS Word 的基本操作和应用，熟练掌握一种汉字（键盘）的输入方法。

5. 了解电子表格软件的基本知识，掌握电子表格软件 Excel 的基本操作和应用。

6. 了解多媒体演示软件的基本知识，掌握演示文稿制作软件 PowerPoint 的基本操作和应用。

7. 了解计算机网络的基本概念和因特网（Internet）的初步知识，掌握 IE 浏览器软件和 Outlook Express 软件的基本操作和使用。

❀**考试内容**

一、计算机基础知识

1. 计算机的发展、类型及其应用领域。

2. 计算机中数据的表示、存储与处理。

3. 多媒体技术的概念与应用。

4. 计算机病毒的概念、特征、分类与防治。

5. 计算机网络的概念、组成和分类；计算机与网络信息安全的概念和防控。

6. 因特网网络服务的概念、原理和应用。

二、操作系统的功能和使用

1. 计算机软、硬件系统的组成及主要技术指标。

2. 操作系统的基本概念、功能、组成及分类。

3. Windows 操作系统的基本概念和常用术语，文件、文件夹、库等。

4. Windows 操作系统的基本操作和应用：

（1）桌面外观的设置，基本的网络配置。

（2）熟练掌握资源管理器的操作与应用。

（3）掌握文件、磁盘、显示属性的查看、设置等操作。

（4）中文输入法的安装、删除和选用。

（5）掌握检索文件、查询程序的方法。

（6）了解软、硬件的基本系统工具。

三、文字处理软件的功能和使用

1. Word 的基本概念，Word 的基本功能和运行环境，Word 的启动和退出。

2. 文档的创建、打开、输入、保存等基本操作。

3. 文本的选定、插入与删除、复制与移动、查找与替换等基本编辑技术；多窗口和多文档的编辑。

4. 字体格式设置、段落格式设置、文档页面设置、文档背景设置和文档分栏等基本排版技术。

5. 表格的创建、修改；表格的修饰；表格中数据的输入与编辑；数据的排序和计算。

6. 图形和图片的插入；图形的建立和编辑；文本框、艺术字的使用和编辑。

7. 文档的保护和打印。

四、电子表格软件的功能和使用

1. 电子表格的基本概念和基本功能，Excel 的基本功能、运行环境、启动和退出。

2. 工作簿和工作表的基本概念和基本操作，工作簿和工作表的建立、保存和退出；数据输入和编辑；工作表和单元格的选定、插入、删除、复制、移动；工作表的重命名和工作表窗口的拆分和冻结。

3. 工作表的格式化，包括设置单元格格式、设置列宽和行高、设置条件格式、使用样式、自动套用模式和使用模板等。

4. 单元格绝对地址和相对地址的概念，工作表中公式的输入和复制，常用函数的使用。

5. 图表的建立、编辑和修改以及修饰。

6. 数据清单的概念，数据清单的建立，数据清单内容的排序、筛选、分类汇总，数据合并，数据透视表的建立。

7. 工作表的页面设置、打印预览和打印，工作表中链接的建立。

8. 保护和隐藏工作簿和工作表。

五、PowerPoint 的功能和使用

1. 中文 PowerPoint 的功能、运行环境、启动和退出。

2. 演示文稿的创建、打开、关闭和保存。

3. 演示文稿视图的使用，幻灯片的基本操作（版式、插入、移动、复制和删除）。

4. 幻灯片的基本制作（文本、图片、艺术字、形状、表格等插入及其格式化）。

5. 演示文稿主题选用与幻灯片背景设置。

6. 演示文稿放映设计（动画设计、放映方式、切换效果）。

7. 演示文稿的打包和打印。

六、因特网（Internet）的初步知识和应用

1. 了解计算机网络的基本概念和因特网的基础知识，主要包括网络硬件和软件，TCP/IP 协议的工作原理，以及网络应用中常见的概念，如域名、IP 地址、DNS 服务等。

2. 能够熟练掌握浏览器、电子邮件的使用和操作。

❀考试方式

1. 采用无纸化考试，上机操作。考试时间为 90 分钟。

2. 软件环境：Windows 7 操作系统，Microsoft Office 2010 办公软件。

3. 在指定时间内，完成下列各项操作：

（1）选择题（计算机基础知识和网络的基本知识）。（20 分）

（2）Windows 操作系统的使用。（10 分）

（3）Word 操作。（25 分）

（4）Excel 操作。（20 分）

（5）PowerPoint 操作。（15 分）

（6）浏览器（IE）的简单使用和电子邮件收发。（10 分）